国防科工委"十五"规划教材.材料科学与工程

复合材料力学

矫桂琼　贾普荣　编著

西北工业大学出版社

北京航空航天大学出版社　北京理工大学出版社
哈尔滨工业大学出版社　哈尔滨工程大学出版社

内容简介

本书以介绍目前航空航天器结构中使用最多的连续纤维增强复合材料层合板的刚度和强度的分析方法为主要内容。另外,还介绍了二维和三维编织复合材料的刚度分析方法、复合材料的工程弹性常数和强度的细观预测方法,以及复合材料层合板的层间应力形成的原因和相应的计算方法。全书内容既有比较完整的理论基础,又力求叙述简捷、内容紧凑实用,突出工程应用,注意体现复合材料力学研究的新理论和新成果。书中配有例题和适当数量的习题,有助于学生自学。例题的数据均采用典型国产复合材料的性能数据。

本书既可作为国防高等院校有关专业的教材,也能适用于从事复合材料结构设计、力学性能研究以及复合材料开发和应用的工程技术人员参考。

图书在版编目(CIP)数据

复合材料力学/矫桂琼,贾普荣编著.—西安:西北工业大学出版社,2008.3(2014.1重印)

国防科工委"十五"规划教材.材料科学与工程

ISBN 978-7-5612-2332-1

Ⅰ.复… Ⅱ.①矫…②贾… Ⅲ.复合材料力学—高等学校—教材 Ⅳ.TB330.1

中国版本图书馆 CIP 数据核字(2008)第 008140 号

复合材料力学

矫桂琼 贾普荣 编著

责任编辑 王夏林

责任校对 张 蕊

西北工业大学出版社出版发行

西安市友谊西路 127 号(710072)

市场部电话:029—88493844 88491757

http://www.nwpup.com

陕西向阳印务有限公司印制 各地书店经销

开本:787 mm×960 mm 1/16

印张:11.25 字数:226 千字

2008 年 3 月第 1 版 2014 年 1 月第 2 次印刷

ISBN 978-7-5612-2332-1 定价:25.00 元

国防科工委"十五"规划教材编委会

总　序

　　国防科技工业是国家战略性产业,是国防现代化的重要工业和技术基础,也是国民经济发展和科学技术现代化的重要推动力量。半个多世纪以来,在党中央、国务院的正确领导和亲切关怀下,国防科技工业广大干部职工在知识的传承、科技的攀登与时代的洗礼中,取得了举世瞩目的辉煌成就;研制、生产了大量武器装备,满足了我军由单一陆军,发展成为包括空军、海军、第二炮兵和其他技术兵种在内的合成军队的需要,特别是在尖端技术方面,成功地掌握了原子弹、氢弹、洲际导弹、人造卫星和核潜艇技术,使我军拥有了一批克敌制胜的高技术武器装备,使我国成为世界上少数几个独立掌握核技术和外层空间技术的国家之一。国防科技工业沿着独立自主、自力更生的发展道路,建立了专业门类基本齐全,科研、试验、生产手段基本配套的国防科技工业体系,奠定了进行国防现代化建设最重要的物质基础;掌握了大量新技术、新工艺,研制了许多新设备、新材料,以“两弹一星”、“神舟”号载人航天为代表的国防尖端技术,大大提高了国家的科技水平和竞争力,使中国在世界高科技领域占有了一席之地。党的十一届三中全会以来,伴随着改革开放的伟大实践,国防科技工业适时地实行战略转移,大量军工技术转向民用,为发展国民经济做出了重要贡献。

　　国防科技工业是知识密集型产业,国防科技工业发展中的一切问题归根到底都是人才问题。50多年来,国防科技工业培养和造就了一支以“两弹一星”元勋为代表的优秀的科技人才队伍,他们具有强烈的爱国主义思想和艰苦奋斗、无私奉献的精神,勇挑重担,敢于攻关,为攀登国防科技高峰进行了创造性劳动,成为推动我国科技进步的重要力量。面向新

1

世纪的机遇与挑战,高等院校在培养国防科技人才,产生和传播国防科技新知识、新思想,攻克国防基础科研和高技术研究难题当中,具有不可替代的作用。国防科工委高度重视,积极探索,锐意改革,大力推进国防科技教育特别是高等教育事业的发展。

高等院校国防特色专业教材及专著是国防科技人才培养当中重要的知识载体和教学工具,但受种种客观因素的影响,现有的教材与专著整体上已落后于当今国防科技的发展水平,不适应国防现代化的形势要求,对国防科技高层次人才的培养造成了相当不利的影响。为尽快改变这种状况,建立起质量上乘、品种齐全、特点突出、适应当代国防科技发展的国防特色专业教材体系,国防科工委全额资助编写、出版200种国防特色专业重点教材和专著。为保证教材及专著的质量,在广泛动员全国相关专业领域的专家学者竞投编著工作的基础上,以陈懋章、王泽山、陈一坚院士为代表的100多位专家、学者,对经各单位精选的近550种教材和专著进行了严格的评审,评选出近200种教材和学术专著,覆盖航空宇航科学与技术、控制科学与工程、仪器科学与工程、信息与通信技术、电子科学与技术、力学、材料科学与工程、机械工程、电气工程、兵器科学与技术、船舶与海洋工程、动力机械及工程热物理、光学工程、化学工程与技术、核科学与技术等学科领域。一批长期从事国防特色学科教学和科研工作的两院院士、资深专家和一线教师成为编著者,他们分别来自清华大学、北京航空航天大学、北京理工大学、华北工学院、沈阳航空工业学院、哈尔滨工业大学、哈尔滨工程大学、上海交通大学、南京航空航天大学、南京理工大学、苏州大学、华东船舶工业学院、东华理工学院、电子科技大学、西南交通大学、西北工业大学、西安交通大学等,具有较为广泛的代表性。在全面振兴国防科技工业的伟大事业中,国防特色专业重点教材和专著的出版,将为国防科技创新人才的培养起到积极的促进作用。

党的十六大提出,进入21世纪,我国进入了全面建设小康社会、加快推进社会主义现代化的新的发展阶段。全面建设小康社会的宏伟目标,对国防科技工业发展提出了新的更高的要求。推动经济与社会发展,提升国防实力，需要造就宏大的人才队伍，而教育是奠基的柱石。全面振兴国防科技工业必须始终把发展作为第一要务，落实科教兴国和人才强国战略，推动国防科技工业走新型工业化道路，加快国防科技工业科技创新步伐。国防科技工业为有志青年展示才华，实现志向，提供了缤纷的舞台，希望广大青年学子刻苦学习科学文化知识，树立正确的世界观、人生观、价值观，努力担当起振兴国防科技工业、振兴中华的历史重任，创造出无愧于祖国和人民的业绩。祖国的未来无限美好，国防科技工业的明天将再创辉煌。

张华祝

前　言

　　先进复合材料具有轻质、高强度、优越的抗疲劳和耐环境的性能,在航空、航天、造船等部门得到了越来越广泛的应用。复合材料是一种多向材料,它具有非均匀性和各向异性,其强度和刚度分析的理论与方法不同于金属。随着对复合材料力学特性的深入研究,已经形成了复合材料力学学科,复合材料力学课程已成为飞行器、发动机、舰船设计以及力学、材料专业本科生和研究生的必修课或选修课。为了满足国防高校本科生及研究生的复合材料力学课程教学的需要,根据近年来复合材料力学的发展特点和专业教学的实际需要,作者结合多年来从事复合材料力学课程教学以及科研的体会编写了本书。

　　连续纤维增强复合材料层合板和层合结构是目前航空航天器结构中使用最多的复合材料,因此本书以连续纤维增强复合材料层合板的刚度和强度分析为主要内容。全书内容共分9章。第1章是复合材料概论。第2章介绍了一般三维各向异性材料以及正交各向异性材料的应力-应变关系。第3章以复合材料单层材料主方向的应力-应变关系为基础,介绍了复合材料单层非材料主方向弹性特性的分析方法。第4章基于经典层合板理论导出多向层合板的内力-应变关系,重点介绍了对称层合板的面内刚度和面外刚度,以及一些特殊层合板的刚度分析方法。第5章主要介绍单层的基本强度、失效判据以及层合板的强度计算方法。湿热效应是树脂基复合材料层合板特有的性能。第6章介绍了湿热条件下复合材料的本构关系的建立和残余应力、残余应变的计算方法。第7章简要介绍了基于层合板理论的二维和三维编织复合材料刚度分析的单胞模型方法。连续纤维增强复合材料的力学性能与基体和纤维的性能相关,为了认识这一关系,必须采用细观力学的分析方法。第8章介绍了复合材料的工程弹性常数和强度的细观预测方法。层间分层是复合材料层合板特有的损伤,造成分层的原因主要是层间应力过高。第9章介绍了复合

1

材料层合板的层间应力形成的原因和相应的计算方法。

本书第 1 章至第 7 章由矫桂琼编写，第 8 章和第 9 章由贾普荣编写。王波以及高峰、常岩军、杜凯、聂荣华等参与了有关的辅助工作，在此一并表示感谢。

全书内容既有比较完整的理论基础，又力求叙述简捷、内容紧凑实用，突出工程应用，注意体现复合材料力学研究的新理论和新成果，例题的数据均采用国产典型复合材料的性能数据。书中配有适当数量的习题，有助于学生自学。本书既可作为国防高等院校有关专业的教材，也可供从事复合材料结构设计、力学性能研究以及复合材料开发和应用的工程技术人员参考。

限于作者水平，书中难免出现错误和不妥之处，恳请读者批评指正。

作 者

2007 年 8 月于西北工业大学

目　　录

第 1 章 复合材料概论

复合材料在材料的组成和结构、物理化学特性以及制造工艺等方面,与金属、工程塑料等传统材料相比有显著的区别,其力学性能也自然独具特色。为了便于更好地认识和掌握复合材料力学的特点和处理问题的方法,作为本书的引言,本章主要介绍复合材料的发展和应用背景、复合材料的分类和特性、连续纤维增强树脂基复合材料的制造工艺和力学特性。

1.1 复合材料的发展与应用

复合材料是由界面分明、物理化学性能不同的组分材料构成的性能优越的多相材料。人类很早就懂得使用材料的复合原理制成新的材料。中国古代人用黏土加稻草制作成的泥砖和泥墙,古埃及人将木板作不同方向排列制成用于造船的多层板,可以说是最原始的复合材料。到了近代,复合材料已经深入到人类生活的许多方面,例如胶合板就是充分利用了木质纤维的方向性叠层制成的一种复合材料,不但具有高于木材的强度和刚度,而且具有受热和受湿后变形小的特点,成为早期飞机的蒙皮材料。又如建筑中广泛使用的钢筋混凝土,实际上也是一种复合材料,它具有水泥、砂石和钢筋所没有的优越的综合性能。但是,真正被称为复合材料的还是20 世纪40 年代出现的玻璃纤维增强树脂,这种材料密度低,强度高,所以也被称为玻璃钢。玻璃钢是现代复合材料的代表,在航空上最早被应用于飞机雷达罩,现在已推广应用于军事、民用的各领域。在军事上,玻璃钢使用于直升机旋翼、扫雷艇舰体、火箭发射管、枪托等。在民用方面被用于建筑材料、高压气瓶、管道、冷风机叶片、安全帽以及撑杆跳用的撑杆等。随着60 年代新一代高强度高模量纤维 —— 硼纤维、碳纤维与高强有机纤维 —— 的问世,复合材料进入了一个新的时代。由硼纤维、碳纤维和高强有机纤维作增强物的树脂基体复合材料,以及后来出现的耐高温的金属基、陶瓷基和碳-碳复合材料被统称为先进复合材料。虽然它只有30 多年的历史,但却取得了惊人的发展。

先进复合材料的主要应用对象是航空航天器结构。航空航天器结构对重量的要求可谓是"两两计较",减轻结构重量对提高飞机和火箭的性能是至关重要的。先进复合材料正是具备了低密度高强度的优势,被越来越大量地应用于飞机、运载火箭、航天器和卫星等结构上。目前,在航空航天器结构上用量最大的先进复合材料是碳纤维增强树脂复合材料。该材料的密度约为 $1.6\ \text{g/cm}^3$,仅为铝合金的 60%。另外,这种材料具有整体成形的优点,可以大量节省连接结构件时使用的铆钉、螺栓等紧固件。用它代替铝合金,一般可以使飞机结构的质量减少 $20\% \sim 25\%$。以美国 AV—8B 鹞式垂直起降战斗机为例(见图 1.1),该机的尾翼、机翼、前机身均使用复合材料,复合材料用量占飞机结构质量的 26%,使整体质量减少 9%,有效载荷和作战半径比改进前的 AV—8A 型飞机增加了 1 倍。另外,有人作过估计,大型商用运输机结构的质量减少 1 kg,每年可以节约燃油 2.9 t。波音—767 大型运输机采用复合材料的质量减少 450 kg,其经济效益是可想而知的。因此,有人把复合材料技术称为发明喷气发动机以来航空工业最大的技术革命。先进复合材料在飞机结构上的应用经历了由小到大,由次要结构到主要结构的发展过程。20 世纪 70 年代,美国军用飞机上的复合材料主要用于尾翼、舵面以及起落架舱门等次承力结构,使用量不到飞机结构质量的 10%。但是,到了 90 年代,先进战斗机 F—22 的机翼、机身、尾翼以及部分梁、框均使用了复合材料,用量达到 26%。B—2 轰炸机以及英德意西四国联合研制的欧洲战斗机 EF—2000 上复合材料的用量则达到了 30%。先进复合材料在商用运输机上的应用受到成本的制约,用量一直偏低,70 年代波音公司和空中客车公司生产的大型商用运输机的复合材料用量不到 1%,但是 90 年代后由于复合材料低成本技术的发展和主结构关键问题的突破,大型商用运输机的复合材料用量迅速增加。1995 年投入运营的波音 B—777 飞机的垂直和水平尾翼、副翼、襟翼、客舱地板梁等均使用复合材料,用量达 12%。90 年代的空

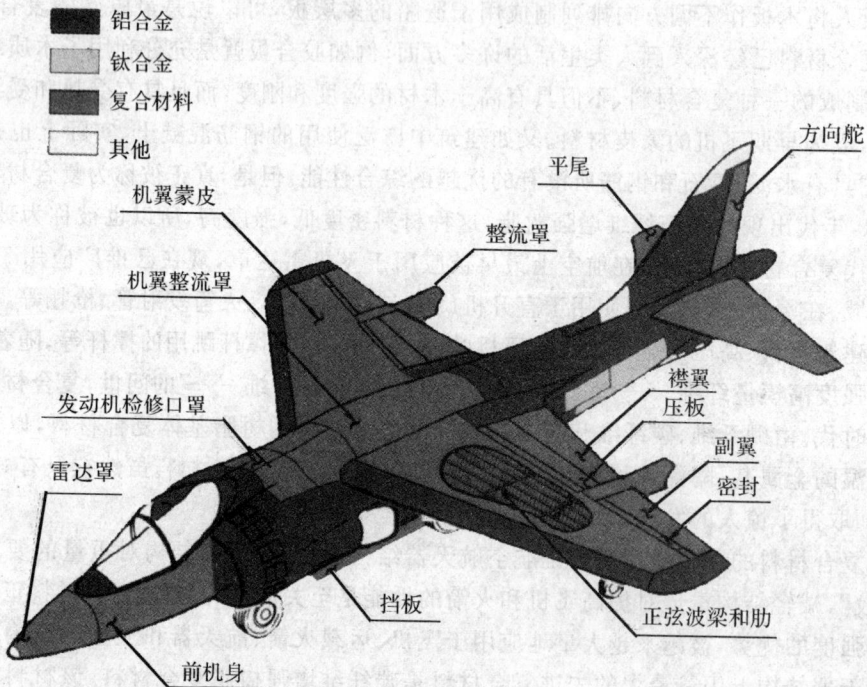

图 1.1 AV—8B 鹞式垂直起降战斗机

中客车 A—320 飞机则达到了 16％。2006 年试飞的空中客车 A—380 飞机复合材料用量达到
25％，除了用于尾翼和操纵面结构外，中央翼盒也采用了复合材料，如图1.2 所示。21 世纪初美
国波音公司在参与并完成了"先进复合材料技术"计划和"先进亚声速技术"计划，基本解决了
大型商用运输机的复合材料机翼和机身的关键技术后，向前跨了一大步，2007 年试飞的波音
B—787 飞机复合材料用量高达 50％，该飞机的机翼和机身结构均采用了复合材料，是目前复
合材料用量最大的大型商用运输机。可以预计，民用飞机大量使用复合材料的时代即将到来。
图 1.3 和图 1.4 是国外军用飞机和商用运输机结构复合材料用量情况。与固定翼飞机相比，直
升机上复合材料的使用面更广，发展更快，如图 1.5 所示。70 年代用量还只有 10％ 左右，目前
已经出现了全复合材料机体结构的直升机。如 RAH—66 科曼奇直升机、V—22 倾转旋翼机机
体结构复合材料用量均超过了 40％，最新的 NH—90 欧洲"虎"式武装直升机上复合材料用量
达到了 80％，是目前复合材料用量最大的军用直升机。

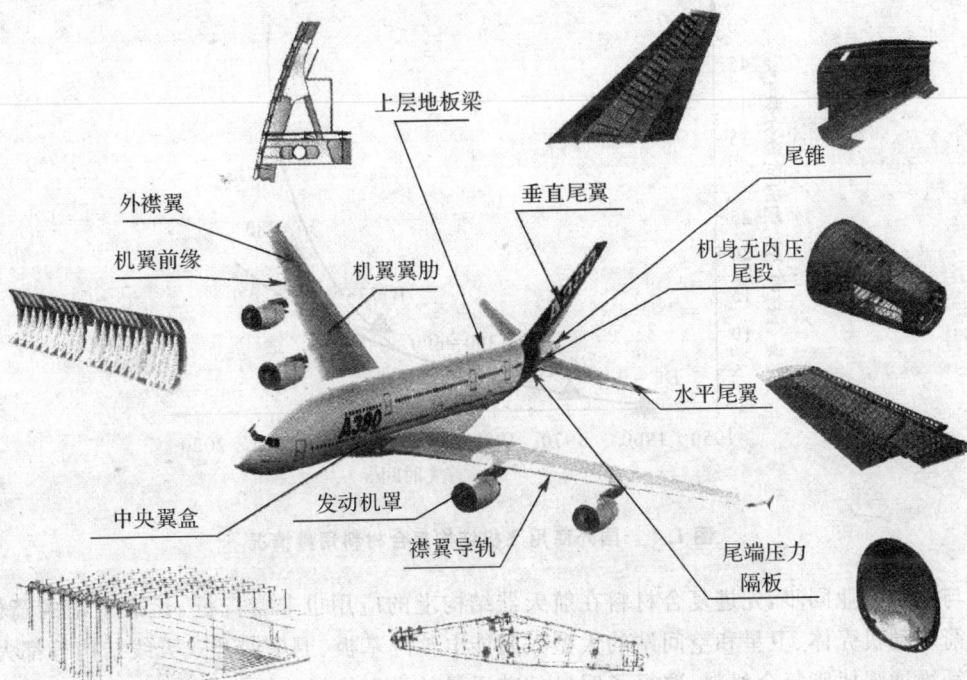

图 1.2　A—380 飞机复合材料构件

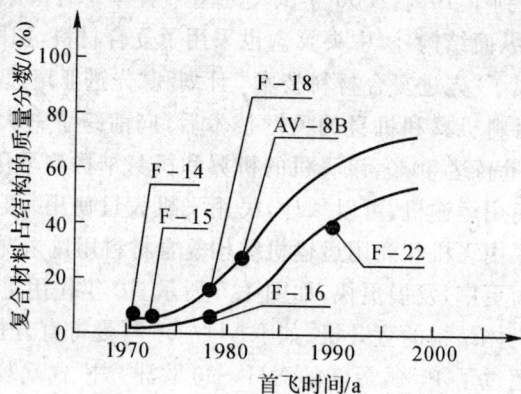

图 1.3 　国外军用飞机结构复合材料用量情况

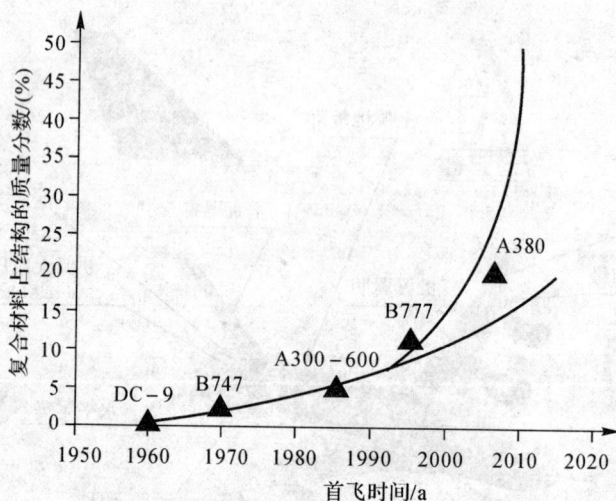

图 1.4 　国外商用飞机结构复合材料用量情况

与航空工业同步,先进复合材料在航天器结构上的应用也非常广泛。运载火箭的箭体、固体火箭发动机壳体、卫星和空间站的大型太阳能电池阵基板、卫星展开式天线结构等都大量使用碳纤维增强树脂复合材料,取得了明显的减质量效果和优越的结构性能,如我国某航天器结构用的复合材料承力压力容器,直径达 2 m,与相同刚度和强度的铝合金结构相比,质量减少 30%。

先进复合材料在航空航天应用领域的另一个方面是发动机。推力与自身重力之比 —— 推重比 —— 是航空发动机的重要技术指标,推重比越高航空发动机性能越好,国外先进战斗机如 F—22 和 EF—2000 飞机发动机的推重比已达到 10,美国计划用于下一代高性能联合战斗机的发动机的推重比将进一步提高到 15 ～ 20。这时传统的高温合金材料已无能为力,必须要采用耐高温和轻质的纤维增强陶瓷复合材料和碳—碳复合材料。陶瓷基复合材料的密度仅为高温合金材料的 1/3 ～ 1/4,最高使用温度为 1 650 ℃。陶瓷基复合材料成为新一代航空发动机的首选高强热结构材料。另外,陶瓷基复合材料还以其优越的耐高温和轻质的特性,被用于空天飞行器的热防护系统和热结构材料,如日本的空天飞机 HOPE—X 的防热瓦就采用了碳化硅陶瓷复合材料。美国正在研制的空天飞行器 X—37 的襟副翼和方向升降舵均采用了连续纤维增强碳化硅陶瓷复合材料(见图 1.6),这类结构在不采取防热措施条件下,仍然可以承受巨大的飞行载荷和重返大气层时产生的高温。

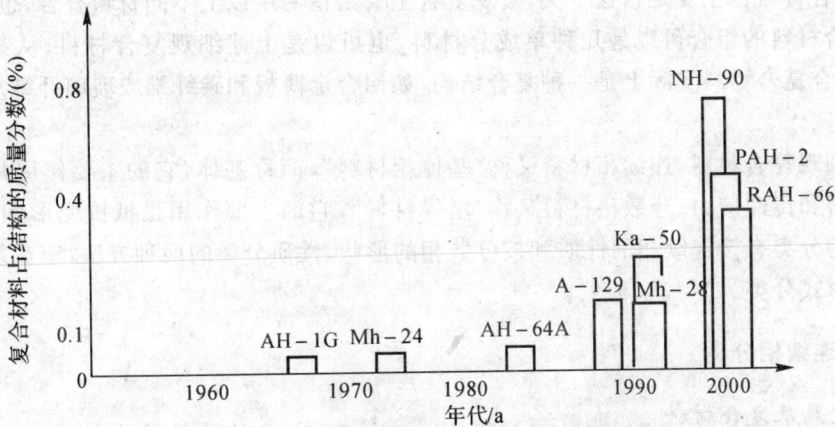

图 1.5　国外直升机结构复合材料用量情况

图 1.6　X—37 陶瓷基复合材料的襟副翼和方向升降舵

先进复合材料在航空航天领域的广泛应用,促进了它在民用领域内的发展。碳纤维复合材料制造的体育运动器材如复合材料自行车、网球拍、高尔夫球杆、划桨以及钓鱼杆等已经屡见不鲜,这些高性能轻质体育运动器材的应用,为运动员提高运动成绩立下了汗马功劳。随着低成本技术的发展,先进复合材料在军事和民用领域的应用将会更加广泛。

1.2 复合材料的分类与特性

工程结构中实用的复合材料可以大致分为细观复合和宏观复合两大类。细观复合是指一种或几种制成细微形状的材料均匀分散于另一种连续材料中,前者称为分散相,后者称为连续相,通常复合材料也主要是指这一类。宏观复合主要是指两层以上不同材料叠合,也称层合,这种层合复合材料的组合可以是几种单成分材料,也可以是上述细观复合材料。从某种意义上讲,这种层合复合材料实际上是一种复合结构,如铝合金薄板和碳纤维或玻璃纤维复合材料薄片的层合等。

对于细观复合材料,连续相材料又称"基体相材料",简称基体,它的主要作用是黏结保护分散相材料和传递应力。分散相材料又称"增强材料",它的主要作用是抵抗变形和破坏。细观复合材料的分类有按连续相的性质和按分散相的形状、性质分类的两种方法,宏观复合材料主要按结构形式分类。

一、按连续相分类

1. 非金属基复合材料

用做复合材料基体的非金属主要是树脂(高分子聚合物)、陶瓷和碳,相应的复合材料称为树脂基、陶瓷基和碳基复合材料。

(1) 树脂基复合材料。树脂基复合材料其基体树脂是一种高分子聚合物,也称聚合物基复合材料,基体树脂主要有两大类:热固性树脂和热塑性树脂。

1) 热固性树脂。这类树脂是通过加热和加压引起某种特定的化学反应,使低分子聚合成高分子链,链与链之间又通过化学键交联形成相对分子质量无限大的三维空间网,这个过程称为"固化"。固化后的高聚物相当刚硬,加热不会软化。这种树脂聚合固化的过程是不可逆的,具有热固性。典型的热固性复合材料基体树脂有聚脂(PE)、环氧树脂(Epoxy)、酚醛和双马来酰亚胺(BMI)和聚酰亚胺(PMI)等。

聚脂的优点是具有高的力学性能、良好的耐酸腐蚀性和电绝缘性,工艺简单,成本低,一般用做玻璃纤维增强复合材料的基体材料。

环氧树脂的种类很多。它们具有高的力学性能,耐高温,抗碱性腐蚀能力强,但抗酸腐蚀能力较弱,工艺性好。环氧树脂是碳纤维和硼纤维增强复合材料的主要基体材料,环氧树脂作为基体的复合材料是目前航空航天器结构中应用最多的复合材料。

双马来酰亚胺和聚酰亚胺是耐高温的高分子聚合物。双马来酰亚胺的使用温度为 $150 \sim 230℃$，耐湿热性能好，工艺性不如环氧，是超声速歼击机机体结构和航天器高温结构复合材料的主要基体材料。聚酰亚胺的使用温度为 $250 \sim 350℃$，是航空发动机压气机机匣、叶片复合材料的基体材料。

2）热塑性树脂。与热固性树脂不同，热塑性树脂只有线型分子链，高温下可以软化和融熔，与环氧树脂相比，具有优越的韧性和抗冲击性能。典型的耐热热塑性复合材料基体树脂有聚醚醚酮（PEEK）、聚醚砜（PES）等，但这类基体的复合材料工艺性较差，制造成本高，使其应用受到了限制。

（2）陶瓷基复合材料。新一代的陶瓷基体具有密度低、耐高温、超高温下强度和模量下降小的优点，主要缺点是脆，抗断裂和抗冲击性能差。通过纤维、晶须或颗粒增强制成陶瓷基复合材料后可以在提高强度的同时，提高其断裂韧性和抗冲击性能。陶瓷基复合材料的基体主要有碳化硅（SiC）、氮化硅（Si_3N_4）和氧化铝（Al_2O_3）等。增强物主要有碳化硅纤维、碳纤维以及一些陶瓷材料的颗粒或晶须。

（3）碳基复合材料。这类复合材料的基体是碳，由于它的增强材料一般都是碳纤维，因此也称为碳—碳复合材料。碳—碳复合材料是一种优异的耐高温、低密度、耐磨性好的复合材料，可以在 $2\,000℃$ 下长时间工作。目前主要作为磨擦材料用于飞机、汽车的刹车盘，作为耐高温抗烧蚀材料用于运载火箭鼻锥及火箭发动机喷管喉衬等结构上。

2. 金属基复合材料

金属基复合材料的基体主要是密度较低的铝合金、钛合金以及金属间化合物。增强物一般有硼纤维、碳化硅纤维、晶须或颗粒。与金属基体相比，金属基复合材料具有耐高温、高强度、高模量和低热膨胀系数的优点；与树脂基复合材料相比，它的剪切强度高、物理化学性能稳定，是理想的航天器结构材料。

二、按分散相分类

作为复合材料增强材料的分散相从形状上分，主要有纤维、颗粒和晶须；从材料上看，主要是一些低密度、高强度的无机非金属材料，也有少数有机纤维。

1. 纤维增强复合材料

目前，实用的复合材料主要是纤维增强复合材料。人类早就发现，材料处于纤维状的强度比块状高很多。这是因为纤维直径接近于晶体尺寸，内部存在缺陷的概率低，缺陷尺寸小，强度自然也高。例如，普通平板玻璃的拉伸强度只有 $70\,MPa$，但玻璃纤维的拉伸强度可达 $2\,800 \sim 5\,000\,MPa$。

用于复合材料的纤维主要有玻璃纤维、碳纤维、硼纤维和碳化硅纤维等。作为复合材料增强纤维的玻璃纤维有 E 玻璃纤维和 S 玻璃纤维。E 玻璃纤维除了强度高之外，还有较好的电性能，用于雷达罩玻璃钢材料和一般民用。S 玻璃纤维比 E 玻璃纤维有更高的拉伸强度和拉伸模量,而且耐高温。玻璃纤维的主要缺点是弹性模量较低,相应的复合材料的弹性模量与碳纤维复合材料相比,只有后者的1/3。

碳纤维的模量和强度都比较高,主要有高强度碳纤维和高模量碳纤维这两类。高强度碳纤维的拉伸强度高达3 500 MPa以上,目前用于航空航天器结构复合材料的IM7和T800纤维的拉伸强度已达到5 000 MPa。高模量纤维的强度稍低,但拉伸模量高于300 GPa,一些超高模量纤维,如M60J的拉伸模量高达580 GPa。高模量碳纤维复合材料主要用于对刚度要求较高的结构,如卫星展开式天线结构上。碳纤维单丝的直径很细,只有6~8 μm,直接应用于复合材料有困难,因此其供货状态是纤维束,根据需要有每束为1 000,3 000,6 000,12 000根纤维等,分别称1 K,3 K,6 K和12 K纤维束等。近年来,考虑降低复合材料的成本,还出现了一些24 K,48 K的大丝束碳纤维。

硼纤维是早期的树脂基复合材料的增强纤维,这类纤维是在一根极细的钨丝上,气相沉积硼制成的,纤维直径较粗,有140 μm左右。由于它工艺比较复杂,成本较高。低成本的碳纤维问世后,逐渐取代了硼纤维,成为树脂基复合材料的主要增强材料。由于硼纤维和铝基体的界面接合好,在铝基复合材料中仍然使用。

碳化硅纤维具有耐高温、抗氧化的优点,主要是用做金属基复合材料和陶瓷基复合材料的增强材料。

另外,还有一种芳香族聚酰胺纤维,也称芳纶纤维。这是一种高强度高模量的有机纤维,作为商品主要有美国杜邦公司的Kevlar29,Kevlar49和第二代的Kevlar129和Kevlar149。芳纶纤维增强树脂基复合材料韧性高、抗冲击性能好,已被用于飞机结构中容易受冲击的次承受力构件如发动机罩、一些受力口盖、起落架舱门等。

表1.1给出了典型增强纤维的基本性能。

表 1.1　典型增强纤维的基本性能

材　料	密度 g·cm⁻³	拉伸强度 MPa	拉伸模量 GPa	断裂伸长率 %
E玻璃	2.55	3 400	71	3.37
S玻璃	2.50	4 580	85	4.60
高强度碳(T300)	1.76	3 530	230	1.50
高模量碳(M40)	1.81	2 740	392	0.60
Kevlar29	1.44	2 900	60	3.60
Kevlar49	1.45	2 900	120	1.90
硼	2.59	3 570	410	0.9
SiC	2.55	2 750	200	0.50
Al_2O_3	3.95	1 570	379	0.40

纤维增强复合材料还可以分为连续纤维增强和短纤维增强复合材料。所谓连续纤维是指纤维的两端达到制成的复合材料构件的边界。连续纤维增强复合材料的强度、刚度都很高,用于承力较高的构件。短纤维复合材料是将长纤维或纤维束切断分散于基体中制成的复合材料,强度、刚度高于基体材料,适合于模压成形,制成外形复杂的构件。

2. 颗粒增强复合材料

由一种或几种颗粒材料均匀分散于基体材料中构成颗粒增强复合材料。基体材料中加进模量和强度都很高的颗粒,可以阻止基体材料的位错和裂纹扩展,达到提高强度和刚度的目的。将空心玻璃微珠分散于树脂基体中制成的颗粒增强树脂基复合材料是一种新的飞机雷达罩材料。典型的颗粒增强金属基复合材料有碳化硅颗粒增强铝基复合材料,其拉伸模量达到 100 GPa 以上,比基体铝合金高 1/3,已被用于卫星支架、太空望远镜支架等。碳化钛颗粒增强的钛基复合材料耐高温性能好,使用温度可以比钛合金提高 100℃ 左右,已被用于导弹壳体、尾翼以及发动机部件。表 1.2 给出了典型陶瓷颗粒材料的基本性能。

表 1. 2　典型陶瓷颗粒材料的基本性能

材　　料	密度 /(g·cm^{-3})	拉伸强度 /MPa	拉伸模量 /GPa
SiC	3.2	600	500
Al_2O_3	3.8	280	380
TiC	4.5	760	380

3. 晶须增强复合材料

晶须是一定条件下材料在极小尺度上结晶而成的一种须状结晶体,具有近于完整的晶体线状排列,因此它具有比相同材料的纤维更高的强度,接近于材料的理论强度。晶须主要有 Al_2O_3,SiC 和 Si_3N_4 的晶须,一般作为金属基和陶瓷基复合材料的增强材料。表 1.3 给出了两种典型晶须的基本性能。

表 1. 3　典型晶须的基本性能

材料	密度 g·cm^{-3}	实测强度 MPa	理论强度 MPa	拉伸模量 GPa
Al_2O_3	3.88	19 000	41 000	410
SiC	3.12	11 000	83 000	840

三、按结构形式分类

细观层次上的复合材料可以通过二次复合构成宏观层次上的复合材料。这类材料可分为层状复合材料、三维编织复合材料和夹层复合材料。

1. 层状复合材料

这类材料是将物理性质不同的复合材料薄片或单一材料薄片黏结成层状的板或壳。航空航天器结构中的碳纤维复合材料层合板就是这类材料，其力学特性也是本书讨论的重点。另外，还有将玻璃纤维复合材料薄片或芳纶纤维复合材料薄片和铝合金薄片黏结在一起的混杂层合复合材料，如图1.7所示，这种复合材料具有优异的抗冲击损伤和抗疲劳性能，被用于飞机结构中易受冲击或振动较大的部位。层状复合材料还包含另一种混杂复合材料，是将玻璃纤维或芳纶纤维与碳纤维在同一层内混杂，或者是一层一层相间混杂制成多层板。这类复合材料具有较高的抗冲击性能，被用于飞机复合材料防弹装甲。

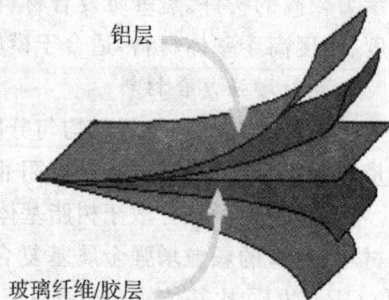

铝层

玻璃纤维/胶层

图1.7　混杂复合材料的结构

2. 三维编织复合材料

这是将碳纤维束或碳化硅纤维束采用编织的方式，编织成三维预成形骨架，然后充入基体制成的复合材料。基体可以是树脂、陶瓷或碳。这类材料克服了层状复合材料层间强度低的弱点，具有较高的抗冲击性能和损伤容限，是一种颇具应用前景的结构材料。图1.8给出的是三维编织机身舷窗框碳纤维预成形件照片。

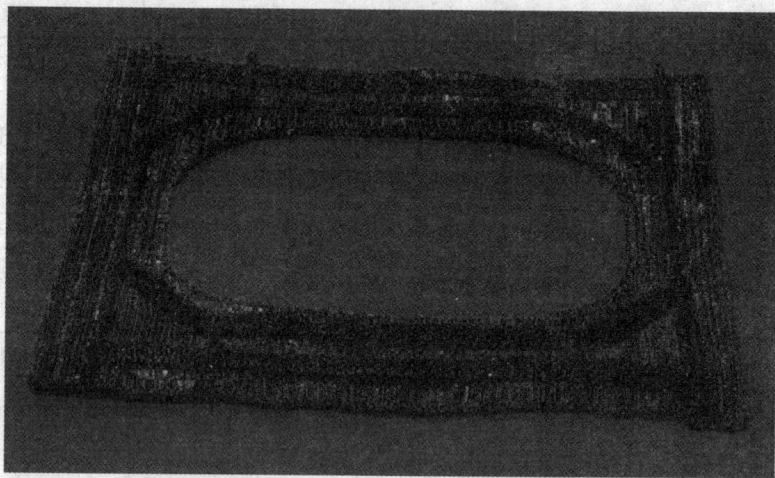

图1.8　三维编织机身舷窗碳纤维预成形件的照片

3. 夹层复合材料

两块复合材料层合板之间填充低密度的芯材所做的复合材料称为夹层复合材料。夹层复合材料的芯材主要有蜂窝和硬质泡沫塑料等。蜂窝按材料分，有铝质蜂窝、玻璃布蜂窝和一种有机纤维纸质蜂窝，又称 Nomex 蜂窝（见图 1.9）。夹层复合材料具有弯曲刚度高和轻质的优点，在对刚度与质量分数要求高的航空航天器结构中被广泛应用。

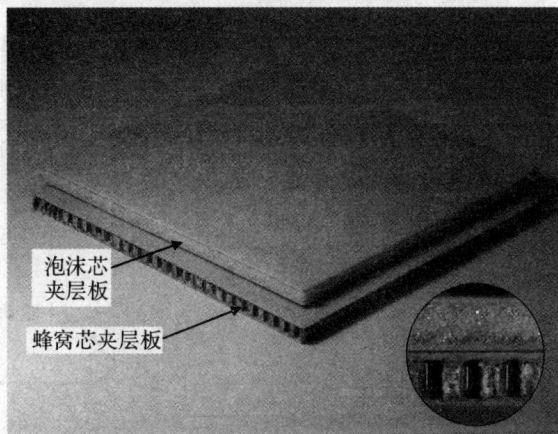

图 1.9　有机纤维纸质蜂窝芯夹层板

除上述分类之外，复合材料按使用性能还可以分为结构复合材料和功能复合材料，后者不属本书讨论的内容。

表 1.4 给出了几种典型的树脂基、金属基和陶瓷基复合材料以及高强钢和高强铝合金的主要力学性能。

表 1.4　典型连续纤维增强复合材料的力学性能

材　　料	密度 $g \cdot cm^{-3}$	拉伸强度 MPa	拉伸模量 GPa	比强度 $MPa/(g \cdot cm^{-3})$	比模量 $GPa/(g \cdot cm^{-3})$
S 玻璃／环氧	2.0	1 790	55	895	27.5
高强碳／环氧	1.57	1 520	138	968	87.9
高模碳／环氧	1.60	1 210	221	756	138.0
Kevlar49／环氧	1.38	1 520	86	1 101	62.3
高强碳／双马	1.61	1 548	135	961	83.9
硼纤维／Al	2.49	1 343	217	539	87.1
SiC 纤维／SiC	2.1	300	100	143	47.6
高强铝合金	2.7	647	72	240	26.7
超高强钢	7.83	1 750	207	223	26.4

1.3 连续纤维增强树脂基复合材料的制造工艺

连续纤维增强树脂基复合材料是目前使用最广泛、用量最大的一种复合材料,也是本书的主要讨论对象。为了便于读者认识和理解这类材料的力学特性,本节对典型的连续纤维增强树脂基复合材料制造工艺做一简单介绍。常用的树脂基复合材料的制造工艺有预浸料工艺、树脂传递模塑(RTM)工艺、树脂膜渗透(RFI)工艺和缠绕工艺。

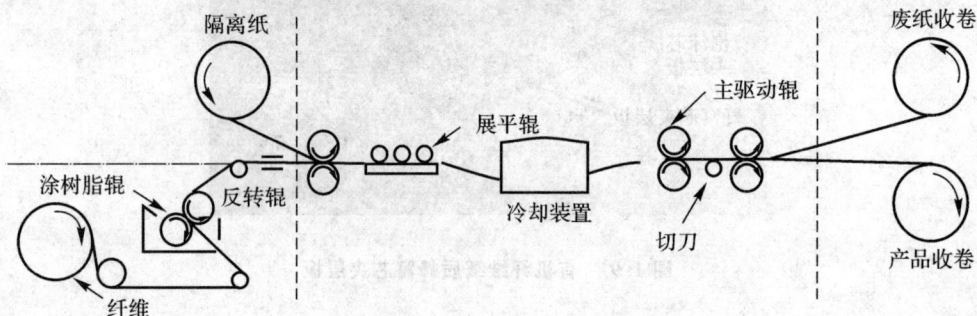

图 1.10 热熔法工艺流程

一、预浸料工艺

预浸料是将树脂浸渍到纤维束或平面织物中制成的复合材料中间材料,其制备方法可分为溶液法和热熔法两种。溶液法是将纤维束或平面织物通过装有溶解于溶剂的树脂溶液槽上胶后烘干,成为浸渍有树脂的单向纤维或平面织物的薄片,收卷后成预浸料。热熔法是将纤维束或平面织物通过不含熔剂的热熔树脂,或与热熔树脂膜通过热辗压制成预浸料的工艺,其工艺流程如图 1.10所示。

将预浸料按设计要求进行不同角度的铺设制成预浸的层合结构,和模具一同放入真空袋抽真空,排除树脂中的气泡和挥发物,并置入热压罐中加温加压,如图1.11所示,使树脂固化后便制成复合材料构件。

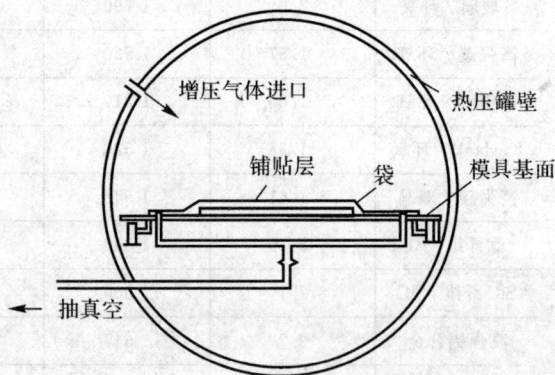

图 1.11 热压罐示意图

二、RTM 和 RFI 工艺

RTM 是 Resin Transfer Molding 的英文缩写,是一种低压液体闭模成形新技术。它是将铺设的多层纤维预成形体或三维编织预成形体放入模具中,闭膜后用注射泵将树脂输入模具浸渍增强体,最后固化成形为复合材料构件。美国 F—22 战斗机的复合材料构件就使用了该工艺。近年来又在此基础上发展,派生出真空辅助 RTM(VARTM)成形技术,如图 1.12 所示。该工艺节省了成本高的预浸料工序,可以不使用热压罐,是一种低成本技术。

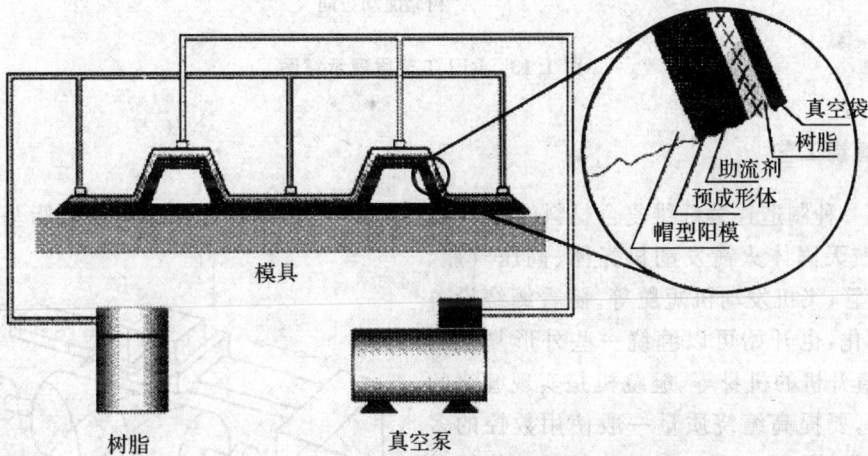

图 1.12　真空辅助 RTM 成形技术示意图

RFI 是 Resin Film Infusion 的英文缩写。它与 RTM 工艺不同的是使用树脂膜而不是液体树脂,将树脂膜置于模具底部,预成形体放在上面,模具用真空袋封袋,然后抽真空加热或进热压罐加热,树脂膜受热后熔化,浸渍到预成形体内部并固化成形,其工艺原理如图 1.13 所示。

RTM 和 RFI 工艺的引入为降低复合材料构件的制造成本创造了条件,是 21 世纪最有前途的复合材料制造工艺。RTM 和 RFI 工艺的纤维预成形件可以预先按一定要求制成层合的预成形件。于是近年来出现了一种被称为经编织物的碳纤维预成形层合体,它是将单向纤维带按一定铺设角铺成层合件,如 0°层 2 层、±45°各 2 层、90°层 1 层,对称铺设,然后用少量锦纶纱线横向针织连在一起,形成的预成形层合件。经编织物与通常的平面织物不同的是织物中的纤维没有发生弯曲。制造构件时可以根据设计要求将若干经编织物叠合成预成形件,通过 RTM 或 RFI 工艺制成复合材料构件。

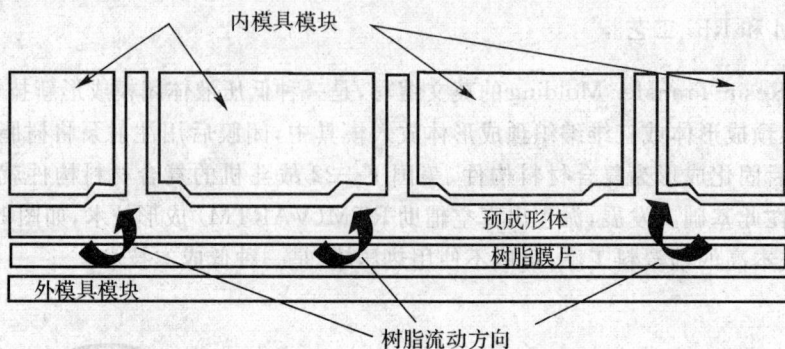

内模具模块

预成形体

树脂膜片

外模具模块

树脂流动方向

图 1.13　RFI 工艺原理示意图

三、缠绕工艺

这是一种制造连续纤维复合材料的早期工艺方法,主要用于制作圆筒状树脂基复合材料构件,如航天固体火箭发动机壳体、高压气瓶、导弹发射管、飞机发动机短舱等。随着缠绕设备的计算机化,也开始可以缠绕一些外形复杂的结构,如直升机的机身等。缠绕机是实现缠绕的主要设备,要提高缠绕质量一般使用数控的多坐标缠绕机,图 1.14 是一种 5 坐标的缠绕机示意图。缠绕成形工艺是将浸过树脂的连续纤维束或带按一定规律缠绕到芯模上,然后固化,脱模获得制品。缠绕方法分为湿法、干法和半干法,其主要区别在于缠绕纤维上树脂的状态不同,目前使用较多的是湿法缠绕工艺。

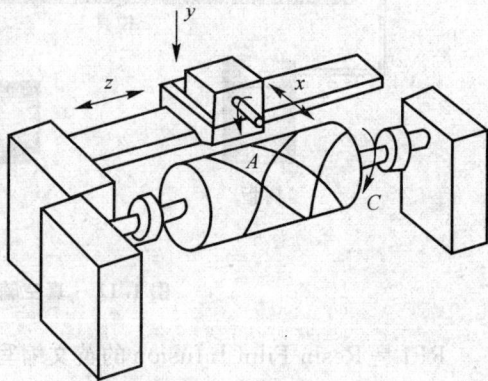

图 1.14　5 坐标缠绕机示意图

1.4　连续纤维增强复合材料的力学特性

作为结构复合材料,尤其是航空航天器结构复合材料主要是连续纤维增强的层合复合材料。这类材料具有明显不同于传统的金属材料的特性和优点。

一、非均质性

构成纤维增强层合复合材料的基本单元是单层,单层内的纤维主要有两种形式,即单向纤维或经纬正交交织的纤维布,如图 1.15 所示。若干层单层按不同铺设角叠合成的多层板称为多向层合板,如图 1.16 所示。单层和多向层合板中包含有基体和纤维,是非均质的。单层的力学性能取决于基体、纤维,以及界面的物理和几何性质。层合板的力学性能还与各层的纤维方向,铺设的顺序、层数与层间的性能有关。因此,研究这类复合材料的力学性能时,要从细观和宏观两个方面着眼。在细观上,将复合材料看为非均质的,分别讨论各组分材料的性能对单层的影响;在宏观上,将复合材料单层处理为均质的,分析单层和层合板的性能。

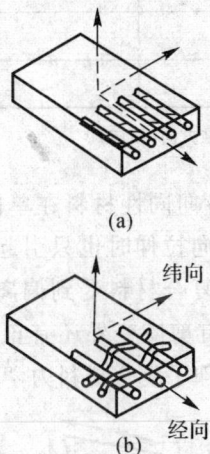

图 1.15 单层的纤维类型

(a) 具有单向纤维的单层;
(b) 具有交织纤维的单层

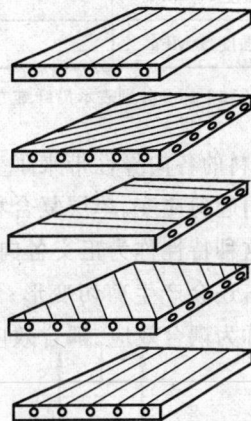

图 1.16 多向层合板

二、各向异性

对于单向纤维的单层,沿纤维方向和垂直于纤维方向是材料的两个主方向,两个方向的弹性模量、强度、热膨胀系数都有显著的差别,具有各向异性。表 1.5 给出了两种国产典型树脂基复合材料单层的力学和物理性能。可以看到两个方向的弹性模量差 1 个数量级,强度的差别更大。这主要是因为单层纤维方向的材料性能是由纤维控制的,垂直于纤维方向的性能是由基体控制的,纤维的性能远高于基体的缘故。

表 1.5 典型国产树脂基复合材料单向板的力学性能

材 料		HT3/5224(高强碳纤维／环氧)	HT3/QY8911(高强碳纤维／双马)
力学性能	纵向拉伸模量 E_1/GPa	140.0	135.0
	横向拉伸模量 E_2/GPa	8.6	8.8
	面内剪切模量 G_{12}/GPa	5.0	4.5
	泊松比 ν_{12}	0.35	0.33

续 表

材　　料	HT3/5224（高强碳纤维／环氧）	HT3/QY8911（高强碳纤维／双马）
纵向拉伸强度 X_t/MPa	1 400.0	1 239.0
横向拉伸强度 Y_t/MPa	50.0	38.7
纵向压缩强度 X_c/MPa	1 100.0	1 281.0
横向压缩强度 Y_c/MPa	180.0	189.0
面内剪切强度 S/MPa	99.0	81.2

注：X 和下标 1，Y 和下标 2 分别表示沿纤维方向（纵向）和垂直纤维方向（横向）。

　　单层复合材料的各向异性带来了变形的复杂性。各向同性材料在单向拉伸时只引起正应变，纯剪切时只引起剪应变。单层复合材料在沿纤维方向拉伸时也只引起正应变，纯剪切时也只引起剪应变，这种特性称为正交各向异性。但是单层复合材料受到偏离纤维方向拉伸时，除了引起正应变外，还会产生剪切变形；纯剪切时，除了有剪应变外还有正应变产生，如图 1.17 所示。这种现象称为耦合效应。耦合效应的存在大大增加了复合材料力学分析的复杂程度。

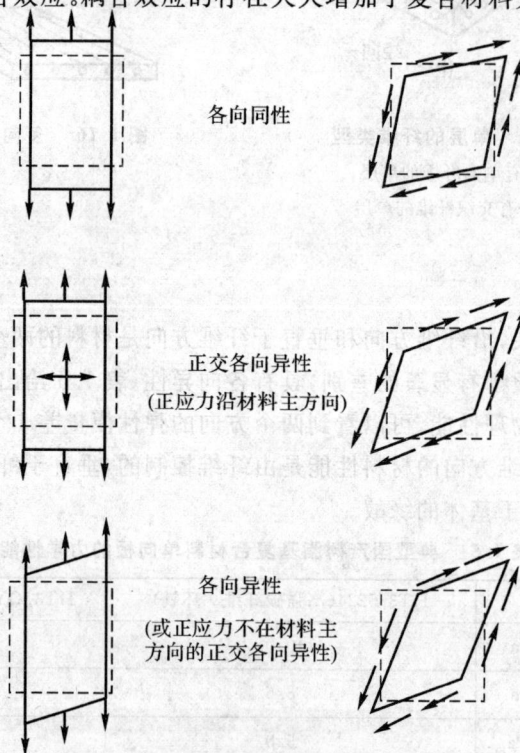

各向同性

正交各向异性
（正应力沿材料主方向）

各向异性
（或正应力不在材料主
方向的正交各向异性）

图 1.17　单层复合材料的耦合效应

三、高比强度比模量

比强度是强度与密度之比,比模量是模量和密度之比。这两个比值越高,说明在相同强度和刚度条件下,材料的质量越轻。表1.4中列出了各种纤维增强复合材料单层的比强度和比模量的数据,它们比铝合金和钢的数据要高很多。复合材料用于航空航天器结构可以大幅度地减小质量其主要原因也在于此。不过这一说法并不全面,这两个比值高只是说明沿纤维方向受拉的优越性。航空航天器结构中很少使用单层,一般都使用层合板或层合壳,其模量和强度都比单层低,具体的减少质量的效果对不同材料体系是不同的,需要具体问题具体分析。

四、可设计性

复合材料的各向异性特性为复合材料结构的可设计性创造了条件。可以通过改变层合板各单层的纤维方向,铺层顺序,纤维含量,满足结构强度和刚度的方向性要求。例如,受内压薄壁圆筒,根据材料力学的分析结果可知,筒壁环向拉伸应力是纵向拉伸应力的2倍。采用经纬纤维含量为2∶1的正交纤维布,就可以使环向和纵向获得相同的强度储备,并减轻结构的质量,这是用金属材料不可能实现的。另外,采用复合材料甚至还可能设计出具有零泊松比或负泊松比的层合板来,这对各向同性材料来说,更是不可思议的。

五、优越的抗疲劳性能

复合材料的疲劳破坏机理完全不同于金属材料。金属材料往往在形成疲劳主裂纹后,主裂纹扩展很快,控制了最终的疲劳破坏。复合材料在循环载荷下一般没有主裂纹,而是形成由大量各种微裂纹构成的损伤区。微裂纹的形成和扩展消耗了大量的能量,因此复合材料的抗疲劳性能比金属材料尤其是高强铝合金和高强钢优越,这也正是复合材料在飞机结构上应用的一大优势。

六、优越的耐腐蚀性

在飞机结构上大量采用的铝合金的最大缺点就是耐腐蚀性能差,直接影响到飞机结构的耐久性。树脂基复合材料具有优良的耐腐蚀性,也是该材料越来越受到飞机制造商重视,成为替代铝合金,成为重要飞机结构材料的原因之一。

七、优越的抗振动性能

结构的固有频率除了和结构形状有关,还和材料的比模量的平方根成正比。复合材料的比模量高,故其固有频率要高于金属,因而可以避免结构在工作状态下的共振。另外,复合材料是多相材料,阻尼系数较大,一旦引起振动,衰减也快。有人进行过实验,铝合金梁需经9 s才停止的振动,相同尺寸的碳纤维复合材料梁只需2.5 s。因此用复合材料制作商用运输机的机身可以有效地降低机舱噪声。

除此之外,纤维增强复合材料还具有低的热膨胀系数,良好的热稳定性等优点。

习　题

1.1　什么是复合材料?有哪些种类?何谓先进复合材料?

1.2　简述连续纤维增强复合材料的特性和优点,并举例说明。

1.3　在航空航天工程结构中,先进复合材料有哪些应用?发展前景如何?

1.4　简述纤维增强树脂基复合材料的制造工艺,RTM 和 RFI 的工艺是什么?

1.5　什么是比模量?什么是比模量?其工程意义是什么?

1.6　某些纤维增强复合材料的基本性能测定数据如下:

材料编号	I	II	III
密度 $/(kg \cdot m^{-3})$	1 250	1 730	2 360
拉伸强度 /MPa	458	1 320	1 640
弹性模量 /GPa	92	156	180

计算这三种材料的比强度和比模量。

第2章 各向异性材料的应力-应变关系

从宏观力学的角度，一般将复合材料看做均匀的各向异性弹性体。在小变形线弹性条件下，各向异性弹性体和各向同性弹性体的力平衡微分方程和几何关系的表达形式是相同的，本质的区别在于物理关系，即应力-应变关系不同。各向异性的特性决定了各向异性体的应力-应变关系比各向同性体要复杂得多，各向同性体实际上是各向异性体的一个特例。本章主要介绍三维各向异性材料的应力-应变关系。

2.1 三维各向异性材料的应力-应变关系

一、一般各向异性材料的应力-应变关系

在各向异性体中一点附近取出一个六面体微小单元，单元体各面上的应力代表了这一点的应力状态，如图 2.1 所示。一般情况下，一点的应力状态可以用 9 个应力张量分量 $\sigma_{ij}(i,j=1,2,3)$ 来表示，$1,2,3$ 为参考坐标轴，其变形状态也可以用相应的 9 个应变张量分量 ε_{ij} 来表示。其应力-应变关系可表示为

$$
\begin{bmatrix}
\sigma_{11} \\
\sigma_{22} \\
\sigma_{33} \\
\sigma_{23} \\
\sigma_{31} \\
\sigma_{12} \\
\sigma_{32} \\
\sigma_{13} \\
\sigma_{21}
\end{bmatrix}
=
\begin{bmatrix}
C_{1111} & C_{1122} & C_{1133} & C_{1123} & C_{1131} & C_{1112} & C_{1132} & C_{1113} & C_{1121} \\
C_{2211} & C_{2222} & C_{2233} & C_{2223} & C_{2231} & C_{2212} & C_{2232} & C_{2213} & C_{2221} \\
C_{3311} & C_{3322} & C_{3333} & C_{3323} & C_{3331} & C_{3312} & C_{3332} & C_{3313} & C_{3321} \\
C_{2311} & C_{2322} & C_{2333} & C_{2323} & C_{2331} & C_{2312} & C_{2332} & C_{2313} & C_{2321} \\
C_{3111} & C_{3122} & C_{3133} & C_{3123} & C_{3131} & C_{3112} & C_{3132} & C_{3113} & C_{3121} \\
C_{1211} & C_{1222} & C_{1233} & C_{1223} & C_{1231} & C_{1212} & C_{1232} & C_{1213} & C_{1221} \\
C_{3211} & C_{3222} & C_{3233} & C_{3223} & C_{3231} & C_{3212} & C_{3232} & C_{3213} & C_{3221} \\
C_{1311} & C_{1322} & C_{1333} & C_{1323} & C_{1331} & C_{1312} & C_{1332} & C_{1313} & C_{1321} \\
C_{2111} & C_{2122} & C_{2133} & C_{2123} & C_{2131} & C_{2112} & C_{2132} & C_{2113} & C_{2121}
\end{bmatrix}
\begin{bmatrix}
\varepsilon_{11} \\
\varepsilon_{22} \\
\varepsilon_{33} \\
\varepsilon_{23} \\
\varepsilon_{31} \\
\varepsilon_{12} \\
\varepsilon_{32} \\
\varepsilon_{13} \\
\varepsilon_{21}
\end{bmatrix}
\tag{2.1}
$$

应变-应力关系为

$$\begin{bmatrix} \varepsilon_{11} \\ \varepsilon_{22} \\ \varepsilon_{33} \\ \varepsilon_{23} \\ \varepsilon_{31} \\ \varepsilon_{12} \\ \varepsilon_{32} \\ \varepsilon_{13} \\ \varepsilon_{21} \end{bmatrix} = \begin{bmatrix} C_{1111} & C_{1122} & C_{1133} & C_{1123} & C_{1131} & C_{1112} & C_{1132} & C_{1113} & C_{1121} \\ C_{2211} & C_{2222} & C_{2233} & C_{2223} & C_{2231} & C_{2212} & C_{2232} & C_{2213} & C_{2221} \\ C_{3311} & C_{3322} & C_{3333} & C_{3323} & C_{3331} & C_{3312} & C_{3332} & C_{3313} & C_{3321} \\ C_{2311} & C_{2322} & C_{2333} & C_{2323} & C_{2331} & C_{2312} & C_{2332} & C_{2313} & C_{2321} \\ C_{2111} & C_{3122} & C_{3133} & C_{3123} & C_{3131} & C_{3112} & C_{3132} & C_{3113} & C_{3121} \\ C_{1211} & C_{1222} & C_{1233} & C_{1223} & C_{1231} & C_{1212} & C_{1232} & C_{1213} & C_{1221} \\ C_{3211} & C_{3222} & C_{3233} & C_{3223} & C_{3231} & C_{3212} & C_{3232} & C_{3213} & C_{3221} \\ C_{1311} & C_{1322} & C_{1333} & C_{1323} & C_{1331} & C_{1312} & C_{1332} & C_{1313} & C_{1321} \\ C_{2111} & C_{2122} & C_{2133} & C_{2123} & C_{2131} & C_{2112} & C_{2132} & C_{2113} & C_{2121} \end{bmatrix} \begin{bmatrix} \sigma_{11} \\ \sigma_{22} \\ \sigma_{33} \\ \sigma_{23} \\ \sigma_{31} \\ \sigma_{12} \\ \sigma_{32} \\ \sigma_{13} \\ \sigma_{21} \end{bmatrix} \qquad (2.2)$$

下标用符号表示时,有

$$\left. \begin{aligned} \sigma_{ij} &= C_{ijkl}\varepsilon_{kl} \\ \varepsilon_{ij} &= S_{ijkl}\sigma_{kl} \end{aligned} \right\} \quad (i,j,k,l = 1,2,3) \qquad (2.3)$$

式中,C_{ijkl} 为刚度系数;S_{ijkl} 为柔度系数。一般各向异性
材料包含了 81 个弹性常数,但是由于应力张量和应变
张量具有对称性,即

$$\left. \begin{aligned} \sigma_{ij} &= \sigma_{ji} \\ \varepsilon_{ij} &= \varepsilon_{ji} \end{aligned} \right\} \qquad (2.4)$$

所以,一般各向异性材料的弹性常数只有 36 个。

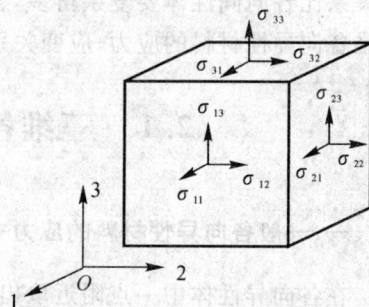

图 2.1　各向异性体上一点的应力状态

通常弹性力学和材料力学教材中定义的应变分量
并不是张量应变分量,称为工程应变分量。如果将上述张量应变分量转换为工程应变分量,有

$$\left. \begin{aligned} \varepsilon_1 &= \varepsilon_{11} \\ \varepsilon_2 &= \varepsilon_{22} \\ \varepsilon_3 &= \varepsilon_{33} \\ \varepsilon_4 &= \gamma_{23} = 2\varepsilon_{23} \\ \varepsilon_5 &= \gamma_{31} = 2\varepsilon_{31} \\ \varepsilon_6 &= \gamma_{12} = 2\varepsilon_{12} \end{aligned} \right\} \qquad (2.5)$$

应力分量改写为

$$\left. \begin{aligned} \sigma_1 &= \sigma_{11} \\ \sigma_2 &= \sigma_{22} \\ \sigma_3 &= \sigma_{33} \\ \sigma_4 &= \tau_{23} = \sigma_{23} \\ \sigma_5 &= \tau_{31} = \sigma_{31} \\ \sigma_6 &= \tau_{12} = \sigma_{12} \end{aligned} \right\} \qquad (2.6)$$

于是,式(2.1) 和式(2.2) 可以表示为

$$
\begin{bmatrix} \sigma_1 \\ \sigma_2 \\ \sigma_3 \\ \tau_{23} \\ \tau_{31} \\ \tau_{12} \end{bmatrix} = \begin{bmatrix} C_{11} & C_{12} & C_{13} & C_{14} & C_{15} & C_{16} \\ C_{21} & C_{22} & C_{23} & C_{24} & C_{25} & C_{26} \\ C_{31} & C_{32} & C_{33} & C_{34} & C_{35} & C_{36} \\ C_{41} & C_{42} & C_{43} & C_{44} & C_{45} & C_{46} \\ C_{51} & C_{52} & C_{53} & C_{54} & C_{55} & C_{56} \\ C_{61} & C_{62} & C_{63} & C_{64} & C_{65} & C_{66} \end{bmatrix} \begin{bmatrix} \varepsilon_1 \\ \varepsilon_2 \\ \varepsilon_3 \\ \gamma_{23} \\ \gamma_{31} \\ \gamma_{12} \end{bmatrix} \tag{2.7}
$$

和

$$
\begin{bmatrix} \varepsilon_1 \\ \varepsilon_2 \\ \varepsilon_3 \\ \gamma_{23} \\ \gamma_{31} \\ \gamma_{12} \end{bmatrix} = \begin{bmatrix} S_{11} & S_{12} & S_{13} & S_{14} & S_{15} & S_{16} \\ S_{21} & S_{22} & S_{23} & S_{24} & S_{25} & S_{26} \\ S_{31} & S_{32} & S_{33} & S_{34} & S_{35} & S_{36} \\ S_{41} & S_{42} & S_{43} & S_{44} & S_{45} & S_{46} \\ S_{51} & S_{52} & S_{53} & S_{54} & S_{55} & S_{56} \\ S_{61} & S_{62} & S_{63} & S_{64} & S_{65} & S_{66} \end{bmatrix} \begin{bmatrix} \sigma_1 \\ \sigma_2 \\ \sigma_3 \\ \tau_{23} \\ \tau_{31} \\ \tau_{12} \end{bmatrix} \tag{2.8}
$$

下标用符号表示时,有

$$
\left. \begin{aligned} \sigma_i &= C_{ij}\varepsilon_j \\ \varepsilon_i &= S_{ij}\sigma_j \end{aligned} \right\} \quad (i,j = 1,2,\cdots,6) \tag{2.9}
$$

式中,ε_i 和 ε_j 表示工程应变分量。通过对材料的应变能密度分析,可以证明

$$
\left. \begin{aligned} C_{ij} &= C_{ji} \\ S_{ij} &= S_{ji} \end{aligned} \right\} \tag{2.10}
$$

因此,各向异性材料中独立的弹性常数为 21 个。

二、单对称材料的应力-应变关系

事实上,材料往往具有不同程度的弹性对称性。单对称材料是指具有一个弹性对称面的各向异性材料。

假设图 2.2 中所示 1O2 平面是弹性对称面,沿 3 轴和 3′ 轴方向上的应力和应变有以下关系:

$$
\left. \begin{aligned} \sigma_{3'} &= \sigma_3 \\ \tau_{23'} &= -\tau_{23} \\ \tau_{3'1} &= -\tau_{31} \\ \varepsilon_{3'} &= \varepsilon_3 \\ \gamma_{23'} &= -\gamma_{23} \\ \gamma_{3'1} &= -\gamma_{31} \end{aligned} \right\} \tag{2.11}
$$

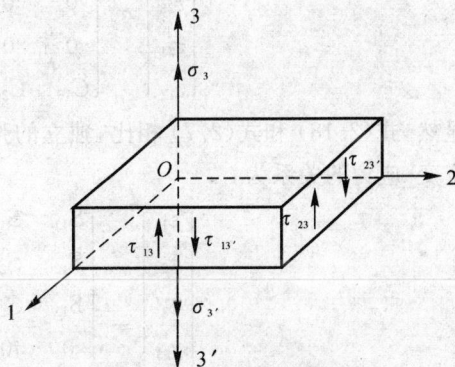

图 2.2　单对称材料的应力

因此,在 $O123$ 坐标系下的应力-应变关系为式(2.7)所示,在 $O123'$ 坐标系下的应力-应变关系为

$$
\begin{bmatrix} \sigma_1 \\ \sigma_2 \\ \sigma_{3'} \\ \tau_{23'} \\ \tau_{3'1} \\ \tau_{12} \end{bmatrix} = \begin{bmatrix} C_{11} & C_{12} & C_{13} & C_{14} & C_{15} & C_{16} \\ C_{21} & C_{22} & C_{23} & C_{24} & C_{25} & C_{26} \\ C_{31} & C_{32} & C_{33} & C_{34} & C_{35} & C_{36} \\ C_{41} & C_{42} & C_{43} & C_{44} & C_{45} & C_{46} \\ C_{51} & C_{52} & C_{53} & C_{54} & C_{55} & C_{56} \\ C_{61} & C_{62} & C_{63} & C_{64} & C_{65} & C_{66} \end{bmatrix} \begin{bmatrix} \varepsilon_1 \\ \varepsilon_2 \\ \varepsilon_{3'} \\ \gamma_{23'} \\ \gamma_{3'1} \\ \gamma_{12} \end{bmatrix} \tag{2.12}
$$

这样由式(2.7)可得

$$
\sigma_1 = C_{11}\varepsilon_1 + C_{12}\varepsilon_2 + C_{13}\varepsilon_3 + C_{14}\gamma_{23} + C_{15}\gamma_{31} + C_{16}\gamma_{12} \tag{2.13}
$$

由式(2.12)可得

$$
\sigma_1 = C_{11}\varepsilon_1 + C_{12}\varepsilon_2 + C_{13}\varepsilon_{3'} + C_{14}\gamma_{23'} + C_{15}\gamma_{3'1} + C_{16}\gamma_{12} \tag{2.14}
$$

将式(2.11)代入式(2.14),得

$$
\sigma_1 = C_{11}\varepsilon_1 + C_{12}\varepsilon_2 + C_{13}\varepsilon_3 - C_{14}\gamma_{23} - C_{15}\gamma_{31} + C_{16}\gamma_{12} \tag{2.15}
$$

比较式(2.13)和式(2.15),必须有

$$
C_{14} = C_{15} = 0 \tag{2.16}
$$

同理,可以得到

$$
C_{24} = C_{25} = C_{64} = C_{65} = C_{34} = C_{35} = 0 \tag{2.17}
$$

这样单对称材料的应力-应变关系就可以表示为

$$
\begin{bmatrix} \sigma_1 \\ \sigma_2 \\ \sigma_3 \\ \tau_{23} \\ \tau_{31} \\ \tau_{12} \end{bmatrix} = \begin{bmatrix} C_{11} & C_{12} & C_{13} & 0 & 0 & C_{16} \\ C_{12} & C_{22} & C_{23} & 0 & 0 & C_{26} \\ C_{13} & C_{23} & C_{33} & 0 & 0 & C_{36} \\ 0 & 0 & 0 & C_{44} & C_{45} & 0 \\ 0 & 0 & 0 & C_{45} & C_{55} & 0 \\ C_{16} & C_{26} & C_{36} & 0 & 0 & C_{66} \end{bmatrix} \begin{bmatrix} \varepsilon_1 \\ \varepsilon_2 \\ \varepsilon_3 \\ \gamma_{23} \\ \gamma_{31} \\ \gamma_{12} \end{bmatrix} \tag{2.18}
$$

显然,式(2.18)和式(2.7)相比,独立的弹性常数由 21 个减少到 13 个。与式(2.18)相对应,其应变-应力的关系为

$$
\begin{bmatrix} \varepsilon_1 \\ \varepsilon_2 \\ \varepsilon_3 \\ \gamma_{23} \\ \gamma_{31} \\ \gamma_{12} \end{bmatrix} = \begin{bmatrix} S_{11} & S_{12} & S_{13} & 0 & 0 & S_{16} \\ S_{12} & S_{22} & S_{23} & 0 & 0 & S_{26} \\ S_{13} & S_{23} & S_{33} & 0 & 0 & S_{36} \\ 0 & 0 & 0 & S_{44} & S_{45} & 0 \\ 0 & 0 & 0 & S_{45} & S_{55} & 0 \\ S_{16} & S_{26} & S_{36} & 0 & 0 & S_{66} \end{bmatrix} \begin{bmatrix} \sigma_1 \\ \sigma_2 \\ \sigma_3 \\ \tau_{23} \\ \tau_{31} \\ \tau_{12} \end{bmatrix} \tag{2.19}
$$

为了讨论材料弹性对称性的物理意义，取单对称材料，仅在 $3 - 3'$ 方向加正应力，即 $\sigma_3 \neq 0$，其他应力分量均为零，得到

$$
\begin{bmatrix} \varepsilon_1 \\ \varepsilon_2 \\ \varepsilon_3 \\ \gamma_{23} \\ \gamma_{31} \\ \gamma_{12} \end{bmatrix} = \begin{bmatrix} S_{11} & S_{12} & S_{13} & 0 & 0 & S_{16} \\ S_{12} & S_{22} & S_{23} & 0 & 0 & S_{26} \\ S_{13} & S_{23} & S_{33} & 0 & 0 & S_{36} \\ 0 & 0 & 0 & S_{44} & S_{45} & 0 \\ 0 & 0 & 0 & S_{45} & S_{55} & 0 \\ S_{16} & S_{26} & S_{36} & 0 & 0 & S_{66} \end{bmatrix} \begin{bmatrix} 0 \\ 0 \\ \sigma_3 \\ 0 \\ 0 \\ 0 \end{bmatrix} \tag{2.20}
$$

由式(2.20)可以得到该应力状态下的应变分量，即

$$
\left. \begin{aligned} \varepsilon_1 &= S_{13}\sigma_3 \\ \varepsilon_2 &= S_{23}\sigma_3 \\ \varepsilon_3 &= S_{33}\sigma_3 \\ \gamma_{23} &= 0 \\ \gamma_{31} &= 0 \\ \gamma_{12} &= S_{36}\sigma_3 \end{aligned} \right\} \tag{2.21}
$$

这表明垂直于弹性对称面的正应力只引起 3 个方向的正应变和垂直于正应力平面的剪应变。因此，材料的弹性对称性的存在，可以降低正应力和剪应变或是剪应力与正应变的耦合程度，降低材料的各向异性。

三、正交各向异性材料的应力-应变关系

具有 3 个相互正交的弹性对称面的材料称为正交各向异性材料。当图 2.2 中的 1O2，1O3 和 2O3 平面均为弹性对称面时，按单对称材料的分析方法可以得到式(2.18)中的

$$
C_{16} = C_{26} = C_{36} = C_{45} = 0 \tag{2.22}
$$

于是，就可以得到正交各向异性材料的应力-应变关系式，即

$$
\begin{bmatrix} \sigma_1 \\ \sigma_2 \\ \sigma_3 \\ \tau_{23} \\ \tau_{31} \\ \tau_{12} \end{bmatrix} = \begin{bmatrix} C_{11} & C_{12} & C_{13} & 0 & 0 & 0 \\ C_{12} & C_{22} & C_{23} & 0 & 0 & 0 \\ C_{13} & C_{23} & C_{33} & 0 & 0 & 0 \\ 0 & 0 & 0 & C_{44} & 0 & 0 \\ 0 & 0 & 0 & 0 & C_{55} & 0 \\ 0 & 0 & 0 & 0 & 0 & C_{66} \end{bmatrix} \begin{bmatrix} \varepsilon_1 \\ \varepsilon_2 \\ \varepsilon_3 \\ \gamma_{23} \\ \gamma_{31} \\ \gamma_{12} \end{bmatrix} \tag{2.23}
$$

和应变-应力关系式，即

$$\begin{bmatrix} \varepsilon_1 \\ \varepsilon_2 \\ \varepsilon_3 \\ \gamma_{23} \\ \gamma_{31} \\ \gamma_{12} \end{bmatrix} = \begin{bmatrix} S_{11} & S_{12} & S_{13} & 0 & 0 & 0 \\ S_{12} & S_{22} & S_{23} & 0 & 0 & 0 \\ S_{13} & S_{23} & S_{33} & 0 & 0 & 0 \\ 0 & 0 & 0 & S_{44} & 0 & 0 \\ 0 & 0 & 0 & 0 & S_{55} & 0 \\ 0 & 0 & 0 & 0 & 0 & S_{66} \end{bmatrix} \begin{bmatrix} \sigma_1 \\ \sigma_2 \\ \sigma_3 \\ \tau_{23} \\ \tau_{31} \\ \tau_{12} \end{bmatrix} \tag{2.24}$$

正交各向异性材料的独立弹性常数只有 9 个。由式(2.24)可知,对于正交各向异性材料,正应力只引起正应变,剪应力只引起剪应变,正应力和剪应变或是剪应力与正应变之间没有耦合,这一点是和各向同性材料相同的。正交各向异性材料三个相互垂直的弹性对称面的法线方向称为该材料的主方向。

四、横向各向同性材料的应力-应变关系

横向各向同性材料是正交各向异性材料的特例,其三个相互垂直的弹性对称面中有一个是各向同性的。如单向纤维增强复合材料(见图 2.3),垂直于纤维方向(1 方向)的 2O3 平面是各向同性的。所以,式(2.23)和式(2.24)中刚度系数和柔度系数中的下标 2,3 交换,系数数值不应改变,即有

$$\left.\begin{aligned} C_{13} &= C_{12} \\ C_{33} &= C_{22} \\ C_{55} &= C_{66} \\ S_{13} &= S_{12} \\ S_{33} &= S_{22} \\ S_{55} &= S_{66} \end{aligned}\right\} \tag{2.25}$$

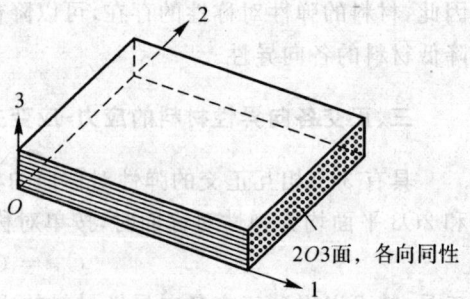

另外,通过进一步的分析,还可以得到

$$\left.\begin{aligned} C_{44} &= \frac{C_{22} - C_{23}}{2} \\ S_{44} &= 2(S_{22} - S_{23}) \end{aligned}\right\} \tag{2.26}$$

图 2.3 单向纤维增强复合材料

横向各向同性材料的应力-应变关系为

$$\begin{bmatrix} \sigma_1 \\ \sigma_2 \\ \sigma_3 \\ \tau_{23} \\ \tau_{31} \\ \tau_{12} \end{bmatrix} = \begin{bmatrix} C_{11} & C_{12} & C_{12} & 0 & 0 & 0 \\ C_{12} & C_{22} & C_{23} & 0 & 0 & 0 \\ C_{12} & C_{23} & C_{22} & 0 & 0 & 0 \\ 0 & 0 & 0 & \dfrac{C_{22} - C_{23}}{2} & 0 & 0 \\ 0 & 0 & 0 & 0 & C_{66} & 0 \\ 0 & 0 & 0 & 0 & 0 & C_{66} \end{bmatrix} \begin{bmatrix} \varepsilon_1 \\ \varepsilon_2 \\ \varepsilon_3 \\ \gamma_{23} \\ \gamma_{31} \\ \gamma_{12} \end{bmatrix} \tag{2.27}$$

应变-应力关系为

$$
\begin{bmatrix} \varepsilon_1 \\ \varepsilon_2 \\ \varepsilon_3 \\ \gamma_{23} \\ \gamma_{31} \\ \gamma_{12} \end{bmatrix} = \begin{bmatrix} S_{11} & S_{12} & S_{12} & 0 & 0 & 0 \\ S_{12} & S_{22} & S_{23} & 0 & 0 & 0 \\ S_{12} & S_{23} & S_{22} & 0 & 0 & 0 \\ 0 & 0 & 0 & 2(S_{22}-S_{23}) & 0 & 0 \\ 0 & 0 & 0 & 0 & S_{66} & 0 \\ 0 & 0 & 0 & 0 & 0 & S_{66} \end{bmatrix} \begin{bmatrix} \sigma_1 \\ \sigma_2 \\ \sigma_3 \\ \tau_{23} \\ \tau_{31} \\ \tau_{12} \end{bmatrix} \tag{2.28}
$$

显然，这种材料的独立弹性常数只有 5 个。

五、各向同性材料的应力-应变关系

具有无穷多个弹性对称面的材料称为各向同性材料。这种材料对于三个相互垂直的弹性对称面的弹性性能完全相同，式(2.23)中的刚度系数满足

$$
\left.\begin{array}{l} C_{22}=C_{33}=C_{11} \\ C_{23}=C_{31}=C_{12} \\ C_{55}=C_{66}=C_{44}=\dfrac{1}{2}(C_{11}-C_{12}) \end{array}\right\} \tag{2.29}
$$

所以，各向同性材料的应力-应变关系为

$$
\begin{bmatrix} \sigma_1 \\ \sigma_2 \\ \sigma_3 \\ \tau_{23} \\ \tau_{31} \\ \tau_{12} \end{bmatrix} = \begin{bmatrix} C_{11} & C_{12} & C_{12} & 0 & 0 & 0 \\ C_{12} & C_{11} & C_{12} & 0 & 0 & 0 \\ C_{12} & C_{12} & C_{11} & 0 & 0 & 0 \\ 0 & 0 & 0 & \dfrac{C_{11}-C_{12}}{2} & 0 & 0 \\ 0 & 0 & 0 & 0 & \dfrac{C_{11}-C_{12}}{2} & 0 \\ 0 & 0 & 0 & 0 & 0 & \dfrac{C_{11}-C_{12}}{2} \end{bmatrix} \begin{bmatrix} \varepsilon_1 \\ \varepsilon_2 \\ \varepsilon_3 \\ \gamma_{23} \\ \gamma_{31} \\ \gamma_{12} \end{bmatrix} \tag{2.30}
$$

同理，应变-应力关系为

$$
\begin{bmatrix} \varepsilon_1 \\ \varepsilon_2 \\ \varepsilon_3 \\ \gamma_{23} \\ \gamma_{31} \\ \gamma_{12} \end{bmatrix} = \begin{bmatrix} S_{11} & S_{12} & S_{12} & 0 & 0 & 0 \\ S_{12} & S_{11} & S_{12} & 0 & 0 & 0 \\ S_{12} & S_{12} & S_{11} & 0 & 0 & 0 \\ 0 & 0 & 0 & 2(S_{11}-S_{12}) & 0 & 0 \\ 0 & 0 & 0 & 0 & 2(S_{11}-S_{12}) & 0 \\ 0 & 0 & 0 & 0 & 0 & 2(S_{11}-S_{12}) \end{bmatrix} \begin{bmatrix} \sigma_1 \\ \sigma_2 \\ \sigma_3 \\ \tau_{23} \\ \tau_{31} \\ \tau_{12} \end{bmatrix} \tag{2.31}
$$

各向同性材料只有 2 个独立的弹性常数。

2.2　正交各向异性材料的工程弹性常数

一、正交各向异性材料的工程弹性常数

正交各向异性材料的应变-应力关系,可以由柔度系数来表示,如式(2.24)所示,也可以用工程弹性常数来表示。实际工程中,一般都用工程弹性常数来表征材料的弹性性能,工程弹性常数是拉压弹性模量、剪切弹性模量和泊松比的统称,这些常数可以由试验直接测得。另外,现有的大型通用结构有限元分析程序输入复合材料的弹性性能时,也要求按工程弹性常数的形式给出。通过对正交各向异性材料三个材料主方向的单向拉伸试验和三个与材料主方向垂直的平面内的纯剪切试验,就可以得到用工程弹性常数表示的正交各向异性材料的应力-应变关系。

图 2.4 给出了三个单向拉伸和三个纯剪切试验的示意图。

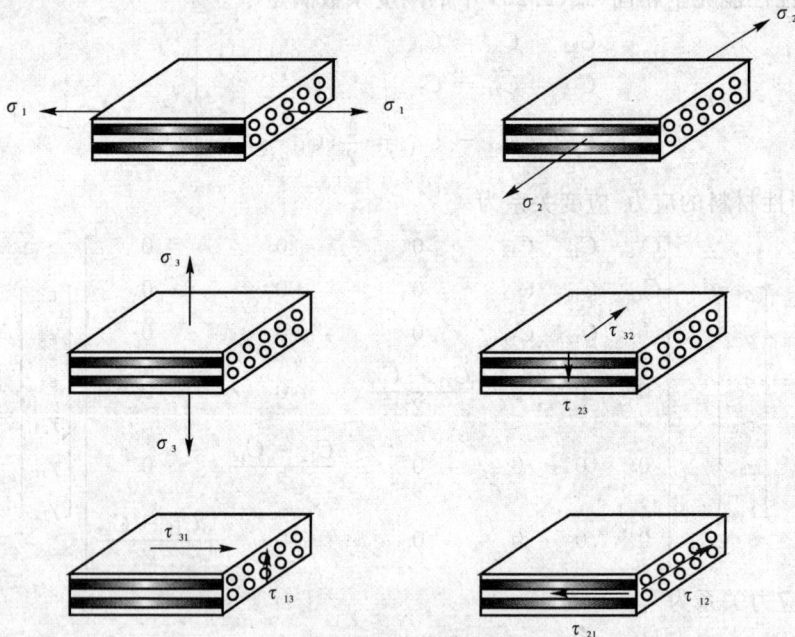

图 2.4　三个单向拉伸和三个纯剪切试验示意图

沿 1 轴向单向拉伸时,应力 $\sigma_1 \neq 0$,其他应力均为零。由式(2.24)可得

$$\left.\begin{aligned}
\varepsilon_1 &= S_{11}\sigma_1 \\
\varepsilon_2 &= S_{12}\sigma_1 \\
\varepsilon_3 &= S_{13}\sigma_1 \\
\gamma_{23} &= \gamma_{31} = \gamma_{12} = 0
\end{aligned}\right\} \tag{2.32}$$

另外,根据胡克定律和泊松效应有

$$\left.\begin{array}{l} \varepsilon_1 = \dfrac{\sigma_1}{E_1} \\[2mm] \varepsilon_2 = -\dfrac{\nu_{12}}{E_1}\sigma_1 \\[2mm] \varepsilon_3 = -\dfrac{\nu_{13}}{E_1}\sigma_1 \\[2mm] \gamma_{23} = \gamma_{31} = \gamma_{12} = 0 \end{array}\right\} \tag{2.33}$$

比较式(2.32)和式(2.33)便可以得到柔度系数和工程弹性常数的关系为

$$\left.\begin{array}{l} S_{11} = \dfrac{1}{E_1} \\[2mm] S_{12} = -\dfrac{\nu_{12}}{E_1} \\[2mm] S_{13} = -\dfrac{\nu_{13}}{E_1} \end{array}\right\} \tag{2.34}$$

同理,沿 2 轴向和 3 轴向的单向拉伸,还可得

$$\left.\begin{array}{l} S_{12} = -\dfrac{\nu_{21}}{E_2} \\[2mm] S_{22} = \dfrac{1}{E_2} \\[2mm] S_{23} = -\dfrac{\nu_{23}}{E_2} \end{array}\right\} \tag{2.35}$$

和

$$\left.\begin{array}{l} S_{13} = -\dfrac{\nu_{31}}{E_3} \\[2mm] S_{23} = -\dfrac{\nu_{32}}{E_3} \\[2mm] S_{33} = \dfrac{1}{E_3} \end{array}\right\} \tag{2.36}$$

对于 $1O2$ 面、$2O3$ 面和 $1O3$ 面的纯剪切,可得

$$\left.\begin{array}{l} S_{44} = \dfrac{1}{G_{23}} \\[2mm] S_{55} = \dfrac{1}{G_{13}} \\[2mm] S_{66} = \dfrac{1}{G_{12}} \end{array}\right\} \tag{2.37}$$

式(2.34)～式(2.37)中的 E_1,E_2,E_3 和 G_{12},G_{23},G_{13} 分别为正交各向异性材料的拉压弹性模

量和剪切弹性模量；ν_{12}，ν_{23}，ν_{13} 以及 ν_{21}，ν_{32}，ν_{31} 分别为主泊松比和副泊松比。将工程弹性常数表示的正交各向异性材料的柔度系数代入式(2.24)，就得到工程弹性常数表示的正交各向异性材料的应变-应力关系，即

$$
\begin{bmatrix} \varepsilon_1 \\ \varepsilon_2 \\ \varepsilon_3 \\ \gamma_{23} \\ \gamma_{31} \\ \gamma_{12} \end{bmatrix} = \begin{bmatrix} \dfrac{1}{E_1} & -\dfrac{\nu_{21}}{E_2} & -\dfrac{\nu_{31}}{E_3} & 0 & 0 & 0 \\[2mm] -\dfrac{\nu_{12}}{E_1} & \dfrac{1}{E_2} & -\dfrac{\nu_{32}}{E_3} & 0 & 0 & 0 \\[2mm] -\dfrac{\nu_{13}}{E_1} & -\dfrac{\nu_{23}}{E_2} & \dfrac{1}{E_3} & 0 & 0 & 0 \\[2mm] 0 & 0 & 0 & \dfrac{1}{G_{23}} & 0 & 0 \\[2mm] 0 & 0 & 0 & 0 & \dfrac{1}{G_{31}} & 0 \\[2mm] 0 & 0 & 0 & 0 & 0 & \dfrac{1}{G_{12}} \end{bmatrix} \begin{bmatrix} \sigma_1 \\ \sigma_2 \\ \sigma_3 \\ \tau_{23} \\ \tau_{31} \\ \tau_{12} \end{bmatrix} \qquad (2.38)
$$

由于刚度矩阵$[C_{ij}]$和柔度矩阵$[S_{ij}]$是互逆的，即

$$
[C_{ij}] = [S_{ij}]^{-1} \qquad (2.39)
$$

式(2.23)中的刚度系数可以通过对式(2.24)中的柔度系数求逆得到，即

$$
\left.\begin{aligned}
C_{11} &= \frac{S_{22}S_{33} - S_{23}^2}{S} \\[2mm]
C_{12} &= \frac{S_{13}S_{23} - S_{12}S_{33}}{S} \\[2mm]
C_{22} &= \frac{S_{33}S_{11} - S_{13}^2}{S} \\[2mm]
C_{23} &= \frac{S_{12}S_{13} - S_{23}S_{11}}{S} \\[2mm]
C_{33} &= \frac{S_{11}S_{22} - S_{12}^2}{S} \\[2mm]
C_{13} &= \frac{S_{12}S_{23} - S_{13}S_{22}}{S} \\[2mm]
C_{44} &= \frac{1}{S_{44}} \\[2mm]
C_{55} &= \frac{1}{S_{55}} \\[2mm]
C_{66} &= \frac{1}{S_{66}}
\end{aligned}\right\} \qquad (2.40)
$$

式中

$$S = \begin{vmatrix} S_{11} & S_{12} & S_{13} \\ S_{12} & S_{22} & S_{23} \\ S_{13} & S_{23} & S_{33} \end{vmatrix} \tag{2.41}$$

将式(2.34)～式(2.37)代入式(2.41)便可以得到用工程弹性常数表示的正交各向异性材料的刚度系数,即

$$\left. \begin{array}{l} C_{11} = \dfrac{1 - \nu_{23}\nu_{32}}{E_2 E_3 \Delta} \\[2mm] C_{12} = \dfrac{\nu_{21} + \nu_{31}\nu_{23}}{E_2 E_3 \Delta} = \dfrac{\nu_{12} + \nu_{13}\nu_{32}}{E_1 E_3 \Delta} \\[2mm] C_{22} = \dfrac{1 - \nu_{13}\nu_{31}}{E_1 E_3 \Delta} \\[2mm] C_{23} = \dfrac{\nu_{32} + \nu_{12}\nu_{31}}{E_1 E_3 \Delta} = \dfrac{\nu_{23} + \nu_{21}\nu_{13}}{E_1 E_2 \Delta} \\[2mm] C_{33} = \dfrac{1 - \nu_{12}\nu_{21}}{E_1 E_2 \Delta} \\[2mm] C_{13} = \dfrac{\nu_{13} + \nu_{12}\nu_{23}}{E_1 E_2 \Delta} = \dfrac{\nu_{31} + \nu_{21}\nu_{32}}{E_2 E_3 \Delta} \\[2mm] C_{44} = G_{23} \\[2mm] C_{35} = G_{13} \\[2mm] C_{66} = G_{12} \end{array} \right\} \tag{2.42}$$

式中

$$\Delta = \dfrac{1}{E_1 E_2 E_3} \begin{vmatrix} 1 & -\nu_{21} & -\nu_{31} \\ -\nu_{12} & 1 & -\nu_{32} \\ -\nu_{13} & -\nu_{23} & 1 \end{vmatrix} \tag{2.43}$$

二、工程弹性常数的互等关系

由于式(2.24)的柔度矩阵$[S_{ij}]$具有对称性,由式(2.38)可以得到工程弹性常数的互等关系为

$$\left. \begin{array}{l} \dfrac{\nu_{12}}{E_1} = \dfrac{\nu_{21}}{E_2} \\[3mm] \dfrac{\nu_{13}}{E_1} = \dfrac{\nu_{31}}{E_3} \\[3mm] \dfrac{\nu_{23}}{E_2} = \dfrac{\nu_{32}}{E_3} \end{array} \right\} \tag{2.44}$$

这三个等式是正交各向异性材料工程弹性常数必须满足的,表示三组泊松比 ν_{12} 和 ν_{21},ν_{13} 和 ν_{31},ν_{23} 和 ν_{32} 不是两两相互独立的,只要测得 ν_{12},ν_{13} 和 ν_{23} 三个主泊松比,用式(2.44)就可计算得到另外三个副泊松比。所以,正交各向异性材料独立的工程弹性常数也是 9 个,即三个拉压弹性模量、三个剪切弹性模量和三个主泊松比。对于纤维增强单向复合材料,纤维方向的模量 E_1 比垂直于纤维方向的模量 E_2 和 E_3 高 1 个数量级以上,由式(2.44)可以看出,相应的泊松比 ν_{12} 比 ν_{21},ν_{13} 比 ν_{31} 也要高 1 个数量级以上。从试验的角度,测试主泊松比 ν_{12},ν_{13} 的精度比测试副泊松比 ν_{21} 和 ν_{31} 高得多,因此一般都不对副泊松比进行测试。

三、正交各向异性材料工程弹性常数的限制条件

1.各向同性材料

各向同性材料的三个工程弹性常数 E,G,ν 之间有相关关系,即

$$G = \frac{E}{2(1+\nu)} \tag{2.45}$$

由于弹性模量 E 和 G 均大于零,于是有

$$\nu > -1 \tag{2.46}$$

另外,各向同性体受到静水压力 $-p$ 作用时的体积应变为

$$\Theta = \varepsilon_1 + \varepsilon_2 + \varepsilon_3 = \frac{-p}{E/3(1-2\nu)} = -\frac{p}{K} \tag{2.47}$$

体积模量 K 应为正值,则有

$$K = \frac{E}{3(1-2\nu)} > 0 \tag{2.48}$$

因为 $E > 0$,所以

$$\nu < \frac{1}{2} \tag{2.49}$$

因此,各向同性材料泊松比取值范围为

$$-1 < \nu < \frac{1}{2} \tag{2.50}$$

2.正交各向异性材料

可以证明正交各向异性材料的刚度矩阵 $[C_{ij}]$ 和柔度矩阵 $[S_{ij}]$ 都是正定矩阵。正定矩阵的主对角线上的元素必定为正值,于是有

$$S_{11},S_{22},S_{33},S_{44},S_{55},S_{66} > 0 \tag{2.51}$$

由式(2.38),可知

$$E_1,E_2,E_3,G_{23},G_{31},G_{12} > 0 \tag{2.52}$$

同理

$$C_{11},C_{22},C_{33},C_{44},C_{55},C_{66} > 0 \tag{2.53}$$

正定矩阵的行列式值必须为正值,亦即式(2.43)必为正,即

$$\Delta > 0$$

所以,由式(2.42)可得

$$\left. \begin{array}{l} 1 - \nu_{23}\nu_{32} > 0 \\ 1 - \nu_{13}\nu_{31} > 0 \\ 1 - \nu_{12}\nu_{21} > 0 \end{array} \right\} \tag{2.54}$$

将工程弹性常数的互等关系式(2.44)代入式(2.54),便可得到正交各向异性材料泊松比的限制条件为

$$\left. \begin{array}{l} \mid \nu_{21} \mid < \left(\dfrac{E_2}{E_1}\right)^{1/2} \\[3mm] \mid \nu_{12} \mid < \left(\dfrac{E_1}{E_2}\right)^{1/2} \\[3mm] \mid \nu_{32} \mid < \left(\dfrac{E_3}{E_2}\right)^{1/2} \\[3mm] \mid \nu_{23} \mid < \left(\dfrac{E_2}{E_3}\right)^{1/2} \\[3mm] \mid \nu_{13} \mid < \left(\dfrac{E_1}{E_3}\right)^{1/2} \\[3mm] \mid \nu_{31} \mid < \left(\dfrac{E_3}{E_1}\right)^{1/2} \end{array} \right\} \tag{2.55}$$

利用正交各向异性材料工程弹性常数的限制条件,可以判断复合材料工程弹性常数试验数据的合理性。例如迪克森(Dickerson)等人得到一种硼/环氧复合材料的试验数据为 $E_1 = 81.8$ GPa, $E_2 = 9.17$ GPa, $\nu_{12} = 1.97$。如此高的泊松比对各向同性材料而言是不可思议的,但是由式(2.55)计算

$$\left(\dfrac{E_1}{E_2}\right)^{1/2} = 2.99$$

该泊松比满足

$$\mid \nu_{12} \mid < \left(\dfrac{E_1}{E_2}\right)^{1/2}$$

的条件,因此是合理的。另外,他们还测得了另一个泊松比 $\nu_{21} = 0.22$,也满足式(2.44)的互等关系。

例 2.1　由碳纤维增强聚合物制得的正交各向异性材料的工程弹性常数为

$E_1 = 175$ GPa,　$E_2 = 32$ GPa,　$E_3 = 8.3$ GPa,　$G_{23} = 5.7$ GPa,

$G_{12} = G_{13} = 12$ GPa,　$\nu_{23} = 0.31$,　$\nu_{12} = \nu_{13} = 0.25$

求其刚度矩阵 $[C_{ij}]$ 和柔度矩阵 $[S_{ij}]$。

解 根据式(2.34)～(2.37),计算柔度系数 S_{ij},即

$$S_{11} = 1/E_1 = 5.714(\text{TPa})^{-1}$$
$$S_{22} = 1/E_2 = 31.25(\text{TPa})^{-1}$$
$$S_{33} = 1/E_3 = 120.5(\text{TPa})^{-1}$$
$$S_{12} = -\nu_{12}/E_1 = -1.429(\text{TPa})^{-1}$$
$$S_{13} = -\nu_{13}/E_1 = -1.429(\text{TPa})^{-1}$$
$$S_{23} = -\nu_{23}/E_2 = -9.688(\text{TPa})^{-1}$$
$$S_{44} = 1/G_{23} = 175.4(\text{TPa})^{-1}$$
$$S_{55} = 1/G_{13} = 83.33(\text{TPa})^{-1}$$
$$S_{66} = 1/G_{12} = 83.33(\text{TPa})^{-1}$$

由式(2.44)计算其他泊松比,即

$$\nu_{21} = \nu_{12}\frac{E_2}{E_1} = 0.045\ 7$$

$$\nu_{31} = \nu_{13}\frac{E_3}{E_1} = 0.011\ 9$$

$$\nu_{32} = \nu_{23}\frac{E_3}{E_2} = 0.080\ 4$$

由式(2.43)计算 Δ,即

$$\Delta = \frac{1}{E_1 E_2 E_3}\begin{vmatrix} 1 & -\nu_{21} & -\nu_{31} \\ -\nu_{12} & 1 & -\nu_{32} \\ -\nu_{13} & -\nu_{23} & 1 \end{vmatrix} =$$

$$\frac{1}{175 \times 32 \times 8.3}\begin{vmatrix} 1 & -0.045\ 7 & -0.011\ 9 \\ -0.25 & 1 & -0.080\ 4 \\ -0.25 & -0.31 & 1 \end{vmatrix} = 20.63 \times 10^{-6}(\text{GPa})^{-3}$$

由式(2.42)计算刚度系数 C_{ij},即

$$C_{11} = \frac{1 - \nu_{23}\nu_{32}}{E_2 E_3 \Delta} = \frac{1 - 0.31 \times 0.080\ 4}{32 \times 8.3 \times 20.63 \times 10^{-6}} = 178\ \text{GPa}$$

$$C_{22} = \frac{1 - \nu_{13}\nu_{31}}{E_1 E_3 \Delta} = 33.2\ \text{GPa}$$

$$C_{33} = \frac{1 - \nu_{12}\nu_{21}}{E_1 E_2 \Delta} = 8.56\ \text{GPa}$$

$$C_{12} = \frac{\nu_{21} + \nu_{31}\nu_{23}}{E_2 E_3 \Delta} = 9.01\ \text{GPa}$$

$$C_{13} = \frac{\nu_{13} + \nu_{12}\nu_{23}}{E_1 E_2 \Delta} = 2.84\ \text{GPa}$$

$$C_{23} = \frac{\nu_{32} + \nu_{12}\nu_{31}}{E_1 E_3 \Delta} = 2.78 \text{ GPa}$$

$$C_{44} = G_{23} = 5.7 \text{ GPa}$$

$$C_{55} = G_{13} = 12 \text{ GPa}$$

$$C_{66} = G_{12} = 12 \text{ GPa}$$

刚度矩阵 $[C_{ij}]$ 和柔度矩阵 $[S_{ij}]$ 分别为

$$[C_{ij}] = \begin{bmatrix} 178 & 9.01 & 2.84 & 0 & 0 & 0 \\ 9.01 & 33.2 & 2.78 & 0 & 0 & 0 \\ 2.84 & 2.78 & 8.56 & 0 & 0 & 0 \\ 0 & 0 & 0 & 5.7 & 0 & 0 \\ 0 & 0 & 0 & 0 & 12 & 0 \\ 0 & 0 & 0 & 0 & 0 & 12 \end{bmatrix} \text{GPa}$$

$$[S_{ij}] = \begin{bmatrix} 5.714 & -1.429 & -1.429 & 0 & 0 & 0 \\ -1.429 & 31.25 & -9.688 & 0 & 0 & 0 \\ -1.429 & -9.688 & 120.5 & 0 & 0 & 0 \\ 0 & 0 & 0 & 175.4 & 0 & 0 \\ 0 & 0 & 0 & 0 & 83.33 & 0 \\ 0 & 0 & 0 & 0 & 0 & 83.33 \end{bmatrix} (\text{TPa})^{-1}$$

习　题

2.1　试用应变能密度 $w = \dfrac{1}{2}C_{ij}\varepsilon_i\varepsilon_j$，证明广义胡克定律的刚度系数具有对称性，即

$$C_{ij} = C_{ji}$$

2.2　试证明正交各向异性材料的工程弹性常数的互等定律为

$$\frac{\nu_{12}}{E_1} = \frac{\nu_{21}}{E_2}, \quad \frac{\nu_{13}}{E_1} = \frac{\nu_{31}}{E_3}, \quad \frac{\nu_{23}}{E_2} = \frac{\nu_{32}}{E_3}$$

2.3　试证明横向各向同性材料泊松比的限制条件为

$$-1 < \nu < \frac{1}{2\nu'^2 \dfrac{E}{E'}}$$

式中，E,ν 为各向同性面（1O2 面）的弹性模量和泊松比，$\nu' = \nu_{31} = \nu_{32}$，$E' = E_3$。

2.4　根据工程弹性常数的定义和物理意义，说明：$E_1, E_2, E_3, G_{23}, G_{31}, G_{12} > 0$。

2.5 推导刚度系数与工程弹性常数的关系式(2.42)。

2.6 设正交各向异性材料的工程弹性常数为 $E_1 = 140$ GPa, $E_2 = 20$ GPa, $E_3 = 10$ GPa, $G_{23} = 4$ GPa, $G_{31} = 8$ GPa, $G_{12} = 10$ GPa, $\nu_{12} = 0.25$, $\nu_{13} = 0.28$, $\nu_{23} = 0.32$, 计算刚度系数 C_{ij} 和柔度系数 S_{ij}, 并验证刚度矩阵 $[C_{ij}]$ 和柔度矩阵 $[S_{ij}]$ 的可逆性。

第 3 章　复合材料单层的弹性特性

连续纤维增强复合材料的层合板或层合壳是由若干单向纤维复合材料薄层或正交平面编织复合材料薄层叠合而成的,薄层的弹性特性决定了层合板或层合壳的弹性特性。正交平面编织复合材料薄层属于二维编织复合材料,其弹性特性在第 7 章中详细讨论。单向纤维复合材料薄层又称复合材料单层,本章主要从三维各向异性材料的应力-应变关系得到复合材料单层在材料主方向的应力-应变关系,通过应力和应变分量的坐标转换,着重讨论非材料主方向复合材料单层的应力-应变关系。

3.1　复合材料单层材料主方向的弹性特性

一、复合材料单层的特点

复合材料单层中的纤维是单向平行的。将单层的材料主方向用 L,T 和 N 来表示,$OLTN$ 坐标系如图 3.1 所示。纤维方向为 L 方向,也称纵向,垂直纤维方向为 T 向,称横向,垂直于单层为 N 向,称法向。由于单层很薄,应力沿厚度方向的分布近似于均匀分布。单层处于平面应力状态,单层内任意一点不为零的应力分量只有 3 个,即在单层面内(LOT 坐标面)的两个正应力 σ_L,σ_T 和剪应力 τ_{LT}。

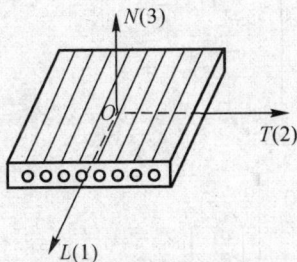

图 3.1　复合材料单层的坐标系示意图　　　图 3.2　单层内一点的应力状态

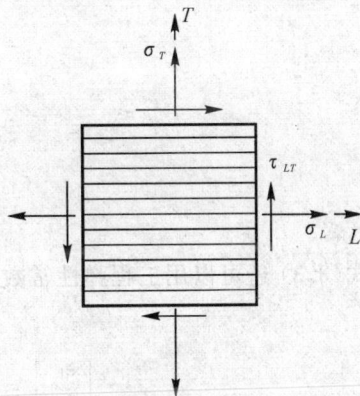

二、材料主方向的应力-应变关系

在材料主方向坐标系下,单层内一点的应力状态如图 3.2 所示。应力的正负号按正面正向、负面负向为正的原则确定,外法线与坐标正向一致的面为正面,不一致的为负面,正面上与坐标正向一致的应力为正,负面上与坐标负向一致的应力为正,因此图 3.2 上表示的应力均为正。

由于单层是正交各向异性的,其应变-应力关系满足式(2.24)。将式(2.24)中坐标 1,2,3 改换为 L,T,N,并将单层中不为零的应力分量代入,可得

$$
\begin{bmatrix} \varepsilon_L \\ \varepsilon_T \\ \varepsilon_N \\ \gamma_{TN} \\ \gamma_{NL} \\ \gamma_{LT} \end{bmatrix} = \begin{bmatrix} S_{11} & S_{12} & S_{13} & 0 & 0 & 0 \\ S_{12} & S_{22} & S_{23} & 0 & 0 & 0 \\ S_{13} & S_{23} & S_{33} & 0 & 0 & 0 \\ 0 & 0 & 0 & S_{44} & 0 & 0 \\ 0 & 0 & 0 & 0 & S_{55} & 0 \\ 0 & 0 & 0 & 0 & 0 & S_{66} \end{bmatrix} \begin{bmatrix} \sigma_L \\ \sigma_T \\ 0 \\ 0 \\ 0 \\ \tau_{LT} \end{bmatrix} \tag{3.1}
$$

由式(3.1)可以得到面外应变为

$$
\left. \begin{aligned} \gamma_{TN} &= \gamma_{NL} = 0 \\ \varepsilon_N &= S_{13}\sigma_L + S_{23}\sigma_T \end{aligned} \right\} \tag{3.2}
$$

面内应变为

$$
\begin{bmatrix} \varepsilon_L \\ \varepsilon_T \\ \gamma_{LT} \end{bmatrix} = \begin{bmatrix} S_{11} & S_{12} & 0 \\ S_{12} & S_{22} & 0 \\ 0 & 0 & S_{66} \end{bmatrix} \begin{bmatrix} \sigma_L \\ \sigma_T \\ \tau_{LT} \end{bmatrix} \tag{3.3}
$$

利用柔度系数 $S_{ij}(i,j=1,2,6)$ 和工程弹性常数的关系,即

$$
\left. \begin{aligned} S_{11} &= \frac{1}{E_L} \\ S_{22} &= \frac{1}{E_T} \\ S_{12} &= -\frac{\nu_{LT}}{E_L} = -\frac{\nu_{TL}}{E_T} \\ S_{66} &= \frac{1}{G_{LT}} \end{aligned} \right\} \tag{3.4}
$$

式(3.3)还可以用工程弹性常数来表示,即

$$
\begin{bmatrix} \varepsilon_L \\ \varepsilon_T \\ \gamma_{LT} \end{bmatrix} = \begin{bmatrix} \dfrac{1}{E_L} & -\dfrac{\nu_{TL}}{E_T} & 0 \\ -\dfrac{\nu_{LT}}{E_L} & \dfrac{1}{E_T} & 0 \\ 0 & 0 & \dfrac{1}{G_{LT}} \end{bmatrix} \begin{bmatrix} \sigma_L \\ \sigma_T \\ \tau_{LT} \end{bmatrix} \tag{3.5}
$$

式中,$E_L,E_T,\nu_{LT},\nu_{TL},G_{LT}$ 称为单层的 5 个面内工程弹性常数,分别是单层的面内拉压弹性模

量,面内泊松比和面内剪切弹性模量,它们是通过由若干层纤维方向相同的单层叠合制成的单向板试验测得的。要获得单层用应变来表示的应力-应变关系,可以对式(3.3)进行逆运算,得

$$\begin{bmatrix} \sigma_L \\ \sigma_T \\ \tau_{LT} \end{bmatrix} = \begin{bmatrix} Q_{11} & Q_{12} & 0 \\ Q_{12} & Q_{22} & 0 \\ 0 & 0 & Q_{66} \end{bmatrix} \begin{bmatrix} \varepsilon_L \\ \varepsilon_T \\ \gamma_{LT} \end{bmatrix} \tag{3.6}$$

式中,$Q_{ij}(i,j=1,2,6)$ 称二维单层的折算刚度系数,它不同于三维各向异性体的刚度系数,是三维刚度系数的某种组合,可以由式(2.23)推得

$$Q_{ij} = C_{ij} - \frac{C_{i3}C_{j3}}{C_{33}} \quad (i,j=1,2,6) \tag{3.7}$$

从单层材料主方向的应力-应变关系和应变-应力关系看,式(3.6)采用矩阵的形式简记(仅是一种表示方法)为

$$\left. \begin{aligned} \boldsymbol{\sigma}_{L,T} &= \boldsymbol{Q}_{L,T}\boldsymbol{\varepsilon}_{L,T} \\ \boldsymbol{\varepsilon}_{L,T} &= \boldsymbol{S}_{L,T}\boldsymbol{\sigma}_{L,T} \end{aligned} \right\} \tag{3.8}$$

所以,单层材料主方向的刚度矩阵 $\boldsymbol{Q}$ 和柔度矩阵 $\boldsymbol{S}$ 具有互逆关系,即

$$\left. \begin{aligned} \boldsymbol{S} &= \boldsymbol{Q}^{-1} \\ \boldsymbol{Q} &= \boldsymbol{S}^{-1} \end{aligned} \right\} \tag{3.9}$$

单层的折算刚度系数 Q_{ij} 和单层的柔度系数 S_{ij} 的关系为

$$\left. \begin{aligned} Q_{11} &= \frac{S_{22}}{S_{11}S_{22}-S_{12}^2} \\ Q_{22} &= \frac{S_{11}}{S_{11}S_{22}-S_{12}^2} \\ Q_{12} &= \frac{S_{12}}{S_{11}S_{22}-S_{12}^2} \\ Q_{66} &= \frac{1}{S_{66}} \end{aligned} \right\} \tag{3.10}$$

Q_{ij} 和单层面内工程弹性常数有以下关系:

$$\left. \begin{aligned} Q_{11} &= \frac{E_L}{1-\nu_{LT}\nu_{TL}} \\ Q_{22} &= \frac{E_T}{1-\nu_{LT}\nu_{TL}} \\ Q_{12} &= \frac{\nu_{TL}E_L}{1-\nu_{LT}\nu_{TL}} = \frac{\nu_{LT}E_T}{1-\nu_{LT}\nu_{TL}} \\ Q_{66} &- G_{LT} \end{aligned} \right\} \tag{3.11}$$

由于刚度矩阵和柔度矩阵具有对称性,由式(3.5)得到面内工程弹性常数的互等关系为

$$\frac{\nu_{LT}}{E_L} = \frac{\nu_{TL}}{E_T} \tag{3.12}$$

这表明试验测得的 5 个工程弹性常数不是相互独立的,对于复合材料单层,独立的工程弹性常数只有 4 个,一般取 E_L, E_T, G_{LT} 和 ν_{LT}。相应独立的折算刚度系数和柔度系数也只有 4 个,即 $Q_{11}, Q_{22}, Q_{12}, Q_{66}$ 和 S_{11}, S_{22}, S_{12} 和 S_{66}。表 3.1 给出了两种典型国产复合材料单层的面内工程弹性常数、折算刚度系数和柔度系数。

对于平面织物增强的复合材料单层,如果织物的经纱和纬纱的数量相同,则在经向和纬向具有相同的特性,这种复合材料单层有

$$Q_{11} = Q_{22}, \quad S_{11} = S_{22}, \quad E_L = E_T$$

因此独立的弹性常数只有 3 个,各向异性程度要低于单向纤维的单层。

表 3.1　典型国产碳纤维增强复合材料单层弹性性能

材　　料		HT3/5224(碳纤维／环氧)	HT3/QY8911(碳纤维／双马来酰亚胺)
	E_L/GPa	140	135
	E_T/GPa	8.6	8.8
	ν_{LT}	0.35	0.33
	G_{LT}/GPa	5.0	4.47
弹性	Q_{11}/GPa	141.9	136
	Q_{22}/GPa	8.66	8.86
性能	Q_{12}/GPa	3.06	2.92
	Q_{66}/GPa	5.0	4.47
	S_{11}/(GPa)$^{-1}$	7.1×10^{-3}	7.41×10^{-3}
	S_{22}/(GPa)$^{-1}$	116×10^{-3}	114×10^{-3}
	S_{12}/(GPa)$^{-1}$	-2.5×10^{-3}	-2.44×10^{-3}
	S_{66}/(GPa)$^{-1}$	200×10^{-3}	224×10^{-3}

例 3.1　已知 HT3/5224 碳纤维增强复合材料单层的工程弹性常数(见表 3.1),试求单层受到面内应力分量为 $\sigma_L = 500$ MPa, $\sigma_T = 100$ MPa, $\tau_{LT} = 10$ MPa 时的面内应变分量 $\varepsilon_L, \varepsilon_T$ 和 γ_{LT}。

解　(1)求单层的柔度系数。由式(3.4)可得

$$S_{11} = \frac{1}{E_L} = \frac{1}{140} = 0.0071 \ (\text{GPa})^{-1}$$

$$S_{22} = \frac{1}{E_T} = \frac{1}{8.6} = 0.1163 \ (\text{GPa})^{-1}$$

$$S_{12} = S_{21} = -\frac{\nu_{LT}}{E_L} = -\frac{0.35}{140} = -0.0025 \ (\text{GPa})^{-1}$$

$$S_{66} = \frac{1}{G_{LT}} = \frac{1}{5.0} = 0.2 \ (\text{GPa})^{-1}$$

(2)求单层的应变分量。由式(3.3)可得

$$\varepsilon_L = S_{11}\sigma_L + S_{12}\sigma_T = 3.32 \times 10^{-3}$$
$$\varepsilon_T = S_{12}\sigma_L + S_{22}\sigma_T = 10.38 \times 10^{-3}$$
$$\gamma_{LT} = S_{66}\tau_{LT} = 2 \times 10^{-3}$$

3.2　复合材料单层非材料主方向的弹性特性

复合材料层合板或层合壳中，单层的材料主方向往往和参考坐标轴不一致，因此需要掌握材料主方向坐标系和参考坐标系下的应力和应变的转换关系式，由此获得非材料主方向复合材料单层的应力-应变关系。

一、应力和应变的坐标转换

1. 应力转换

在复合材料单层中取出一单元体，其材料主方向坐标系和参考坐标系的夹角为 θ，如图 3.3 所示。

Oxy 坐标系为参考坐标系，OLT 坐标系为材料主方向坐标系。x 轴和 L 轴之间的 θ 角以 x 轴逆时针转到 L 轴为正。

根据材料力学知识，采用垂直于 L 方向的和平行于 L 方向的截面分别将单元体截出两个楔形块，如图3.4(a)(b)所示。图 3.4(a) 所示楔形块截面上有材料主方向正应力 σ_L 和剪应力 τ_{LT}，图 3.4(b) 所示楔形块截面上有材料主方向正应力 σ_T 和剪应力 τ_{LT}。由两个楔形块沿材料主方向的力平衡条件，并假设

$$m = \cos\theta, \quad n = \sin\theta$$

可得

$$\left.\begin{array}{l} \sigma_L = m^2\sigma_x + n^2\sigma_y + 2mn\tau_{xy} \\ \sigma_T = n^2\sigma_x + m^2\sigma_y + 2mn\tau_{xy} \\ \tau_{LT} = -mn\sigma_x + mn\sigma_y + (m^2 - n^2)\tau_{xy} \end{array}\right\} \quad (3.13)$$

图 3.3　材料主方向坐标系与参考坐标系

表示成矩阵的形式为

$$\begin{bmatrix} \sigma_L \\ \sigma_T \\ \tau_{LT} \end{bmatrix} = \begin{bmatrix} m^2 & n^2 & 2mn \\ n^2 & m^2 & -2mn \\ -mn & mn & m^2 - n^2 \end{bmatrix} \begin{bmatrix} \sigma_x \\ \sigma_y \\ \tau_{xy} \end{bmatrix} \quad (3.14)$$

这就是将参考坐标系下的应力转换成材料主方向坐标系下的应力的转换关系式。m 和 n 表示的矩阵称为应力转换矩阵，用 $\boldsymbol{T}$ 表示，式(3.14)可以简写为

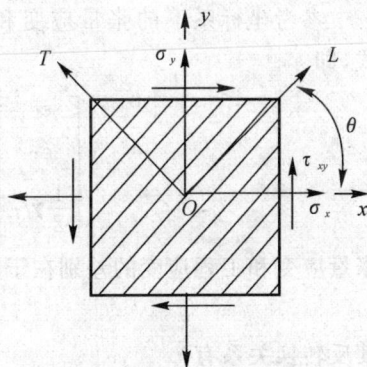

$$\boldsymbol{\sigma}_{L,T} = \boldsymbol{T}\boldsymbol{\sigma}_{x,y} \tag{3.15}$$

由式(3.15)还可以得到材料主方向坐标系下应力转换成参考坐标系下应力的转换关系式

$$\boldsymbol{\sigma}_{x,y} = \boldsymbol{T}^{-1}\boldsymbol{\sigma}_{L,T} \tag{3.16}$$

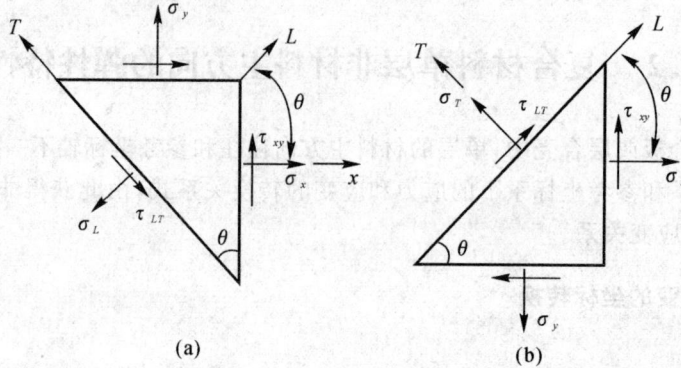

图 3.4 楔形块截面上的应力情况

2. 应变转换

参考坐标系下的张量应变和材料主方向的张量应变转换具有和应力转换相同的关系式,即

$$\begin{bmatrix} \varepsilon_L \\ \varepsilon_T \\ \dfrac{1}{2}\gamma_{LT} \end{bmatrix} = \begin{bmatrix} m^2 & n^2 & 2mn \\ n^2 & m^2 & -2mn \\ -mn & mn & m^2-n^2 \end{bmatrix} \begin{bmatrix} \varepsilon_x \\ \varepsilon_y \\ \dfrac{1}{2}\gamma_{xy} \end{bmatrix} \tag{3.17}$$

张量应变和工程应变的差别在于前者中的剪应变等于后者中的一半。式(3.17)也可简写为

$$\boldsymbol{\varepsilon}_{L,T} = \boldsymbol{T}\boldsymbol{\varepsilon}_{x,y} \tag{3.18}$$

其反转换关系有

$$\boldsymbol{\varepsilon}_{x,y} = \boldsymbol{T}^{-1}\boldsymbol{\varepsilon}_{L,T} \tag{3.19}$$

需要注意的是,式(3.18)和式(3.19)中的应变为张量应变。

二、非材料主方向的应力-应变关系

假设复合材料非材料主方向单层应力-应变关系为

$$\begin{bmatrix} \sigma_x \\ \sigma_y \\ \tau_{xy} \end{bmatrix} = \begin{bmatrix} \overline{Q}_{11} & \overline{Q}_{12} & \overline{Q}_{16} \\ \overline{Q}_{21} & \overline{Q}_{22} & \overline{Q}_{26} \\ \overline{Q}_{61} & \overline{Q}_{62} & \overline{Q}_{66} \end{bmatrix} \begin{bmatrix} \varepsilon_x \\ \varepsilon_y \\ \gamma_{xy} \end{bmatrix} \tag{3.20}$$

并可以简写为

$$\boldsymbol{\sigma}_{x,y} = \overline{\boldsymbol{Q}}\,\boldsymbol{\varepsilon}_{x,y} \tag{3.21}$$

这里,矩阵 $\overline{Q}$ 就是非材料主方向下单层的平面折算刚度矩阵,$\overline{Q}_{ij}$ 的下标 1 和 2 与参考坐标轴 x, y 对应。式(3.20)和式(3.21)中的应变是工程应变。该式如改为用张量应变表示时,可以写为

$$
\begin{bmatrix} \sigma_x \\ \sigma_y \\ \tau_{xy} \end{bmatrix} = \begin{bmatrix} \overline{Q}_{11} & \overline{Q}_{12} & 2\overline{Q}_{16} \\ \overline{Q}_{21} & \overline{Q}_{22} & 2\overline{Q}_{26} \\ \overline{Q}_{61} & \overline{Q}_{62} & 2\overline{Q}_{66} \end{bmatrix} \begin{bmatrix} \varepsilon_x \\ \varepsilon_y \\ \dfrac{1}{2}\gamma_{xy} \end{bmatrix} \tag{3.22}
$$

将式(3.6)代入式(3.16),则有

$$
\boldsymbol{\sigma}_{x,y} = \boldsymbol{T}^{-1}\boldsymbol{\sigma}_{L,T} = \boldsymbol{T}^{-1} \begin{bmatrix} Q_{11} & Q_{12} & 0 \\ Q_{21} & Q_{22} & 0 \\ 0 & 0 & Q_{66} \end{bmatrix} \begin{bmatrix} \varepsilon_L \\ \varepsilon_T \\ \gamma_{LT} \end{bmatrix} = \boldsymbol{T}^{-1} \begin{bmatrix} Q_{11} & Q_{12} & 0 \\ Q_{21} & Q_{22} & 0 \\ 0 & 0 & 2Q_{66} \end{bmatrix} \begin{bmatrix} \varepsilon_L \\ \varepsilon_T \\ \dfrac{1}{2}\gamma_{LT} \end{bmatrix} \tag{3.23}
$$

将式(3.18)代入式(3.23),则有

$$
\boldsymbol{\sigma}_{x,y} = \boldsymbol{T}^{-1} \begin{bmatrix} Q_{11} & Q_{12} & 0 \\ Q_{21} & Q_{22} & 0 \\ 0 & 0 & 2Q_{66} \end{bmatrix} \boldsymbol{T} \begin{bmatrix} \varepsilon_x \\ \varepsilon_y \\ \dfrac{1}{2}\gamma_{xy} \end{bmatrix} \tag{3.24}
$$

比较式(3.24)和式(3.22),有

$$
\begin{bmatrix} \overline{Q}_{11} & \overline{Q}_{12} & 2\overline{Q}_{16} \\ \overline{Q}_{21} & \overline{Q}_{22} & 2\overline{Q}_{26} \\ \overline{Q}_{61} & \overline{Q}_{62} & 2\overline{Q}_{66} \end{bmatrix} = \boldsymbol{T}^{-1} \begin{bmatrix} Q_{11} & Q_{12} & 0 \\ Q_{21} & Q_{22} & 0 \\ 0 & 0 & 2Q_{66} \end{bmatrix} \boldsymbol{T} \tag{3.25}
$$

将式(3.25)展开,可以得到非材料主方向平面折算刚度系数和材料主方向平面折算刚度系数的关系式为

$$
\begin{bmatrix} \overline{Q}_{11} \\ \overline{Q}_{22} \\ \overline{Q}_{12} \\ \overline{Q}_{66} \\ \overline{Q}_{16} \\ \overline{Q}_{26} \end{bmatrix} = \begin{bmatrix} m^4 & n^4 & 2m^2n^2 & 4m^2n^2 \\ n^4 & m^4 & 2m^2n^2 & 4m^2n^2 \\ m^2n^2 & m^2n^2 & m^4+n^4 & -4m^2n^2 \\ m^2n^2 & m^2n^2 & -2m^2n^2 & (m^2-n^2)^2 \\ m^3n & -mn^3 & mn^3-m^3n & 2(mn^3-m^3n) \\ mn^3 & -m^3n & m^3n-mn^3 & 2(m^3n-mn^3) \end{bmatrix} \begin{bmatrix} Q_{11} \\ Q_{22} \\ Q_{12} \\ Q_{66} \end{bmatrix} \tag{3.26}
$$

需要注意的是式(3.26)转换矩阵的系数排列和折算刚度系数向量的排列有关。

同理,可以假设复合材料单层非材料主方向应变-应力关系为

$$
\begin{bmatrix} \varepsilon_x \\ \varepsilon_y \\ \gamma_{xy} \end{bmatrix} = \begin{bmatrix} \overline{S}_{11} & \overline{S}_{12} & \overline{S}_{16} \\ \overline{S}_{21} & \overline{S}_{22} & \overline{S}_{26} \\ \overline{S}_{61} & \overline{S}_{62} & \overline{S}_{66} \end{bmatrix} \begin{bmatrix} \sigma_x \\ \sigma_y \\ \tau_{xy} \end{bmatrix} \tag{3.27}
$$

可以简写为

$$\boldsymbol{\varepsilon}_{x,y} = \overline{\boldsymbol{S}} \boldsymbol{\sigma}_{xy} \tag{3.28}$$

这里的矩阵 $\overline{\boldsymbol{S}}$ 是非材料主方向下单层的柔度矩阵。比较式(3.21)和式(3.28),可以得出非材料主方向的刚度矩阵和柔度矩阵之间也具有互逆关系,即

$$\overline{\boldsymbol{S}} = \overline{\boldsymbol{Q}}^{-1}$$
$$\overline{\boldsymbol{Q}} = \overline{\boldsymbol{S}}^{-1}$$

式(3.27)用张量应变表示时,为

$$\begin{bmatrix} \varepsilon_x \\ \varepsilon_y \\ \frac{1}{2}\gamma_{xy} \end{bmatrix} = \begin{bmatrix} \overline{S}_{11} & \overline{S}_{12} & \overline{S}_{16} \\ \overline{S}_{21} & \overline{S}_{22} & \overline{S}_{26} \\ \frac{1}{2}\overline{S}_{61} & \frac{1}{2}\overline{S}_{62} & \frac{1}{2}\overline{S}_{66} \end{bmatrix} \begin{bmatrix} \sigma_x \\ \sigma_y \\ \tau_{xy} \end{bmatrix} \tag{3.29}$$

考虑到式(3.3)和式(3.19),有

$$\begin{bmatrix} \varepsilon_x \\ \varepsilon_y \\ \frac{1}{2}\gamma_{xy} \end{bmatrix} = \boldsymbol{T}^{-1} \begin{bmatrix} \varepsilon_L \\ \varepsilon_T \\ \frac{1}{2}\gamma_{LT} \end{bmatrix} = \boldsymbol{T}^{-1} \begin{bmatrix} S_{11} & S_{12} & 0 \\ S_{21} & S_{22} & 0 \\ 0 & 0 & \frac{1}{2}S_{66} \end{bmatrix} \begin{bmatrix} \sigma_L \\ \sigma_T \\ \tau_{LT} \end{bmatrix} \tag{3.30}$$

将式(3.15)代入式(3.30)得

$$\begin{bmatrix} \varepsilon_x \\ \varepsilon_y \\ \frac{1}{2}\gamma_{xy} \end{bmatrix} = \boldsymbol{T}^{-1} \begin{bmatrix} S_{11} & S_{12} & 0 \\ S_{21} & S_{22} & 0 \\ 0 & 0 & \frac{1}{2}S_{66} \end{bmatrix} \boldsymbol{T} \begin{bmatrix} \sigma_x \\ \sigma_y \\ \tau_{xy} \end{bmatrix} \tag{3.31}$$

比较式(3.31)和式(3.29)得

$$\begin{bmatrix} \overline{S}_{11} & \overline{S}_{12} & \overline{S}_{16} \\ \overline{S}_{21} & \overline{S}_{22} & \overline{S}_{26} \\ \frac{1}{2}\overline{S} & \frac{1}{2}\overline{S}_{62} & \frac{1}{2}\overline{S}_{66} \end{bmatrix} = \boldsymbol{T}^{-1} \begin{bmatrix} S_{11} & S_{12} & 0 \\ S_{21} & S_{22} & 0 \\ 0 & 0 & \frac{1}{2}S_{66} \end{bmatrix} \boldsymbol{T} \tag{3.32}$$

展开式(3.32),就得到非材料主方向的柔度系数和材料主方向柔度系数的关系式为

$$\begin{bmatrix} \overline{S}_{11} \\ \overline{S}_{22} \\ \overline{S}_{12} \\ \overline{S}_{66} \\ \overline{S}_{16} \\ \overline{S}_{26} \end{bmatrix} = \begin{bmatrix} m^4 & n^4 & 2m^2n^2 & m^2n^2 \\ n^4 & m^4 & 2m^2n^2 & m^2n^2 \\ m^2n^2 & m^2n^2 & m^4+n^4 & -m^2n^2 \\ 4m^2n^2 & 4m^2n^2 & -8m^2n^2 & (m^2-n^2)^2 \\ 2m^3n & -2mn^3 & 2(mn^3-m^3n) & mn^3-m^3n \\ 2mn^3 & -2m^3n & 2(m^3n-mn^3) & m^3n-mn^3 \end{bmatrix} \begin{bmatrix} S_{11} \\ S_{22} \\ S_{12} \\ S_{66} \end{bmatrix} \tag{3.33}$$

一般情况下,式(3.20)中的非材料主方向的折算刚度系数 $\overline{Q}_{16}$ 和 $\overline{Q}_{26}$ 以及式(3.27)中的

非材料主方向的柔度系数 $\overline{S}_{16}$ 和 $\overline{S}_{26}$ 均不为零,表明正应力和剪应变,剪应力和正应变有耦合,因此单层非材料主方向的应力-应变关系是具有面内一般各向异性的。折算刚度系数和柔度系数具有对称性,满足

$$\left.\begin{aligned}\overline{Q}_{ij} &= \overline{Q}_{ji}\\ \overline{S}_{ij} &= \overline{S}_{ji}\end{aligned}\right\} \quad (i,j = 1,2,6) \tag{3.34}$$

另外,式(3.26)和式(3.33)中的转换矩阵的前 4 行系数均为 m 和 n 的偶次项,后两行系数均为 m 和 n 的奇次项。这表明当转换角由 $+\theta$ 变为 $-\theta$ 时,$\overline{Q}_{11}$,$\overline{Q}_{22}$,$\overline{Q}_{12}$,$\overline{Q}_{66}$ 以及 $\overline{S}_{11}$,$\overline{S}_{22}$,$\overline{S}_{12}$,$\overline{S}_{66}$ 的值不会改变,$\overline{Q}_{16}$,$\overline{Q}_{26}$ 和 $\overline{S}_{16}$,$\overline{S}_{26}$ 的值相差一个负号。

例 3.2　碳纤维／环氧 HT3/5224 单向板在材料主方向的应变为

$$\varepsilon_L = 0.005, \quad \varepsilon_T = -0.01, \quad \gamma_{LT} = 0.02$$

求:(1) 材料主方向应力;(2) 参考坐标下的应力和应变(取 $\theta = 45°$)。

解　由表 3.1 查得 HT3/5224 单向板在材料主方向的刚度系数为

$$Q_{11} = 141.9\ \text{GPa}, \quad Q_{22} = 8.66\ \text{GPa}, \quad Q_{12} = 3.06\ \text{GPa}, \quad Q_{66} = 5.0\ \text{GPa}$$

按式(3.6)计算材料主方向应力为

$$\begin{bmatrix}\sigma_L\\ \sigma_T\\ \tau_{LT}\end{bmatrix} = \begin{bmatrix}Q_{11} & Q_{12} & 0\\ Q_{12} & Q_{22} & 0\\ 0 & 0 & Q_{66}\end{bmatrix}\begin{bmatrix}\varepsilon_L\\ \varepsilon_T\\ \gamma_{LT}\end{bmatrix} = \begin{bmatrix}141.9 & 3.06 & 0\\ 3.06 & 8.66 & 0\\ 0 & 0 & 5.0\end{bmatrix}\begin{bmatrix}0.005\\ -0.01\\ 0.02\end{bmatrix}\times 10^3 = \begin{bmatrix}678.9\\ -17.3\\ 100\end{bmatrix}\text{MPa}$$

当 $\theta = 45°$ 时,$m = n = 1/\sqrt{2}$,则有

$$\boldsymbol{T}^{-1} = \begin{bmatrix}m^2 & n^2 & -2mn\\ n^2 & m^2 & 2mn\\ mn & -mn & m^2-n^2\end{bmatrix} = \begin{bmatrix}0.5 & 0.5 & -1\\ 0.5 & 0.5 & 1\\ 0.5 & -0.5 & 0\end{bmatrix}$$

按式(3.16)和式(3.19)计算参考坐标下的应力和应变为

$$\begin{bmatrix}\sigma_x\\ \sigma_y\\ \tau_{xy}\end{bmatrix} = \begin{bmatrix}m^2 & n^2 & -2mn\\ n^2 & m^2 & 2mn\\ mn & -mn & m^2-n^2\end{bmatrix}\begin{bmatrix}\sigma_L\\ \sigma_T\\ \tau_{LT}\end{bmatrix} = \begin{bmatrix}0.5 & 0.5 & -1\\ 0.5 & 0.5 & 1\\ 0.5 & -0.5 & 0\end{bmatrix}\begin{bmatrix}678.9\\ -71.3\\ 100\end{bmatrix} = \begin{bmatrix}204\\ 404\\ 375\end{bmatrix}\text{MPa}$$

$$\begin{bmatrix}\varepsilon_x\\ \varepsilon_y\\ \frac{1}{2}\gamma_{xy}\end{bmatrix} = \begin{bmatrix}m^2 & n^2 & -2mn\\ n^2 & m^2 & 2mn\\ mn & mn & m^2-n^2\end{bmatrix}\begin{bmatrix}\varepsilon_L\\ \varepsilon_T\\ \frac{1}{2}\gamma_{LT}\end{bmatrix} = \begin{bmatrix}0.5 & 0.5 & -1\\ 0.5 & 0.5 & 1\\ 0.5 & -0.5 & 0\end{bmatrix}\begin{bmatrix}0.005\\ -0.01\\ 0.01\end{bmatrix} = \begin{bmatrix}-0.012\,5\\ 0.007\,5\\ 0.007\,5\end{bmatrix}$$

例 3.3　碳纤维／环氧 HT3/5224 单向板在偏轴方向($\theta = 45°$)的应力状态为

$$\sigma_x = -25\ \text{MPa}, \quad \sigma_y = -40\ \text{MPa}, \quad \tau_{xy} = 10\ \text{MPa}$$

计算偏轴应变和材料主方向应变。

解　由表 3.1 查得 HT3/5224 单向板在材料主方向的柔度系数为

$$S_{11} = 7.1(\text{TPa})^{-1}, \quad S_{22} = 116(\text{TPa})^{-1}, \quad S_{12} = -2.5(\text{TPa})^{-1}, \quad S_{66} = 200(\text{TPa})^{-1}$$

按式(3.33)计算偏轴柔度系数($\theta = 45°, m = n = \sqrt{2}/2$) 为

$$
\begin{bmatrix} \overline{S}_{11} \\ \overline{S}_{22} \\ \overline{S}_{12} \\ \overline{S}_{66} \\ \overline{S}_{16} \\ \overline{S}_{26} \end{bmatrix} = \begin{bmatrix} 0.25 & 0.25 & 0.5 & 0.25 \\ 0.25 & 0.25 & 0.5 & 0.25 \\ 0.25 & 0.25 & 0.5 & -0.25 \\ 1 & 1 & -2 & 0 \\ 0.5 & -0.5 & 0 & 0 \\ 0.5 & -0.5 & 0 & 0 \end{bmatrix} \begin{bmatrix} 7.1 \\ 116 \\ -2.5 \\ 200 \end{bmatrix} = \begin{bmatrix} 79.5 \\ 79.5 \\ -20.5 \\ 128.1 \\ -54.5 \\ -54.5 \end{bmatrix} (\text{TPa})^{-1}
$$

按式(3.27)计算偏轴应变为

$$
\begin{bmatrix} \varepsilon_x \\ \varepsilon_y \\ \gamma_{xy} \end{bmatrix} = \overline{\boldsymbol{S}} \begin{bmatrix} \sigma_x \\ \sigma_y \\ \tau_{xy} \end{bmatrix} = \begin{bmatrix} 79.5 & -20.5 & -54.5 \\ -20.5 & 79.5 & -54.5 \\ -54.5 & -54.5 & 128.1 \end{bmatrix} \begin{bmatrix} -25 \\ -40 \\ 10 \end{bmatrix} \times 10^{-6} = \begin{bmatrix} -1\ 713 \\ -3\ 213 \\ 4\ 824 \end{bmatrix} \times 10^{-6}
$$

当 $\theta = 45°$ 时,应力转换矩阵为

$$
\boldsymbol{T} = \begin{bmatrix} m^2 & n^2 & 2mn \\ n^2 & m^2 & -2mn \\ -mn & mn & m^2-n^2 \end{bmatrix} = \begin{bmatrix} 0.5 & 0.5 & 1 \\ 0.5 & 0.5 & 1 \\ -0.5 & 0.5 & 0 \end{bmatrix}
$$

按式(3.17)计算材料主方向应变为

$$
\begin{bmatrix} \varepsilon_L \\ \varepsilon_T \\ \frac{1}{2}\gamma_{LT} \end{bmatrix} = \boldsymbol{T} \begin{bmatrix} \varepsilon_x \\ \varepsilon_y \\ \frac{1}{2}\gamma_{xy} \end{bmatrix} = \begin{bmatrix} 0.5 & 0.5 & 1 \\ 0.5 & 0.5 & -1 \\ -0.5 & 0.5 & 0 \end{bmatrix} \begin{bmatrix} -1\ 713 \\ -3\ 213 \\ 2\ 412 \end{bmatrix} \times 10^{-6} = \begin{bmatrix} -51 \\ -4\ 875 \\ -750 \end{bmatrix} \times 10^{-6}
$$

例 3.4 有一单向碳纤维增强复合材料 HT3/QY8911 薄壁圆管(见图 3.5),平均直径 $D_0 = 50$ mm,管壁厚 $t = 2$ mm,管端作用轴向拉力 $P = 20$ kN,外力偶矩 $M = 0.5$ kN·m。材料的工程弹性常数如表 3.1 所示。试问保证圆管不发生轴向变形时应满足什么条件。

解 由材料力学知识可知,圆管上取出任一正方形单元体,其应力分量为

$$\sigma_x = \frac{P}{\pi D_0 t}, \quad \sigma_y = 0, \quad \tau_{xy} = \frac{2M}{\pi D_0^2 t}$$

单元在 x 方向上的应变由式(3.27)可得

$$\varepsilon_x = \overline{S}_{11}\sigma_x + \overline{S}_{12}\sigma_y + \overline{S}_{16}\tau_{xy}$$

圆管不发生轴向变形意味着 $\varepsilon_x = 0$,所以

$$\overline{S}_{11}\sigma_x + \overline{S}_{16}\tau_{xy} = 0$$

即

$$\sigma_x(\overline{S}_{11} + \overline{S}_{16}\frac{\tau_{xy}}{\sigma_x}) = 0$$

因为
$$\frac{\tau_{xy}}{\sigma_x} = \frac{2M}{PD_0} = \frac{2 \times 0.5}{20 \times 0.05} = 1$$

所以,圆管不发生轴向变形时,必须满足
$$\overline{S}_{11} + \overline{S}_{16} = 0$$

再由式(3.33)可得
$$\overline{S}_{11} = m^4 S_{11} + n^4 S_{22} + 2m^2 n^2 S_{12} + m^2 n^2 S_{66}$$
$$\overline{S}_{16} = 2m^3 n S_{11} - 2mn^3 S_{22} + 2(mn^3 - m^3 n)S_{12} + (mn^3 - m^3 n)S_{66}$$

显然,$\overline{S}_{11}$ 和 $\overline{S}_{16}$ 是 θ 的函数,$m = \cos\theta$,$n = \sin\theta$,所以 θ 角应满足的等式为
$$\cos^3\theta(\cos\theta + 2\sin\theta)S_{11} + \sin^3\theta(\sin\theta - 2\cos\theta)S_{22} + 2\sin\theta\cos\theta(\sin\theta\cos\theta + \sin^2\theta - \cos^2\theta)S_{12} +$$
$$\sin\theta\cos\theta(\sin\theta\cos\theta + \sin^2\theta - \cos^2\theta)S_{66} = 0$$

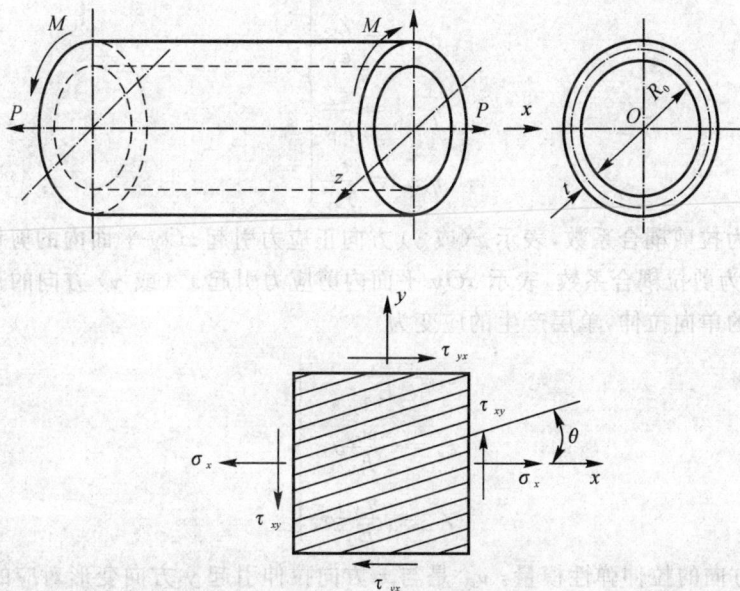

图 3.5　薄壁圆管单元应力分量

3.3　复合材料单层非材料主方向的工程弹性常数

　　从理论上讲,单层非材料主方向的工程弹性常数也可像材料主方向的工程弹性常数一样用试验的方法测得。但是,由于单层中纤维方向偏离材料主方向的可能性有无穷多种,不可能对每一种情况都去做试验。另外,具有面内一般各向异性的单层,即使作单轴的简单拉伸试验或是面内纯剪切试验,也会有多种基本变形的耦合,要准确测出各种变形也非常困难。因此,单层非材料主方向的工程弹性常数,是根据其应变-应力关系式(3.27),通过分析得到的。

一、单层非材料主方向的工程弹性常数

由单层非材料主方向的应变-应力关系为

$$
\begin{bmatrix} \varepsilon_x \\ \varepsilon_y \\ \gamma_{xy} \end{bmatrix} =
\begin{bmatrix} \overline{S}_{11} & \overline{S}_{12} & \overline{S}_{16} \\ \overline{S}_{12} & \overline{S}_{22} & \overline{S}_{26} \\ \overline{S}_{16} & \overline{S}_{26} & \overline{S}_{66} \end{bmatrix}
\begin{bmatrix} \sigma_x \\ \sigma_y \\ \tau_{xy} \end{bmatrix}
\tag{3.35}
$$

可以看到当单层分别只有 σ_x，σ_y 或 τ_{xy} 作用时，由于 $\overline{S}_{16}$ 和 $\overline{S}_{26}$ 不为零，均会产生剪应变 γ_{xy} 或正应变 ε_x 和 ε_y。引入描述这种耦合关系的新的工程弹性常数，即

$$
\left.
\begin{aligned}
\eta_{xy,x} &= \frac{\gamma_{xy}}{\varepsilon_x} \\
\eta_{xy,y} &= \frac{\gamma_{xy}}{\varepsilon_y} \\
\eta_{x,xy} &= \frac{\varepsilon_x}{\gamma_{xy}} \\
\eta_{y,xy} &= \frac{\varepsilon_y}{\gamma_{xy}}
\end{aligned}
\right\}
\tag{3.36}
$$

$\eta_{xy,x}$ 和 $\eta_{xy,y}$ 称为拉剪耦合系数，表示 x（或 y）方向正应力引起 xOy 平面内的剪切变形的强度。
$\eta_{x,xy}$ 和 $\gamma_{y,xy}$ 称为剪拉耦合系数，表示 xOy 平面内剪应力引起 x（或 y）方向的正应变的强度。

对沿 x 轴的单向拉伸，单层产生的应变为

$$
\left.
\begin{aligned}
\varepsilon_x &= \frac{\sigma_x}{E_x} \\
\varepsilon_y &= -\frac{\nu_{xy}}{E_x}\sigma_x \\
\gamma_{xy} &= \frac{\eta_{xy,x}}{E_x}\sigma_x
\end{aligned}
\right\}
\tag{3.37}
$$

式中，E_x 为 x 方向的拉伸弹性模量，ν_{xy} 是与 x 方向拉伸引起 y 方向变形对应的泊松比。

对沿 y 轴的单向拉伸，单层产生的应变为

$$
\left.
\begin{aligned}
\varepsilon_x &= -\frac{\nu_{yx}}{E_y}\sigma_y \\
\varepsilon_y &= \frac{\sigma_y}{E_y} \\
\gamma_{xy} &= \frac{\eta_{xy,y}}{E_y}\sigma_y
\end{aligned}
\right\}
\tag{3.38}
$$

式中，E_y 为 y 方向的拉伸弹性模量，ν_{yx} 是与 y 方向拉伸引起 x 方向变形对应的泊松比。

对 xOy 面内纯剪切，单层产生的应变为

$$\left.\begin{aligned} \varepsilon_x &= \frac{\eta_{x,xy}}{G_{xy}}\tau_{xy} \\[2mm] \varepsilon_y &= \frac{\eta_{y,xy}}{G_{xy}}\tau_{xy} \\[2mm] \gamma_{xy} &= \frac{\tau_{xy}}{G_{xy}} \end{aligned}\right\} \tag{3.39}$$

式中，G_{xy} 是单层面内的剪切弹性模量。由式(3.37)～式(3.39)可以得到用工程弹性常数表示的单层非材料主方向的应变-应力关系为

$$\begin{bmatrix} \varepsilon_x \\ \varepsilon_y \\ \gamma_{xy} \end{bmatrix} = \begin{bmatrix} \dfrac{1}{E_x} & -\dfrac{\nu_{yx}}{E_y} & \dfrac{\eta_{x,xy}}{G_{xy}} \\[3mm] -\dfrac{\nu_{xy}}{E_x} & \dfrac{1}{E_y} & \dfrac{\eta_{y,xy}}{G_{xy}} \\[3mm] \dfrac{\eta_{xy,x}}{E_x} & \dfrac{\eta_{xy,y}}{E_y} & \dfrac{1}{G_{xy}} \end{bmatrix} \begin{bmatrix} \sigma_x \\ \sigma_y \\ \tau_{xy} \end{bmatrix} \tag{3.40}$$

由于柔度矩阵具有对称性，因此式(3.40)中柔度矩阵中的单层非材料主方向的 9 个工程弹性常数具有以下关系：

$$\left.\begin{aligned} \frac{\nu_{xy}}{E_x} &= \frac{\nu_{yx}}{E_y} \quad \text{或} \quad \frac{\nu_{xy}}{\nu_{yx}} = \frac{E_x}{E_y} \\[3mm] \frac{\eta_{xy,x}}{E_x} &= \frac{\eta_{x,xy}}{G_{xy}} \quad \text{或} \quad \frac{\eta_{xy,x}}{\eta_{x,xy}} = \frac{E_x}{G_{xy}} \\[3mm] \frac{\eta_{xy,y}}{E_y} &= \frac{\eta_{y,xy}}{G_{xy}} \quad \text{或} \quad \frac{\eta_{xy,y}}{\eta_{y,xy}} = \frac{E_y}{G_{xy}} \end{aligned}\right\} \tag{3.41}$$

比较式(3.35)和式(3.40)便得到非材料主方向的柔度系数和工程弹性常数之间的关系为

$$\left.\begin{aligned} \overline{S}_{11} &= \frac{1}{E_x} \\[3mm] \overline{S}_{22} &= \frac{1}{E_y} \\[3mm] \overline{S}_{66} &= \frac{1}{G_{xy}} \\[3mm] \overline{S}_{12} &= -\frac{\nu_{xy}}{E_x} = -\frac{\nu_{yx}}{E_y} \\[3mm] \overline{S}_{16} &= \frac{\eta_{x,xy}}{G_{xy}} = \frac{\eta_{xy,x}}{E_x} \\[3mm] \overline{S}_{26} &= \frac{\eta_{y,xy}}{G_{xy}} = \frac{\eta_{xy,y}}{E_y} \end{aligned}\right\} \tag{3.42}$$

将式(3.42)和式(3.4)代入式(3.33)，可以得到非材料主方向与材料主方向工程弹性常数之间的关系为

$$\frac{1}{E_x} = \frac{m^2}{E_L}(m^2 - n^2 \nu_{LT}) + \frac{n^2}{E_T}(n^2 - m^2 \nu_{TL}) + \frac{m^2 n^2}{G_{LT}}$$

$$\frac{1}{E_y} = \frac{n^2}{E_L}(n^2 - m^2 \nu_{LT}) + \frac{m^2}{E_T}(m^2 - n^2 \nu_{TL}) + \frac{m^2 n^2}{G_{LT}}$$

$$\frac{1}{G_{xy}} = \frac{4m^2 n^2}{E_L}(1 + \nu_{LT}) + \frac{4m^2 n^2}{E_T}(1 + \nu_{TL}) + \frac{(m^2 - n^2)^2}{G_{LT}}$$

$$\frac{\nu_{xy}}{E_x} = \frac{\nu_{yx}}{E_y} = \frac{m^2}{E_L}(m^2 \nu_{LT} - n^2) + \frac{n^2}{E_T}(n^2 \nu_{TL} - m^2) + \frac{m^2 n^2}{G_{LT}}$$

$$\frac{\eta_{xy,x}}{E_x} = \frac{\eta_{x,xy}}{G_{xy}} = \frac{2mn}{E_L}(m^2 - n^2 \nu_{LT}) - \frac{2mm}{E_T}(n^2 - m^2 \nu_{TL}) + \frac{mn^3 - m^3 n}{G_{LT}}$$

$$\frac{\eta_{xy,y}}{E_y} = \frac{\eta_{y,xy}}{G_{xy}} = \frac{2mn}{E_L}(n^2 - m^2 \nu_{LT}) - \frac{2mm}{E_T}(m^2 - n^2 \nu_{TL}) + \frac{m^3 n - mn^3}{G_{LT}}$$

$$(3.43)$$

图 3.6 给出了计算非材料主方向工程弹性常数的计算机程序流程。

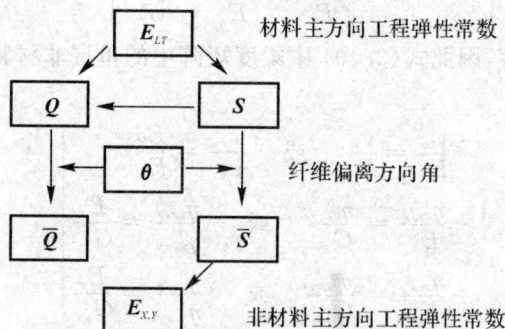

图 3.6　计算非材料主方向工程弹性常数的计算机程序流程图

　　图 3.7 和图 3.8 给出了一种典型的高强碳纤维增强环氧树脂基体复合材料单层的工程弹性常数随纤维偏离角 θ 变化而变化的曲线。可以看出,这种纤维增强复合材料的单层的拉压弹性模量 E_x 在 $\theta = 0°$ 时取最大值,$E_{0°} = E_L$;在 $\theta = 90°$ 时取最小值,$E_{90°} = E_T$。剪切弹性模量 G_{xy} 在 $\theta = 45°$ 时最大,$\theta = 0°$ 和 $\theta = 90°$ 时最小,等于材料主方向的剪切模量 G_{LT}。泊松比 ν_{xy} 在 $\theta = 0°$ 时最大,$\theta = 90°$ 时最小。剪拉耦合系数 $\eta_{x,xy}$ 是负的,其绝对值最大值是在 $\theta = 38°$ 处。

　　纤维增强复合材料单层的工程弹性常数变化形式与其材料主方向的各向异性程度有关。如一种各向异性较弱的玻璃纤维平面织物增强复合材料,其工程弹性常数随 θ 角的变化规律如图 3.9 和图 3.10 所示。可以看到其拉压弹性模量 E_x 在 $\theta = 0°$ 时最大,在 $\theta = 90°$ 处也相当大,最小值在 $\theta = 45°$ 处。剪切弹性模量 G_{xy} 的最大值也在 $\theta = 45°$ 处。泊松比 ν_{xy} 的最小值在 $\theta = 0°$ 和 $\theta = 90°$ 处,其最大值在 $\theta = 45°$ 附近,而且大于 0.5。剪拉耦合系数 $\eta_{x,xy}$ 在 $\theta < 47°$ 时是负值,$\theta > 47°$ 变成正值。

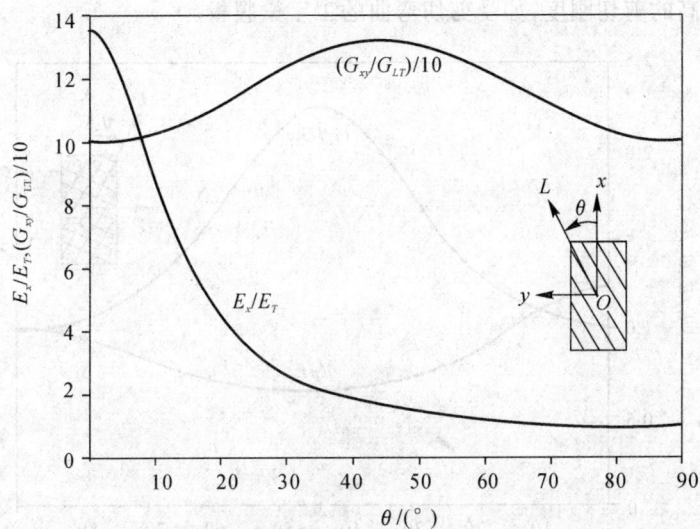

图 3.7 碳纤维增强复合材料单层 E_x 和 G_{xy} 随 θ 的变化

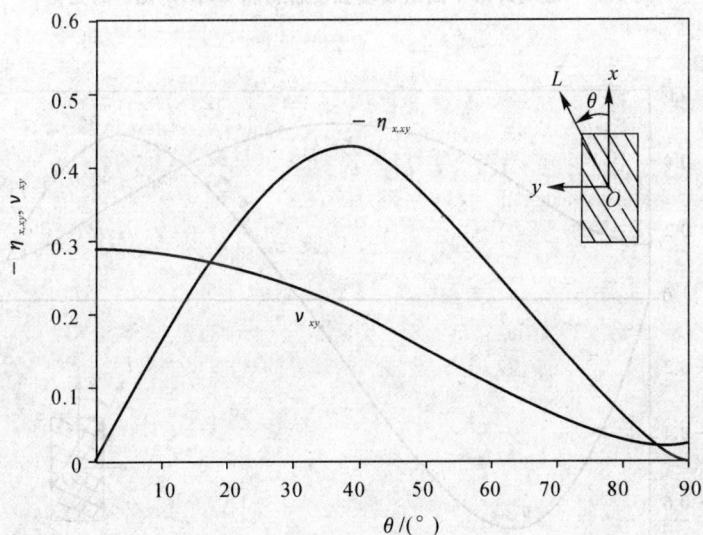

图 3.8 碳纤维增强复合材料单层 $\eta_{x,xy}$,ν_{xy} 随 θ 的变化

可以通过式(3.43)对 θ 求导证明,上述两种典型纤维增强复合材料单层的工程弹性常数有一个共同的特点,即 $\theta = 45°$ 时剪切模量取最大值。对于一般工程结构中使用的纤维增强复合材料,这一结论具有普遍性。因此,在结构中主要承剪的板,应使纤维方向与剪应力方向成

45°,以此获得最高的剪切刚度,如受剪切弯曲的工字梁腹板。

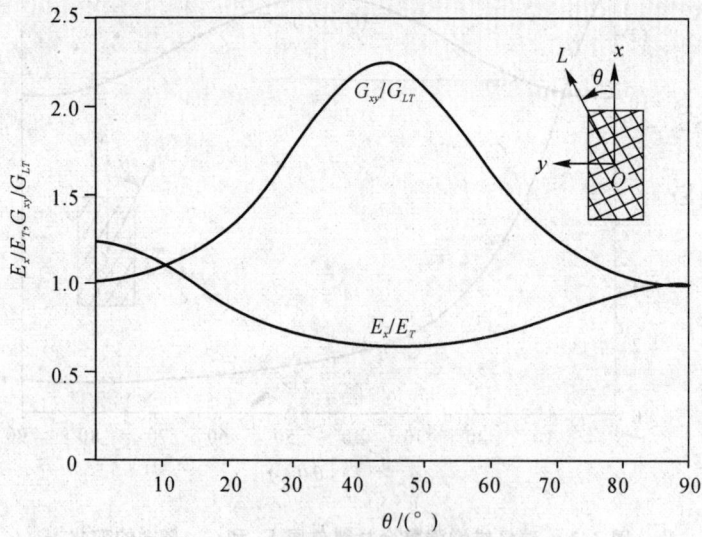

图 3.9　玻璃纤维平面织物增强复合材料 E_x,G_{xy} 随 θ 的变化

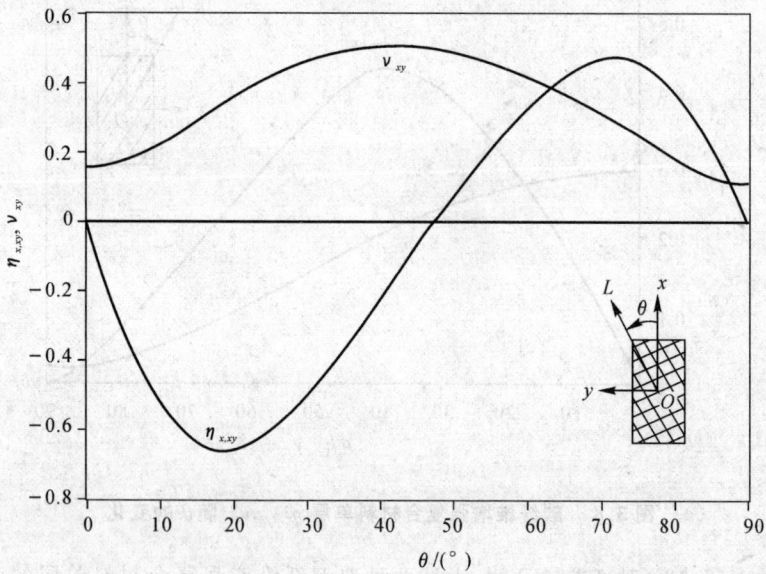

图 3.10　玻璃纤维平面织物增强复合材料 $\eta_{x,xy}$,ν_{xy} 随 θ 的变化

习 题

3.1 两块单向板按图 3.11 所示那样对接,试确定单轴拉伸应力下的变形情况应当是图 3.11(a)(b) 还是(c),为什么?

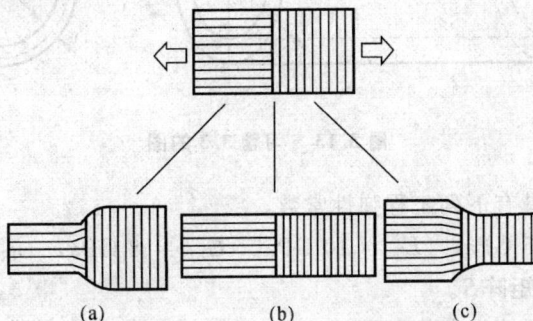

图 3.11 习题 3.1 的图

3.2 一块长为 a 的正方形 HT3/5224 复合材料的单向板,厚度为 $h = 1$ mm,紧夹在两块刚性板之间,作用力 $P = 2$ kN,请计算在图 3.12(a) 和(b)情况下单向板沿作用力 P 方向的变形 Δa。

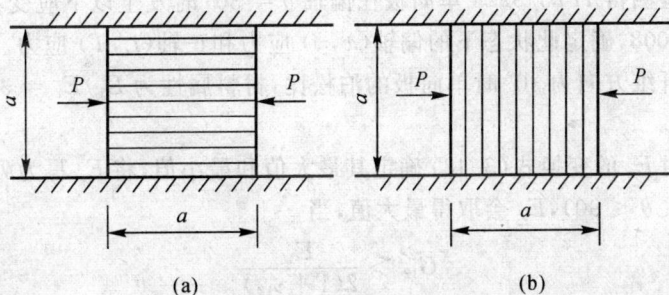

图 3.12 习题 3.2 的图

3.3 一个用单向层合板制成的薄壁圆管,在两端施加一对外力偶矩,$M = 0.1$ kN·m 和拉力 $P = 17$ kN (见图 3.13)。圆管的平均半径 $R_0 = 20$ mm,壁厚 $t = 2$ mm,为使单向层合板的材料主方向只有正应力,试问单向层合板的纵向和圆管轴线夹角为多大?

3.4 已知 HT3/QY8911 复合材料单向板的材料主方向应力状态为 $\sigma_L = 100$ MPa,$\sigma_T = 20$ MPa,$\tau_{LT} = 0$,试求此状态下的材料主方向应变。

3.5 已知 HT3/5224 复合材料单向板在非材料主方向下的应力状态为 $\sigma_x = 100$ MPa,$\sigma_y = 20$ MPa,$\tau_{xy} = 0$,纤维方向和 x 轴夹角为 $10°$,试求该状态下的应变和材料主方向坐标下

51

的应变。

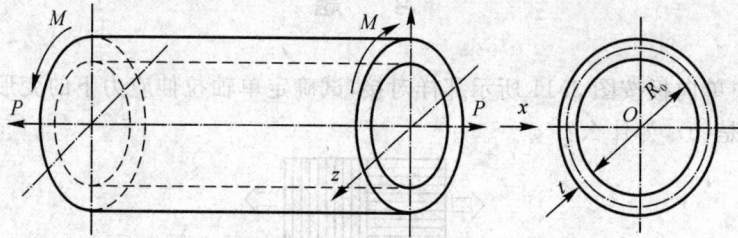

图 3.13 习题 3.3 的图

3.6 设某单层板具有下列工程弹性常数，

$$E_L = 125 \text{ GPa}, \quad E_T = 10 \text{ GPa}, \quad G_{LT} = 8 \text{ GPa}, \quad \nu_{LT} = 0.26$$

求其刚度矩阵 $\boldsymbol{Q}$ 和柔度矩阵 $\boldsymbol{S}$。

3.7 若上题单层板的应力状态为 $\sigma_1 = 400 \text{ MPa}, \sigma_2 = 30 \text{ MPa}, \tau_{12} = 15 \text{ MPa}$，计算该板在偏轴 $\theta = 45°$ 时的应力和应变。

3.8 证明 $Q_{11} + Q_{22} + 2Q_{12}$ 为坐标转换不变量，即 $\overline{Q}_{11} + \overline{Q}_{22} + 2\overline{Q}_{12} = Q_{11} + Q_{22} + 2Q_{12}$。

3.9 分析非材料主方向（偏轴）的折算刚度系数 $\overline{Q}_{ij}$ 和柔度系数 $\overline{S}_{ij}$ 随 θ 的变化趋势。

3.10 计算 HT3/QY8911（见表 3.1）单向板在偏轴 $\theta = 30°, 45°, 90°$ 时的工程弹性常数。

3.11 由试验测得 HT3/5224 单向板在偏轴 $\theta = 30°$ 时发生以下应变：$\varepsilon_x = 0.004, \varepsilon_y = -0.002, \gamma_{xy} = 0.008$，确定此状态下的偏轴 (x, y) 应力和正轴 (L, T) 应力。

3.12 确定纤维方向为 $30°$ 时单向板的泊松比，材料属性为 $E_1/E_2 = 3, G_{12}/E_2 = 0.5$ 和 $\nu_{12} = 0.25$。

3.13 使用对 E_x 的变换式(3.43)确定其最大值和最小值，将 E_x 写为 θ 变量的形式。证明对于某些 θ 值 $(0 < \theta < 90)$，E_x 会取得最大值，当

$$G_{12} > \frac{E_1}{2(1 + \nu_{12})}$$

时，某些正交各向异性材料的偏轴模量 E_x 会有可能大于 E_1。

第 4 章　复合材料层合板的弹性特性

　　层合板是由两层或两层以上单层叠合在一起的层合形式的结构。各单层可以是纤维方向不同而材质相同，也可以是材质不同，因此层合板沿厚度方向具有弹性性能的非均匀性。不同纤维方向的单层叠合成的层合板称为多向层合板，多向层合板在航空航天器结构中被大量使用。本章主要是基于单层的应力-应变关系，根据经典层合理论，得出多向层合板的弹性特性，另外还讨论了一些典型多向层合板的弹性特性。

4.1　层合板的标记

　　层合板各单层的铺叠方式可以是任意的，为了便于分析和比较不同铺叠方式多向层合板的力学特性，需要给出表示层合板单层或单层组的方向和铺叠顺序的符号，也称为层合板的标记。如图 4.1 所示的层合板，建立 $Oxyz$ 坐标系，z 坐标的原点 O 取在层合板厚度的中间处，z 轴向下为正。从 $z = \dfrac{-h}{2}$ 处开始向下排列，每单层或单层组的纤维方向与 x 轴的夹角即纤维方向角 θ，用度数表示。具有相同的纤维方向角单层层数，用下标数字表示在角度数的右下角。单层或单层组之间用斜线隔开。图示层合板的标记为 $[45/-45/0/90/0_2/-45/45/90]$，标记中的方括号也可以用圆括号代替。另外，45° 层和 −45° 层相邻时也可以用 $[\pm 45]$ 表示，这里表示 45° 层在上，$[\mp 45]$ 则表示 −45° 层在上，于是图 4.1 所示的层合板也可以表示为 $[\pm 45/0/90/0_2/\mp 45/90]_T$，方括号外的下标 T 表示一般的非对称层合板的全部铺层，下标 T 并不是必需的。

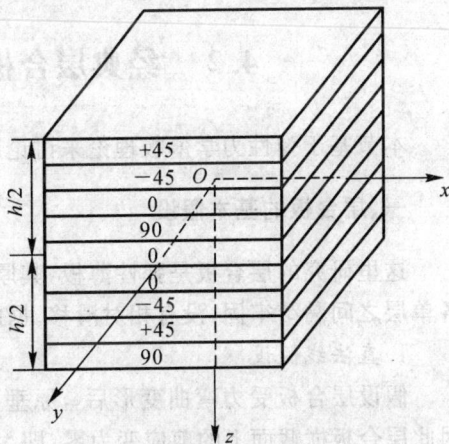

图 4.1　典型层合板的标记

　　对称层合板是一种特殊铺叠层合板，其各单层是相对于厚度中面对称的，其标记只需取一半，并在方括号外加 S 下标，如 $[45/-45/0/90]_S$ 表示了图 4.2(a) 所示的偶数层对称层合板。对于奇数层对称层合板（见图 4.2(b)），需在中间层上加横线，如 $[45/-45/0/\overline{90}]_S$。

　　层合板中出现重复的单层组时，方括号内只记入单层组，重复次数用下标形式表示在方括号外，图 4.2(c) 所示的重复层对称层合板可表示为 $[0/90]_{2S}$。

45
−45
0
90
90
0
−45
45

(a)

45
−45
0
90
0
−45
45

(b)

0
90
0
90
90
0
90
0

(c)

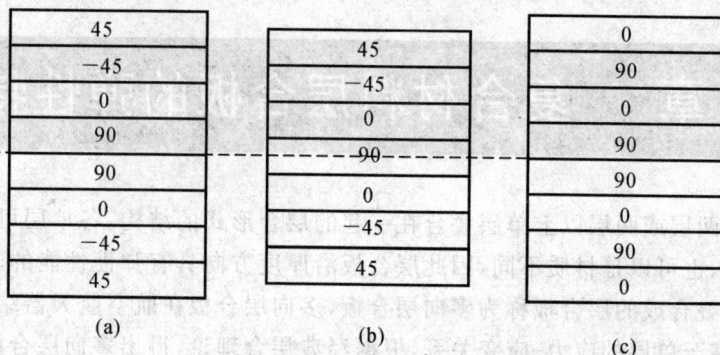

图 4.2　3 种对称层合板

单层正交平面织物，每单层用(0/90)，(±45)表示，如[0/(±45)/90]表示 0°和 90°单层之间有一层纤维为±45°方向的平面织物。

对于层间混杂的层合板，各单层或单层组的材料性质用相应的英文字下标表示在角度下。英文字母 C 表示碳纤维，G 表示玻璃纤维，K 表示芳纶纤维，B 表示硼纤维。

4.2　经典层合板理论和一般层合板的刚度

本节基于弹性力学薄板理论来讨论层合板的应力-应变关系，即层合板刚度。

一、层合板的基本假设

这里研究的层合板是弹性薄板，其厚度远小于板的面内尺寸，板的所有位移都小于板厚，各单层之间黏结牢固，没有相对滑移。据此对层合板作如下假设：

1. 直法线假设

假设层合板受力弯曲变形后，原垂直于中面的法线仍保持直线并垂直于变形后的中面，因此层合板横截面上的剪应变为零，即

$$\left.\begin{array}{r} \gamma_{yz} = 0 \\ \gamma_{zx} = 0 \end{array}\right\} \tag{4.1}$$

2. 等法线假设

原垂直于中面的法线受载后长度不变，应变为零，即

$$\varepsilon_z = 0 \tag{4.2}$$

3. 平面应力假设

各单层处于平面应力状态(除了其边缘)，即有

$$\sigma_z = \tau_{xz} = \tau_{yz} = 0 \tag{4.3}$$

4. 线弹性和小变形假设

单层的应力-应变关系是线弹性的,层合板是小变形板。

二、层合板的应变-位移关系

考虑一层合板,其坐标系如图 4.3 所示。z 轴垂直于板面,xOy 坐标面与中面重合,板厚为 h。

由基本假设,可得到层合板 x 方向和 y 方向的中面位移 u_0 和 v_0 以及 z 方向的位移 w 只是 x,y 的函数,即

$$\left.\begin{array}{l} u_0 = u_0(x,y) \\ v_0 = v_0(x,y) \\ w = w(x,y) \end{array}\right\} \tag{4.4}$$

在层合板中取垂直于 y 轴的截面,其变形前后状态如图 4.4 所示。变形后 x 轴(中面)转动角度为

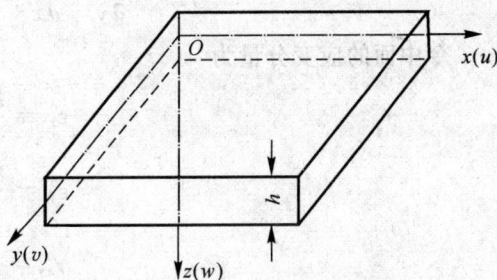

图 4.3　层合板的坐标系

$$\alpha_x = \frac{\partial w}{\partial x} \tag{4.5}$$

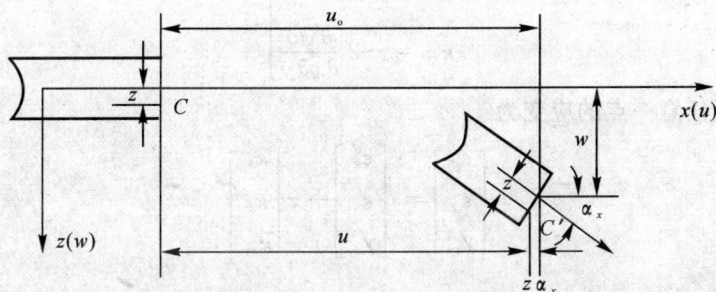

图 4.4　层合板中垂直于 y 轴截面的变形情况

同理,y 轴转动角度为

$$\alpha_y = \frac{\partial w}{\partial y} \tag{4.6}$$

于是层合板横截面上距中面为 z 的一点 C 的位移为

$$\left.\begin{array}{l} u = u_0 - z\dfrac{\partial w}{\partial x} \\[2mm] v = v_0 - z\dfrac{\partial w}{\partial y} \end{array}\right\} \tag{4.7}$$

55

根据弹性力学的应变和位移关系,可得层合板面内应变为

$$\left.\begin{aligned}
\varepsilon_x &= \frac{\partial u}{\partial x} = \frac{\partial u_0}{\partial x} - z\frac{\partial^2 w}{\partial x^2} \\
\varepsilon_y &= \frac{\partial v}{\partial y} = \frac{\partial v_0}{\partial y} - z\frac{\partial^2 w}{\partial y^2} \\
\gamma_{xy} &= \frac{\partial u}{\partial y} + \frac{\partial v}{\partial x} = \frac{\partial u_0}{\partial y} + \frac{\partial v_0}{\partial x} - 2z\frac{\partial^2 w}{\partial x \partial y}
\end{aligned}\right\} \tag{4.8}$$

令中面的应变分量为

$$\left.\begin{aligned}
\varepsilon_x^0 &= \frac{\partial u_0}{\partial x} \\
\varepsilon_y^0 &= \frac{\partial v_0}{\partial y} \\
\gamma_{xy}^0 &= \frac{\partial u_0}{\partial y} + \frac{\partial v_0}{\partial x}
\end{aligned}\right\} \tag{4.9}$$

中面的曲率和扭率为

$$\left.\begin{aligned}
\kappa_x &= -\frac{\partial^2 w}{\partial x^2} \\
\kappa_y &= -\frac{\partial^2 w}{\partial y^2} \\
\kappa_{xy} &= -2\frac{\partial^2 w}{\partial x \partial y}
\end{aligned}\right\} \tag{4.10}$$

于是得到层合板任意一点的应变为

$$\begin{bmatrix} \varepsilon_x \\ \varepsilon_y \\ \gamma_{xy} \end{bmatrix} = \begin{bmatrix} \varepsilon_x^0 \\ \varepsilon_y^0 \\ \gamma_{xy}^0 \end{bmatrix} + z\begin{bmatrix} \kappa_x \\ \kappa_y \\ \kappa_{xy} \end{bmatrix} \tag{4.11}$$

简写为

$$\boldsymbol{\varepsilon}_{x,y} = \boldsymbol{\varepsilon}_{x,y}^0 + z\boldsymbol{\kappa}_{x,y} \tag{4.12}$$

可见,层合板的应变沿板厚方向是线性变化的。

三、层合板中单层的应力-应变关系

层合板中各单层的应力与其刚度有关。对于距中面为 z 的第 k 层,其应力-应变关系为

$$\begin{bmatrix} \sigma_x \\ \sigma_y \\ \tau_{xy} \end{bmatrix}_k = \begin{bmatrix} \overline{Q}_{11} & \overline{Q}_{12} & \overline{Q}_{16} \\ \overline{Q}_{12} & \overline{Q}_{22} & \overline{Q}_{26} \\ \overline{Q}_{16} & \overline{Q}_{26} & \overline{Q}_{66} \end{bmatrix}_k \begin{bmatrix} \varepsilon_x \\ \varepsilon_y \\ \gamma_{xy} \end{bmatrix}_k \tag{4.13}$$

将式(4.11)或式(4.12)代入式(4.13)便可以得到用中面应变和曲率表示的层合板第 k 层的

应力为

$$
\begin{bmatrix} \sigma_x \\ \sigma_y \\ \tau_{xy} \end{bmatrix}_k = \begin{bmatrix} \overline{Q}_{11} & \overline{Q}_{12} & \overline{Q}_{16} \\ \overline{Q}_{12} & \overline{Q}_{22} & \overline{Q}_{26} \\ \overline{Q}_{16} & \overline{Q}_{26} & \overline{Q}_{66} \end{bmatrix}_k \begin{bmatrix} \varepsilon_x^0 \\ \varepsilon_y^0 \\ \gamma_{xy}^0 \end{bmatrix} + z \begin{bmatrix} \overline{Q}_{11} & \overline{Q}_{12} & \overline{Q}_{16} \\ \overline{Q}_{12} & \overline{Q}_{22} & \overline{Q}_{26} \\ \overline{Q}_{16} & \overline{Q}_{26} & \overline{Q}_{66} \end{bmatrix}_k \begin{bmatrix} \kappa_x \\ \kappa_y \\ \kappa_{xy} \end{bmatrix} \tag{4.14}
$$

或简写为

$$
\boldsymbol{\sigma}_{x,y}^k = \overline{\boldsymbol{Q}}^k \boldsymbol{\varepsilon}_{x,y}^0 + z \overline{\boldsymbol{Q}}^k \boldsymbol{\kappa}_{x,y} \tag{4.15}
$$

显然,由于各单层的 $\overline{Q}^k$ 不同,层合板的应力沿厚度方向一般不是线性的。图 4.5 给出了典型层合板的应变和应力的变化。

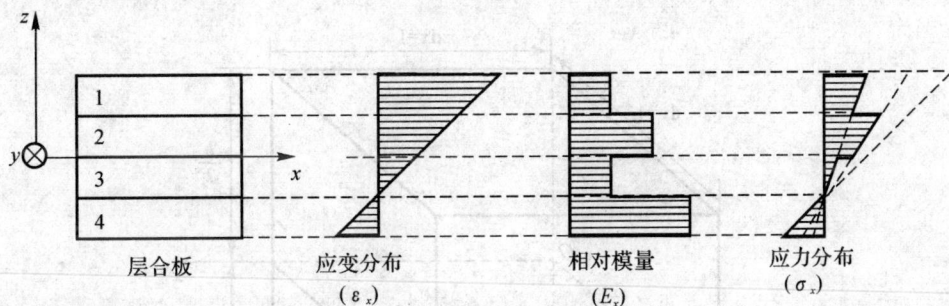

图 4.5　典型层合板的应变和应力的变化

四、层合板的内力和内力矩

作用在层合板上的内力和内力矩与层合板各单层应力有关。在层合板中取出一块平面尺寸为 1×1,高度为板厚 h 的单元体,如图 4.6 所示。在距中面为 z 处的 $\mathrm{d}z$ 微元上,x 面上有应力分量 σ_x,τ_{xy} 和 τ_{xz},y 面上有应力分量 σ_y,τ_{yx} 和 τ_{yz}。由经典层合板理论的假设,可得到两个垂直于板面的剪应力 τ_{yz} 和 τ_{xz} 均为零。

根据应力和内力的静力学关系,可以得到单元体上的内力 N_x,N_y,N_{xy} 以及内力矩 M_x,M_y,M_{xy} 为

$$
\left.\begin{aligned}
N_x &= \int_{-\frac{h}{2}}^{\frac{h}{2}} \sigma_x \, \mathrm{d}z \\
N_y &= \int_{-\frac{h}{2}}^{\frac{h}{2}} \sigma_y \, \mathrm{d}z \\
N_{xy} &= \int_{-\frac{h}{2}}^{\frac{h}{2}} \tau_{xy} \, \mathrm{d}z
\end{aligned}\right\} \tag{4.16}
$$

$$M_x = \int_{-\frac{h}{2}}^{\frac{h}{2}} \sigma_x z\, \mathrm{d}z$$

$$M_y = \int_{-\frac{h}{2}}^{\frac{h}{2}} \sigma_y z\, \mathrm{d}z \left.\right\}$$

$$M_{xy} = \int_{-\frac{h}{2}}^{\frac{h}{2}} \tau_{xy} z\, \mathrm{d}z$$

$$(4.17)$$

式(4.16)中的三个内力 N_x，N_y 和 N_{xy} 是处于同一个面内、单位宽度上的轴力和剪力，也称为内力，它的单位是 N/m。式(4.17)中的三个内力矩 M_x，M_y 和 M_{xy} 是单位宽度上的弯矩和扭矩，也称为内力矩，它的单位是 N·m/m。三个内力和三个内力矩的正方向如图 4.7 所示。

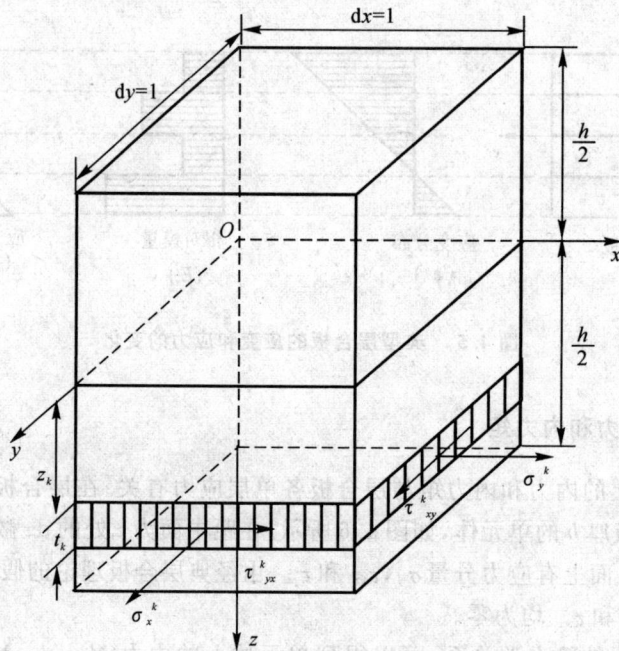

图 4.6　层合板中的单元体

式(4.16)和式(4.17)是将层合板看成均匀的各向异性体得到的应力积分形式的表达式。实际上层合板是分层均匀的，对于有 n 个单层构成的层合板（见图 4.8），其内力和内力矩应表示为所有单层的内力和内力矩的叠加，即

$$\begin{bmatrix} N_x \\ N_y \\ N_{xy} \end{bmatrix} = \sum_{k=1}^{n} \int_{h_{k-1}}^{h_k} \begin{bmatrix} \sigma_x \\ \sigma_y \\ \tau_{xy} \end{bmatrix}_k \mathrm{d}z \tag{4.18}$$

$$\begin{bmatrix} M_x \\ M_y \\ M_{xy} \end{bmatrix} = \sum_{k=1}^{n} \int_{h_{k-1}}^{h_k} \begin{bmatrix} \sigma_x \\ \sigma_y \\ \tau_{xy} \end{bmatrix}_k z \, \mathrm{d}z \tag{4.19}$$

这里的 h_{k-1} 和 h_k 是第 k 层的上表面和下表面的 z 坐标值。

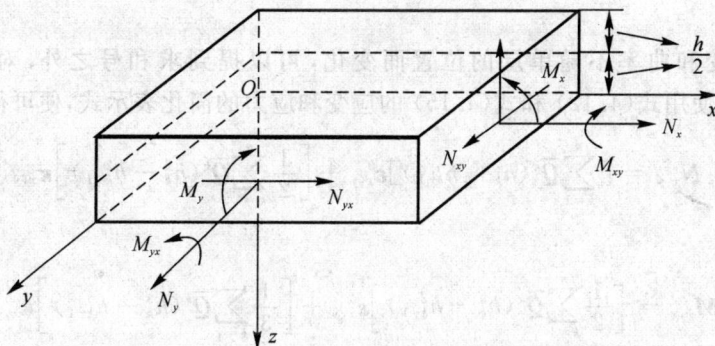

图 4.7　单元体中三个内力和三个内力矩的正方向

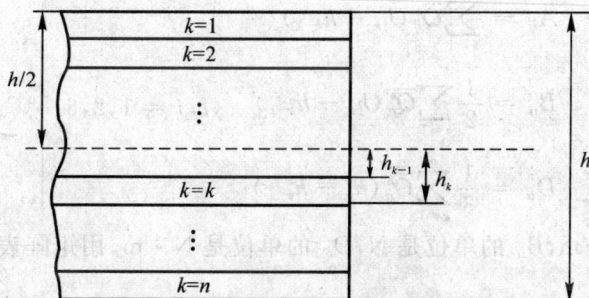

图 4.8　具有 n 个单层的层合板

五、层合板的内力-变形关系

将式(4.14)代入式(4.18)和式(4.19),并考虑到每个单层的刚度矩阵在单层内不变,中面应变和曲率与 z 无关,均可以提到积分号外面,就可以得到层合板的内力、内力矩与中面应变、曲率的关系为

$$\begin{bmatrix} N_x \\ N_y \\ N_{xy} \end{bmatrix} = \sum_{k=1}^{n} \left\{ \begin{bmatrix} \overline{Q}_{11} & \overline{Q}_{12} & \overline{Q}_{16} \\ \overline{Q}_{12} & \overline{Q}_{22} & \overline{Q}_{26} \\ \overline{Q}_{16} & \overline{Q}_{26} & \overline{Q}_{66} \end{bmatrix}_k \begin{bmatrix} \varepsilon_x^0 \\ \varepsilon_y^0 \\ \gamma_{xy}^0 \end{bmatrix} \int_{h_{k-1}}^{h_k} \mathrm{d}z + \begin{bmatrix} \overline{Q}_{11} & \overline{Q}_{12} & \overline{Q}_{16} \\ \overline{Q}_{12} & \overline{Q}_{22} & \overline{Q}_{26} \\ \overline{Q}_{16} & \overline{Q}_{26} & \overline{Q}_{66} \end{bmatrix}_k \begin{bmatrix} \kappa_x \\ \kappa_y \\ \kappa_{xy} \end{bmatrix} \int_{h_{k-1}}^{h_k} z \, \mathrm{d}z \right\} \tag{4.20}$$

和

$$\begin{bmatrix} M_x \\ M_y \\ M_{xy} \end{bmatrix} = \sum_{k=1}^{n} \left\{ \begin{bmatrix} \overline{Q}_{11} & \overline{Q}_{12} & \overline{Q}_{16} \\ \overline{Q}_{12} & \overline{Q}_{22} & \overline{Q}_{26} \\ \overline{Q}_{16} & \overline{Q}_{26} & \overline{Q}_{66} \end{bmatrix}_k \begin{bmatrix} \varepsilon_x^0 \\ \varepsilon_y^0 \\ \gamma_{xy}^0 \end{bmatrix} \int_{h_{k-1}}^{h_k} z \mathrm{d}z + \begin{bmatrix} \overline{Q}_{11} & \overline{Q}_{12} & \overline{Q}_{16} \\ \overline{Q}_{12} & \overline{Q}_{22} & \overline{Q}_{26} \\ \overline{Q}_{16} & \overline{Q}_{26} & \overline{Q}_{66} \end{bmatrix}_k \begin{bmatrix} \kappa_x \\ \kappa_y \\ \kappa_{xy} \end{bmatrix} \int_{h_{k-1}}^{h_k} z^2 \mathrm{d}z \right\}$$

(4.21)

考虑到中面应变和曲率不随单层的位置而变化,可以提到求和号之外,对式(4.20)和式(4.21)积分,并使用式(4.12)和式(4.15)的应变和应力的简化表示式,便可得到

$$N_{x,y} = \left[\sum_{k=1}^{n} \overline{Q}^k (h_k - h_{k-1}) \right] \varepsilon_{x,y}^0 + \left[\frac{1}{2} \sum_{k=1}^{n} \overline{Q}^k (h_k^2 - h_{k-1}^2) \right] \kappa_{x,y}$$

(4.22)

和

$$M_{x,y} = \left[\frac{1}{2} \sum_{k=1}^{n} \overline{Q}^k (h_k^2 - h_{k-1}^2) \right] \varepsilon_{x,y}^0 + \left[\frac{1}{3} \sum_{k=1}^{n} \overline{Q}^k (h_k^3 - h_{k-1}^3) \right] \kappa_{x,y}$$

(4.23)

将式(4.22)和式(4.23)的 $\varepsilon_{x,y}^0$ 和 $\kappa_{x,y}$ 的系数矩阵用 A,B,D 表达,并分别称为面内刚度矩阵、耦合刚度矩阵和弯曲刚度矩阵。这 3 个矩阵均为对称矩阵,各矩阵的刚度系数为

$$\left. \begin{aligned} A_{ij} &= \sum_{k=1}^{n} \overline{Q}_{ij}^k (h_k - h_{k-1}) \\ B_{ij} &= \frac{1}{2} \sum_{k=1}^{n} \overline{Q}_{ij}^k (h_k^2 - h_{k-1}^2) \quad (i,j = 1,2,6) \\ D_{ij} &= \frac{1}{3} \sum_{k=1}^{n} \overline{Q}_{ij}^k (h_k^3 - h_{k-1}^3) \end{aligned} \right\}$$

(4.24)

式中, A_{ij} 的单位是 N/m, B_{ij} 的单位是 N, D_{ij} 的单位是 N·m。用矩阵表示时,式(4.22)和式(4.23)可以简写为

$$N_{x,y} = A\varepsilon_{x,y}^0 + B\kappa_{x,y}$$

(4.25)

和

$$M_{x,y} = B\varepsilon_{x,y}^0 + D\kappa_{x,y}$$

(4.26)

展开后有

$$\begin{bmatrix} N_x \\ N_y \\ N_{xy} \end{bmatrix} = \begin{bmatrix} A_{11} & A_{12} & A_{16} \\ A_{12} & A_{22} & A_{26} \\ A_{16} & A_{26} & A_{66} \end{bmatrix} \begin{bmatrix} \varepsilon_x^0 \\ \varepsilon_y^0 \\ \gamma_{xy}^0 \end{bmatrix} + \begin{bmatrix} B_{11} & B_{12} & B_{16} \\ B_{12} & B_{22} & B_{26} \\ B_{16} & B_{26} & B_{66} \end{bmatrix} \begin{bmatrix} \kappa_x \\ \kappa_y \\ \kappa_{xy} \end{bmatrix}$$

(4.27)

和

$$\begin{bmatrix} M_x \\ M_y \\ M_{xy} \end{bmatrix} = \begin{bmatrix} B_{11} & B_{12} & B_{16} \\ B_{12} & B_{22} & B_{26} \\ B_{16} & B_{26} & B_{66} \end{bmatrix} \begin{bmatrix} \varepsilon_x^0 \\ \varepsilon_y^0 \\ \gamma_{xy}^0 \end{bmatrix} + \begin{bmatrix} D_{11} & D_{12} & D_{16} \\ D_{12} & D_{22} & D_{26} \\ D_{16} & D_{26} & D_{66} \end{bmatrix} \begin{bmatrix} \kappa_x \\ \kappa_y \\ \kappa_{xy} \end{bmatrix}$$

(4.28)

将式(4.27)和式(4.28)合成,得到一般层合板广义力和广义中面应变之间的关系,即

$$\begin{bmatrix} N \\ \cdots \\ M \end{bmatrix} = \begin{bmatrix} A & \vdots & B \\ \cdots & \vdots & \cdots \\ B & \vdots & D \end{bmatrix} \begin{bmatrix} \varepsilon^0 \\ \cdots \\ \kappa \end{bmatrix} \tag{4.29}$$

从式(4.29)可以看出,对于一般层合板,由于 B 矩阵的存在,内力 N 不但和中面面内应变 ε^0 相关,而且还和中面的曲率相关;弯曲和扭转内力矩不但和中面曲率相关,还和中面面内应变相关。这说明一般层合板除了具有拉剪耦合和弯扭耦合之外,还具有拉弯或弯拉耦合效应,由于该效应,使层合板的应力和应变分析的复杂性大为增加。

六、层合板的变形-内力关系

工程问题中经常需要解决已知内力求变形的问题,这就需要知道层合板的变形-内力关系,即中面应变、曲率和内力、内力矩的关系。这个关系可以通过对式(4.25)和式(4.26)采用代入消元法并进行矩阵运算获得,则有

$$\begin{bmatrix} \varepsilon^0 \\ \cdots \\ \kappa \end{bmatrix} = \begin{bmatrix} a & \vdots & b \\ \cdots & \vdots & \cdots \\ c & \vdots & d \end{bmatrix} \begin{bmatrix} N \\ \cdots \\ M \end{bmatrix} \tag{4.30}$$

式中,矩阵 a 和 b 为面内柔度矩阵和弯曲柔度矩阵;矩阵 b 和 c 为耦合柔度矩阵为

$$\left. \begin{array}{l} a = A^{-1} - B^* D^{*-1} C^* \\ b = B^* D^{*-1} \\ c = - D^{*-1} C^* \\ d = D^{*-1} \end{array} \right\} \tag{4.31}$$

式中

$$B^* = - A^{-1} B$$
$$C^* = B A^{-1}$$
$$D^* = D - B A^{-1} B$$

从式(4.31)可以看到, a 和 d 矩阵均为对称矩阵,另外与单层的柔度矩阵 S 不同,一般层合板的柔度矩阵与相应刚度矩阵之间没有互逆关系。

可以证明,耦合柔度矩阵 c 和 b 有以下关系

$$c = b^{\mathrm{T}}$$

所以,式(4.30)可写为

$$\begin{bmatrix} \varepsilon_x^0 \\ \varepsilon_y^0 \\ \gamma_{xy}^0 \\ \kappa_x \\ \kappa_y \\ \kappa_{xy} \end{bmatrix} = \begin{bmatrix} a_{11} & a_{12} & a_{16} & \vdots & b_{11} & b_{12} & b_{16} \\ a_{12} & a_{22} & a_{26} & \vdots & b_{21} & b_{22} & b_{26} \\ a_{16} & a_{26} & a_{66} & \vdots & b_{61} & b_{62} & b_{66} \\ \cdots & \cdots & \cdots & \vdots & \cdots & \cdots & \cdots \\ b_{11} & b_{21} & b_{61} & \vdots & d_{11} & d_{12} & d_{16} \\ b_{12} & b_{22} & b_{62} & \vdots & d_{12} & d_{22} & d_{26} \\ b_{16} & b_{26} & b_{66} & \vdots & d_{16} & d_{26} & d_{66} \end{bmatrix} \begin{bmatrix} N_x \\ N_y \\ N_{xy} \\ M_x \\ M_y \\ M_{xy} \end{bmatrix} \tag{4.32}$$

4.3 对称层合板的弹性特性

工程中大量使用的多向层合板是对称层合板。对称层合板的耦合刚度矩阵 **B** 为零,也就是没有拉弯和弯拉耦合,使问题得到了简化。

一、对称层合板的特点

对称层合板是指几何和材料对称于层合板中面的层合板,如图4.9所示,x 轴为参考轴,一般取与材料主方向(L 方向)一致。对称性体现在几何对称和材料对称。

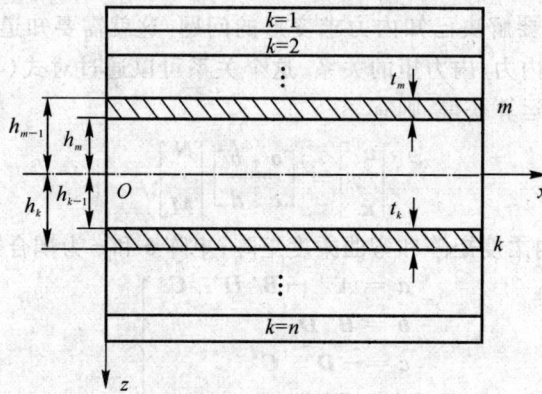

图 4.9 对称层合板

几何对称:

$$\left.\begin{array}{c} h_k = h_{m-1} \\ h_{k-1} = h_m \\ t_k = t_m \end{array}\right\} \tag{4.33}$$

材料对称:

$$\overline{Q}_{ij}^{k} = \overline{Q}_{ij}^{m} \quad (i,j = 1,2,6) \tag{4.34}$$

根据**耦合刚度矩阵 B** 的定义式(4.24),有

$$B_{ij} = \frac{1}{2} \sum_{k=1}^{n} \overline{Q}_{ij}^{k} (h_k^2 - h_{k-1}^2) \quad (i,j = 1,2,6)$$

对称的单层在层合板中成对存在,对于任意一对单层,如图4.9中的第 k 层和第 m 层,在 B_{ij} 中的分量为

$$\frac{1}{2} \overline{Q}_{ij}^{k} (h_k^2 - h_{k-1}^2) + \frac{1}{2} \overline{Q}_{ij}^{m} (h_m^2 - h_{m-1}^2)$$

利用式(4.33)和式(4.34)可得

$$\frac{1}{2}\overline{Q}_{ij}^{k}(h_k^2 - h_{k-1}^2) + \frac{1}{2}\overline{Q}_{ij}^{k}(h_{k-1}^2 - h_k^2) = 0$$

将这样成对的单层的 B_{ij} 分量相加,便可得

$$B_{ij} = 0 \quad (i,j = 1,2,6)$$

矩阵 **B** 为零是对称层合板的基本特点。因此对称层合板的物理方程得到了简化,式(4.29)变为

$$\begin{bmatrix} \boldsymbol{N} \\ \cdots \\ \boldsymbol{M} \end{bmatrix} = \begin{bmatrix} \boldsymbol{A} & \vdots & 0 \\ \cdots & \cdots & \cdots \\ 0 & \vdots & \boldsymbol{D} \end{bmatrix} \begin{bmatrix} \boldsymbol{\varepsilon}^0 \\ \cdots \\ \boldsymbol{\kappa} \end{bmatrix} \tag{4.35}$$

内力 **N** 只与中面应变 $\boldsymbol{\varepsilon}^0$ 有关,弯矩与扭矩 **M** 只与中面曲率有关。对称性使层合板的力学分析得到了简化,另外纤维增强树脂基复合材料对称层合板在固化冷却后,一般不会产生因面内热收缩引起的翘曲变形。

二、对称层合板的弹性特性

由式(4.35)可以得到对称层合板的内力和中面应变的关系为

$$\begin{bmatrix} N_x \\ N_y \\ N_{xy} \end{bmatrix} = \begin{bmatrix} A_{11} & A_{12} & A_{16} \\ A_{12} & A_{22} & A_{26} \\ A_{16} & A_{26} & A_{66} \end{bmatrix} \begin{bmatrix} \varepsilon_x^0 \\ \varepsilon_y^0 \\ \gamma_{xy}^0 \end{bmatrix} \tag{4.36}$$

内力矩和中面曲率的关系为

$$\begin{bmatrix} M_x \\ M_y \\ M_{xy} \end{bmatrix} = \begin{bmatrix} D_{11} & D_{12} & D_{16} \\ D_{12} & D_{22} & D_{26} \\ D_{16} & D_{26} & D_{66} \end{bmatrix} \begin{bmatrix} \kappa_x \\ \kappa_y \\ \kappa_{xy} \end{bmatrix} \tag{4.37}$$

一般情况下刚度系数 A_{16},A_{26} 和 D_{16},D_{26} 不为零,这就意味着对称层合板是具有拉剪和剪拉耦合,弯扭和扭弯耦合的。

当对称层合板每一单层的厚度均等于 t 时,考虑到对称性,将对称层合板的单层顺序按图 4.10 所示排列。对于 n 为偶数的层合板,由式(4.24)可得其面内刚度系数为

$$A_{ij} = 2\sum_{k=1}^{n/2}\overline{Q}_{ij}^{k}t = 2t\sum_{k=1}^{n/2}\overline{Q}_{ij}^{k} \quad (i,j = 1,2,6) \tag{4.38}$$

$$D_{ij} = \frac{2}{3}\sum_{k=1}^{n/2}\overline{Q}_{ij}^{k}[k^3t^3 - (k-1)^3t^3] = \frac{2}{3}t^3\sum_{k=1}^{n/2}\overline{Q}_{ij}^{k}[k^3 - (k-1)^3] \quad (i,j = 1,2,6) \tag{4.39}$$

式(4.38)表明对称层合板的面内刚度系数与层合板的单层铺叠顺序无关。例如 $[0/\pm 45/90]_s$ 板和 $[\pm 45/0/90]_s$ 板的面内刚度系数 A_{ij} 是相同的。但是,对称层合板的弯曲刚度系数与单层的铺叠顺序是有关的。每单层的刚度对层合板弯曲刚度的贡献,取决于该层的位置。式(4.39)中的系数 $[k^3 - (k-1)^3]$ 也称加权因子。从加权因子可以看到离开中面越远,该单层的刚度对层合板弯曲刚度的贡献越大。

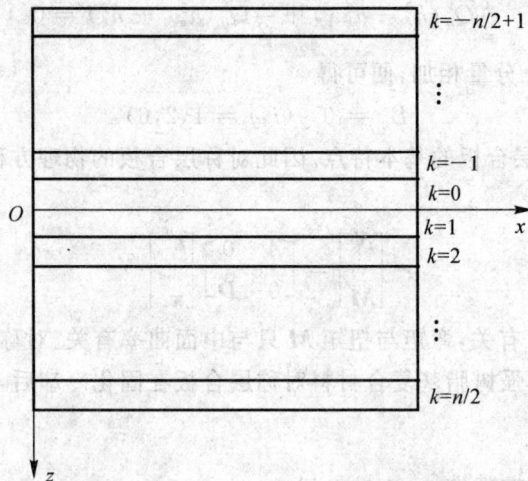

图 4.10　单层厚度相同的对称层合板单层顺序排列

通过矩阵求逆可以由式(4.36)和式(4.37)得到对称层合板的中面应变和内力的关系为

$$
\begin{bmatrix} \varepsilon_x^0 \\ \varepsilon_y^0 \\ \gamma_{xy}^0 \end{bmatrix} = \begin{bmatrix} a_{11} & a_{12} & a_{16} \\ a_{12} & a_{22} & a_{26} \\ a_{16} & a_{26} & a_{66} \end{bmatrix} \begin{bmatrix} N_x \\ N_y \\ N_{xy} \end{bmatrix} \tag{4.40}
$$

中面曲率和内力矩的关系为

$$
\begin{bmatrix} \kappa_x \\ \kappa_y \\ \kappa_{xy} \end{bmatrix} = \begin{bmatrix} d_{11} & d_{12} & d_{16} \\ d_{12} & d_{22} & d_{26} \\ d_{16} & d_{26} & d_{66} \end{bmatrix} \begin{bmatrix} M_x \\ M_y \\ M_{xy} \end{bmatrix} \tag{4.41}
$$

式中,矩阵 a 和 d 分别称为对称层合板的面内柔度矩阵和弯曲柔度矩阵,它们与刚度矩阵 A 和 D 的关系为

$$
\left. \begin{aligned} a &= A^{-1} \\ d &= D^{-1} \end{aligned} \right\} \tag{4.42}
$$

相应的分量 a_{ij} 和 $d_{ij}(i,j = 1,2,6)$ 称为面内柔度系数和弯曲柔度系数。

由于对称层合板的耦合刚度矩阵 $B = 0$,层合板在受到面内力时不会产生弯曲或扭转变形,这时层合板中面的应变,就是层合板各单层的应变。

例 4.1　试计算[0/90]_s对称层合板和[90/0]_s对称层合板的 D_{11} 并进行比较,如图 4.11 所示。

解　对[0/90]_s对称层合板由式(4.39)可得

$$
D_{11} = \frac{2}{3} t^3 \left[\overline{Q}_{11}^{90} + 7 \overline{Q}_{11}^0 \right]
$$

对 $[90/0]_s$ 对称层合板，有

$$D_{11} = \frac{2}{3}t^3\left[\overline{Q}_{11}^0 + 7\overline{Q}_{11}^{90}\right]$$

由于 $0°$ 单层的 $\overline{Q}_{11}^0$ 就是材料主方向的 Q_{11}，而 $90°$ 单层的 $\overline{Q}_{11}^{90}$ 就是材料主方向的 Q_{22}。从表 3.1 可以看到一般纤维增强复合材料的 Q_{11} 比 Q_{22} 高一个数量级，因此 $[0/90]_s$ 板的 D_{11} 要比 $[90/0]_s$ 板的 D_{11} 高很多。这个例子说明，要增加对称层合板某方向的弯曲刚度，应当在该方向将面内刚度高的单层放置在远离对称中面的位置。另外，比较 $[0/90]_s$ 板和 $[90/0]_s$ 板的 D_{22}（读者自行计算）可以发现，后者的刚度比前者高。这说明在不改变层合板中的同类单层层数和含量比例的前提下，调整单层顺序的结果是提高了某方向的弯曲刚度，同时必然会降低另一方向的弯曲刚度。

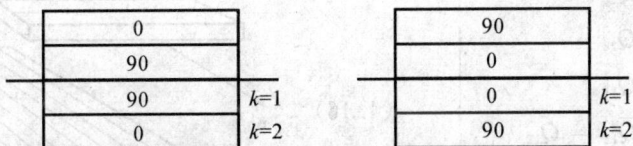

0		90	
90		0	
90	$k=1$	0	$k=1$
0	$k=2$	90	$k=2$

图 4.11　$[0/90]$ 和 $[90/0]$ 对称层合板

三、特殊对称层合板的弹性特性

工程中常用的层合板大多是一些具有特殊铺叠角度和顺序的对称层合板。

1. 参考坐标与材料主方向一致的单向层合板的弹性特性

这是若干 $0°$ 层或是若干 $90°$ 层铺叠成的单向层合板，称单向板，并用 $[0_n]$ 或 $[90_n]$ 表示。这类层合板在结构中使用较少，主要用于测试复合材料的力学性能。

由于单向板每一单层的 $\overline{Q}_{ij}$ 均相同，而且等于 Q_{ij}，所以单向板有

$$\left.\begin{aligned} A_{ij} &= hQ_{ij} \\ D_{ij} &= \frac{h^3}{12}Q_{ij} \end{aligned}\quad (i,j=1,2,6)\right\} \tag{4.43}$$

式中，h 是层合板厚度。单向层的 $Q_{16} = Q_{26} = 0$，单向板的 $A_{16} = A_{26} = 0$，$D_{16} = D_{26} = 0$，其内力-变形和内力矩-变形的关系为

$$\begin{bmatrix} N_x \\ N_y \\ N_{xy} \end{bmatrix} = \begin{bmatrix} A_{11} & A_{12} & 0 \\ A_{12} & A_{22} & 0 \\ 0 & 0 & A_{66} \end{bmatrix}\begin{bmatrix} \varepsilon_x^0 \\ \varepsilon_y^0 \\ \gamma_{xy}^0 \end{bmatrix} \tag{4.44}$$

和

$$\begin{bmatrix} M_x \\ M_y \\ M_{xy} \end{bmatrix} = \begin{bmatrix} D_{11} & D_{12} & 0 \\ D_{12} & D_{22} & 0 \\ 0 & 0 & D_{66} \end{bmatrix}\begin{bmatrix} \kappa_x \\ \kappa_y \\ \kappa_{xy} \end{bmatrix} \tag{4.45}$$

式(4.44)中的应变是中面应变,对于对称层合板也是层合板的应变,因此也可将应变符号右上角的"0"去除。

2. 正交对称层合板的弹性特性

这是一类仅由若干0°层和90°层铺叠而成的对称层合板,如[0/90/0],$[0_n/90_m]_S$等,如图4.12所示。

由式(3.26)可知,正交对称层合板中的0°单层和90°单层,其非材料主方向的刚度系数和材料主方向的刚度系数有简单的关系,即

$$
\left.
\begin{aligned}
\overline{Q}_{11}^0 &= Q_{11} \\
\overline{Q}_{22}^0 &= Q_{22} \\
\overline{Q}_{11}^{90} &= Q_{22} \\
\overline{Q}_{22}^{90} &= Q_{11} \\
\overline{Q}_{12}^0 &= \overline{Q}_{12}^{90} = Q_{12} \\
\overline{Q}_{66}^0 &= \overline{Q}_{66}^{90} = Q_{66} \\
\overline{Q}_{16}^0 &= \overline{Q}_{16}^{90} = Q_{16} = 0 \\
\overline{Q}_{26}^0 &= \overline{Q}_{26}^{90} = Q_{26} = 0
\end{aligned}
\right\} \tag{4.46}
$$

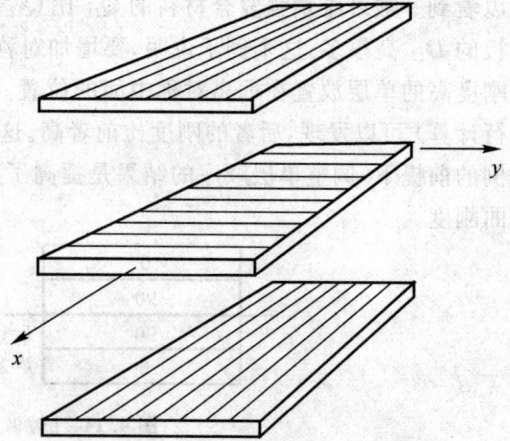

图 4.12 正交对称层合板示意图

所以,对于 n 层0°层和 m 层90°层构成的对称层合板,其面内刚度系数为

$$
\left.
\begin{aligned}
A_{11} &= t[nQ_{11} + mQ_{22}] \\
A_{22} &= t[nQ_{22} + mQ_{11}] \\
A_{12} &= hQ_{12} \\
A_{66} &= hQ_{66} \\
A_{16} &= A_{26} = 0
\end{aligned}
\right\} \tag{4.47}
$$

当 $n = m$ 时,有

$$
\left.
\begin{aligned}
A_{11} &= \frac{h}{2}(Q_{11} + Q_{22}) \\
A_{22} &= \frac{h}{2}(Q_{11} + Q_{22}) \\
A_{12} &= hQ_{12} \\
A_{66} &= hQ_{66}
\end{aligned}
\right\} \tag{4.48}
$$

对于弯曲刚度系数,因为各层(即使都是0°层)的加权系数不同,要由式(4.39)计算。由于0°层和90°层的 $\overline{Q}_{16}$ 和 $\overline{Q}_{26}$ 均为零,所以正交对称层合板的弯曲刚度系数为

$$
D_{16} = D_{26} = 0
$$

因此,正交对称层合板的力-变形关系式和单向板的相同。这两种层合板的面内轴向内力和面

内剪切变形或面内剪切内力和轴向应变之间没有耦合,弯矩和扭转变形或扭矩与弯曲变形之间也没有耦合,层合板在参考坐标系下具有正交各向异性的特性。

3. 斜交对称层合板的弹性特性

这是一类只包含 $+\theta$ 和 $-\theta$ 方向单层的对称层合板(见图 4.13)。一般的斜交对称层合板,如 $[\theta_3/-\theta/\theta/-\theta_2/\theta]_S$ 层合板,它的刚度系数中的 A_{16}, A_{26} 和 D_{16}, D_{26} 均不为零。

对于由 n 层 $+\theta$ 层和 m 层 $-\theta$ 层任意铺叠总铺层数为 N 的对称层合板,由式(3.26)可知,$+\theta$ 层和 $-\theta$ 层的 $\overline{Q}_{11}, \overline{Q}_{22}, \overline{Q}_{12}$ 和 $\overline{Q}_{66}$ 是相等的,$\overline{Q}_{16}$ 和 $\overline{Q}_{26}$ 相差一个负号。所以斜交对称层合板的面内刚度系数为

$$\left.\begin{aligned} A_{11} &= h\overline{Q}_{11} \\ A_{22} &= h\overline{Q}_{22} \\ A_{12} &= h\overline{Q}_{12} \\ A_{66} &= h\overline{Q}_{66} \\ A_{16} &= h\,\frac{(n-m)}{N}\overline{Q}_{16} \\ A_{26} &= h\left(\frac{n-m}{N}\right)\overline{Q}_{26} \end{aligned}\right\} \qquad (4.49)$$

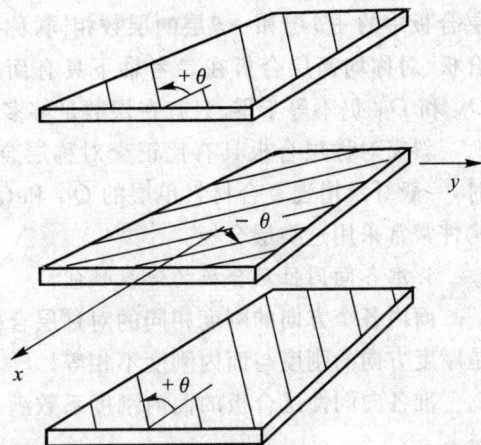

图 4.13　斜交对称层合板

弯曲刚度系数和铺叠顺序有关,要由式(4.39)具体计算。

当 $\pm\theta$ 层交替铺叠的斜交对称层合板中 $+\theta$ 层和 $-\theta$ 层层数相差 1 时,如 $[+\theta/-\theta/+\theta/-\theta/\theta]_S$ 层合板,式(4.49)中,

$$\left.\begin{aligned} A_{16} &= \frac{h}{N}\overline{Q}_{16} \\ A_{26} &= \frac{h}{N}\overline{Q}_{26} \end{aligned}\right\} \qquad (4.50)$$

弯曲刚度系数中的 D_{11}, D_{22}, D_{12} 和 D_{66} 也有较简单的表达式,即

$$\left.\begin{aligned} D_{11} &= \frac{h^3}{12}\overline{Q}_{11} \\ D_{22} &= \frac{h^3}{12}\overline{Q}_{22} \\ D_{12} &= \frac{h^3}{12}\overline{Q}_{12} \\ D_{66} &= \frac{h^3}{12}\overline{Q}_{66} \end{aligned}\right\} \qquad (4.51)$$

显然,当层合板的层数 N 很大时,A_{16} 和 A_{26} 可认为近似等于零。同样还可以证明当 N 很大时,

D_{16} 和 D_{26} 也近似等于零。因此对于交替铺叠的斜交对称层合板,层数足够多时,其力-变形关系式和式(4.44)与式(4.45)相同,在参考坐标下具有正交各向异性特性。

当 $\pm\theta$ 层交替铺叠的斜交对称层合板中 $+\theta$ 层与 $-\theta$ 层的层数相同时,由式(3.26)可得

$$\overline{Q}_{i6}^{\theta} = -\overline{Q}_{i6}^{-\theta} \quad (i=1,2)$$

自然有

$$A_{16} = A_{26} = 0$$

层合板中的 $+\theta$ 层和 $-\theta$ 层的层数相同,称为具有均衡性。因此,这种层合板也称为对称均衡层合板。对称均衡层合板在参考轴下具有面内正交各向异性特性。但是,其弯扭耦合刚度系数 D_{16} 和 D_{26} 仍不等于零。只有在层数足够多时,才近似为零。

斜交对称层合板具有比正交对称层合板有更高的剪切刚度和扭转刚度,尤其当 $\theta = 45°$ 时,一般纤维增强复合材料单层的 $\overline{Q}_{16}^{45}$ 和 $\overline{Q}_{26}^{45}$ 达到最大。因此对剪切刚度或扭转刚度要求高的构件常常采用这类层合板。

4. 准各向同性层合板的弹性性能

面内各个方向的刚度相同的对称层合板称为准各向同性层合板,它与各向同性板的区别是厚度方向的刚度与面内刚度不相等。

准各向同性层合板的面内刚度系数满足

$$\left.\begin{array}{l} A_{11} = A_{22} \\ A_{66} = (A_{11}-A_{12})/2 \\ A_{16} = A_{26} = 0 \end{array}\right\} \tag{4.52}$$

显然独立的面内刚度系数只有两个,是面内各向同性的。

准各向同性层合板是一种特殊的对称均衡层合板,层合板中含有 m 组方向间隔角为 π/m 的单向层,m 为大于 2 的正整数,如 $[0/60/-60]_s$,间隔角为 $\pi/3$;$[0/45/90/-45]_s$,间隔角为 $\pi/4$,等等。可以证明,这类层合板的刚度系数满足式(4.52),而且层合板的面内力-变形关系为

$$\begin{bmatrix} N_x \\ N_y \\ N_{xy} \end{bmatrix} = \begin{bmatrix} A_{11} & A_{12} & 0 \\ A_{21} & A_{22} & 0 \\ 0 & 0 & \dfrac{A_{11}-A_{12}}{2} \end{bmatrix} \begin{bmatrix} \varepsilon_x^0 \\ \varepsilon_y^0 \\ \gamma_{xy}^0 \end{bmatrix} \tag{4.53}$$

例 4.2 $[\pm 45]_s$ 斜交对称层合板是用于测定复合材料的面内剪切弹性模量的,试件是厚度为 h 的矩形板条,如图 4.14 所示。作纵向拉伸试验,同时测定黏结在试件纵向和横向两个相互垂直的应变片上的应变 ε_x 和 ε_y,已知施加在试件上的面内力为 N_x,试证明面内剪切

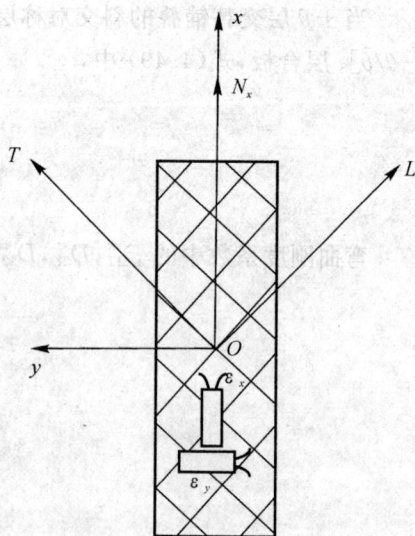

图 4.14 例题 4.2 的图

弹性模量表达式为

$$G_{LT} = \frac{N_x}{2h(\varepsilon_x - \varepsilon_y)}$$

解　试件的中面应变为

$$\boldsymbol{\varepsilon}^0_{x,y} = \boldsymbol{A}^{-1} \boldsymbol{N}_{x,y}$$

各层的应变均等于中面应变

$$\boldsymbol{\varepsilon}^{45}_{x,y} = \boldsymbol{\varepsilon}^{-45}_{x,y} = \boldsymbol{\varepsilon}^0_{x,y}$$

由式(3.21)得到 45° 层的应力为

$$\boldsymbol{\sigma}^{45}_{x,y} = \overline{\boldsymbol{Q}} \boldsymbol{\varepsilon}^{45}_{x,y} = \overline{\boldsymbol{Q}} \boldsymbol{A}^{-1} \boldsymbol{N}_{x,y}$$

考虑到层合板 ±45° 层层数相同,由式(4.49)可知面内刚度系数 $A_{16} = A_{26} = 0$,并有

$$\boldsymbol{A}^{-1} = \frac{1}{h} \begin{bmatrix} \overline{Q}_{11} & \overline{Q}_{12} & 0 \\ \overline{Q}_{12} & \overline{Q}_{22} & 0 \\ 0 & 0 & \overline{Q}_{66} \end{bmatrix}^{-1} = \frac{1}{h} \begin{bmatrix} \overline{S}_{11} & \overline{S}_{12} & 0 \\ \overline{S}_{12} & \overline{S}_{22} & 0 \\ 0 & 0 & \overline{S}_{66} \end{bmatrix}$$

所以

$$\sigma_x = \frac{1}{h} N_x, \quad \sigma_y = \tau_{xy} = 0$$

45° 层在材料主方向坐标下的应力和应变,由式(3.14)可得

$$\begin{bmatrix} \sigma_L \\ \sigma_T \\ \tau_{LT} \end{bmatrix} = \begin{bmatrix} m^2 & n^2 & 2mn \\ n^2 & m^2 & -2mn \\ -mn & mn & m^2 - n^2 \end{bmatrix} \begin{bmatrix} \sigma_x \\ \sigma_y \\ \tau_{xy} \end{bmatrix}$$

$$\tau_{LT} = -mn\sigma_x = -mn \frac{1}{h} N_x = -\frac{N_x}{2h}$$

由式(3.17)可得

$$\begin{bmatrix} \varepsilon_L \\ \varepsilon_T \\ \frac{1}{2}\gamma_{LT} \end{bmatrix} = \begin{bmatrix} m^2 & n^2 & 2mn \\ n^2 & m^2 & -2mn \\ -mn & mn & m^2 - n^2 \end{bmatrix} \begin{bmatrix} \varepsilon_x \\ \varepsilon_y \\ \frac{1}{2}\gamma_{xy} \end{bmatrix}$$

$$\frac{1}{2}\gamma_{LT} = -mn\varepsilon_x + mn\varepsilon_y + (m^2 - n^2)\frac{1}{2}\gamma_{xy}$$

因为

$$m = \cos45° = \frac{\sqrt{2}}{2}, \quad n = \sin45° = \frac{\sqrt{2}}{2}$$

所以

$$\gamma_{LT} = -\varepsilon_x + \varepsilon_y$$

根据剪切弹性模量的定义,则有

$$G_{LT} = \frac{\tau_{LT}}{\gamma_{LT}} = \frac{N_x}{2h(\varepsilon_x - \varepsilon_y)}$$

4.4 特殊非对称层合板的弹性性能

非对称层合板是各向异性程度最严重的层合板,B矩阵不等于零,使这类层合板的耦合变形非常复杂,制造中的变形也很难控制,因此在实际工程结构中难以应用。但是有一些特殊的非对称层合板具有较为简单的耦合关系,如规则非对称正交层合板和反对称层合板。本节介绍这两种特殊的非对称层合板的刚度,以便对B矩阵中的拉弯耦合刚度系数有进一步认识。

一、规则非对称正交层合板的弹性性能

这是一类相同层数的$0°$层(或层组)与$90°$层(或层组)交替铺叠的层合板,如$[0_8/90_8]$,$[0_4/90_4]_{2T}$,$[0_2/90_2]_{4T}$板。

由于只有$0°$层和$90°$层,所以这种层合板的面内耦合刚度系数与弯扭耦合刚度系数均为零,即

$$A_{16} = A_{26} = D_{16} = D_{26} = 0 \tag{4.54}$$

因为$0°$层和$90°$层非对称铺叠,存在拉弯耦合。可以证明,这种层合板的B矩阵中的大部分系数为零。取两种铺叠的规则非对称正交层合板,$[0_4/90_4]_{2T}$和$[0_2/90_2]_{4T}$,如图4.15所示。可以发现,这种层合板中的$0°$层和$90°$层是相对于板厚度的几何中面成对存在的,即在对称面下有一层$0°$层,在对称面上相同位置就有一层$90°$层。

根据这一特点,可以得到这种层合板的面内刚度系数和弯曲刚度系数为

$$\left.\begin{aligned} A_{11} &= A_{22} = \frac{h}{2}(Q_{11} + Q_{22}) \\ A_{12} &= hQ_{12} \\ A_{66} &= hQ_{66} \\ A_{16} &= A_{26} = 0 \end{aligned}\right\} \tag{4.55}$$

和

$$\left.\begin{aligned} D_{12} &= \frac{h^3}{12}Q_{12} \\ D_{66} &= \frac{h^3}{12}Q_{66} \\ D_{16} &= D_{26} = 0 \end{aligned}\right\}$$

取对称位置上的一对$0°$层和$90°$层,如图4.15中的第k层和第m层,其拉弯耦合刚度系数为

$$B_{ij}^{km} = \frac{1}{2}\overline{Q}_{ij}^0(h_k^2 - h_{k-1}^2) + \frac{1}{2}\overline{Q}_{ij}^{90}(h_m^2 - h_{m-1}^2) = \frac{t(h_k + h_{k-1})}{2}(\overline{Q}_{ij}^0 - \overline{Q}_{ij}^{90}) \tag{4.56}$$

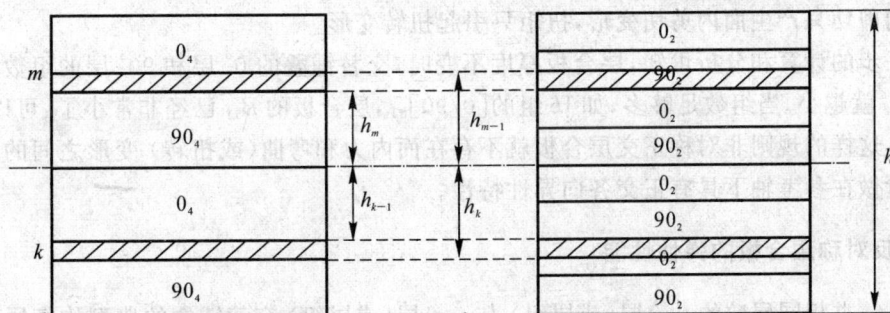

图 4.15　规则非对称正交层合板

由于有

$$\left.\begin{array}{l} \overline{Q}_{12}^0 = \overline{Q}_{12}^{90} = Q_{12} \\ \overline{Q}_{66}^0 = \overline{Q}_{66}^{90} = Q_{66} \\ \overline{Q}_{16}^0 = \overline{Q}_{16}^{90} = Q_{16} = 0 \\ \overline{Q}_{26}^0 = \overline{Q}_{26}^{90} = Q_{26} = 0 \end{array}\right\} \tag{4.57}$$

由式(4.56)可得

$$B_{12} = B_{66} = B_{16} = B_{26} = 0 \tag{4.58}$$

又因为

$$\left.\begin{array}{l} \overline{Q}_{11}^0 = \overline{Q}_{22}^{90} \\ \overline{Q}_{22}^0 = \overline{Q}_{11}^{90} \end{array}\right\} \tag{4.59}$$

由式(4.56)可得

$$B_{22} = -B_{11} \tag{4.60}$$

因此，规则非对称的正交层合板的内力和内力矩-变形关系为

$$\begin{bmatrix} N_x \\ N_y \\ N_{xy} \\ \hdashline M_x \\ M_y \\ M_{xy} \end{bmatrix} = \begin{bmatrix} A_{11} & A_{12} & 0 & B_{11} & 0 & 0 \\ A_{12} & A_{22} & 0 & -B_{11} & 0 & 0 \\ 0 & 0 & A_{66} & 0 & 0 & 0 \\ \hdashline B_{11} & 0 & 0 & D_{11} & D_{12} & 0 \\ 0 & -B_{11} & 0 & D_{12} & D_{20} & 0 \\ 0 & 0 & 0 & 0 & 0 & D_{66} \end{bmatrix} \begin{bmatrix} \varepsilon_x^0 \\ \varepsilon_y^0 \\ \gamma_{xy}^0 \\ \hdashline \kappa_x \\ \kappa_y \\ \kappa_{xy} \end{bmatrix} \tag{4.61}$$

从式(4.61)可以看出，规则非对称正交层合板只发生面内拉伸和弯曲的耦合。而且当 $\varepsilon_x^0 = \varepsilon_y^0 = 0, \gamma_{xy}^0 \neq 0, \kappa_x = \kappa_y = \kappa_{xy} = 0$ 时，则有

$$N_{xy} = A_{66}\gamma_{xy}^0 \tag{4.62}$$

当 $\varepsilon_x^0 = \varepsilon_y^0 = \gamma_{xy}^0 = 0, \kappa_x = \kappa_y = 0, \kappa_{xy} \neq 0$ 时,则有

$$M_{xy} = D_{66}\kappa_{xy} \qquad (4.63)$$

表明面内剪切只产生面内剪切变形,扭矩只引起扭转变形。

进一步的计算和分析可知,层合板厚度不变时,交替铺叠的 0° 层和 90° 层的组数越多,其 B_{11} 和 B_{22} 就越小。当组数足够多,如16组的 $[0/90]_{8T}$,层合板的 B_{11} 已经非常小了,可以近似为零。这时,这样的规则非对称正交层合板就不存在面内力和弯曲(或扭转)变形之间的耦合,可以近似看做在参考轴下具有正交各向异性特性。

二、反对称层合板的弹性性能

这是一类相同层数的 $+\theta$ 层(或层组)与 $-\theta$ 层(或层组)交替铺叠的典型均衡层合板,如 $[\theta_8/-\theta_8]_T$, $[\theta_4/-\theta_4]_{2T}$, $[\theta_2/-\theta_2]_{4T}$, $[\theta/-\theta]_{8T}$ 板。

由于这种层合板中的 $+\theta$ 层和 $-\theta$ 层的位置是对称于层合板厚度几何中面的,层成对出现,如图 4.16 所示。考虑到 $+\theta$ 层和 $-\theta$ 层的 $\overline{Q}_{16}$ 和 $\overline{Q}_{26}$ 是 θ 的奇函数,有

$$\left.\begin{array}{l} \overline{Q}_{16}^{\theta} = -\overline{Q}_{16}^{-\theta} \\ \overline{Q}_{26}^{\theta} = -\overline{Q}_{26}^{-\theta} \end{array}\right\} \qquad (4.64)$$

的关系,取第 k 层和第 m 层,由式(4.24),则有

$$\left.\begin{array}{l} A_{ij}^{km} = t(\overline{Q}_{ij}^{\theta} + \overline{Q}_{ij}^{-\theta}) \\ D_{ij}^{km} = \dfrac{1}{3}\left[\overline{Q}_{ij}^{\theta}(h_m^3 - h_{m-1}^3) + \overline{Q}_{ij}^{-\theta}(h_k^3 - h_{k-1}^3)\right] \end{array}\right\}$$

$$(4.65)$$

另有 $\qquad h_{m-1} = -h_k, \quad h_m = -h_{k-1}$

于是可以得到,反对称层合板不会发生面内的拉剪耦合和弯扭耦合,即有

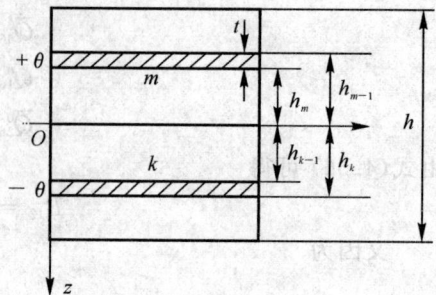

图 4.16 反对称层合板

$$\left.\begin{array}{l} A_{16} = A_{26} = 0 \\ D_{16} = D_{26} = 0 \end{array}\right\} \qquad (4.66)$$

第 k 层和第 m 层的耦合刚度系数为

$$B_{ij}^{km} = \dfrac{1}{2}\left[\overline{Q}_{ij}^{\theta}(h_m^2 - h_{m-1}^2) + \overline{Q}_{ij}^{-\theta}(h_k^2 - h_{k-1}^2)\right] \qquad (4.67)$$

考虑到 $+\theta$ 层和 $-\theta$ 层的 $\overline{Q}_{11}$, $\overline{Q}_{22}$, $\overline{Q}_{12}$ 和 $\overline{Q}_{66}$ 是 θ 的偶函数,有

$$\left.\begin{array}{l} \overline{Q}_{11}^{\theta} = \overline{Q}_{11}^{-\theta} \\ \overline{Q}_{22}^{\theta} = \overline{Q}_{22}^{-\theta} \\ \overline{Q}_{12}^{\theta} = \overline{Q}_{12}^{-\theta} \\ \overline{Q}_{66}^{\theta} = \overline{Q}_{66}^{-\theta} \end{array}\right\} \qquad (4.68)$$

的关系,就可以得到

$$B_{11} = B_{22} = B_{12} = B_{66} = 0 \tag{4.69}$$

这样反对称层合板的面内力和面内力矩-变形关系可以写为

$$
\begin{bmatrix} N_x \\ N_y \\ N_{xy} \\ M_x \\ M_y \\ M_{xy} \end{bmatrix}
=
\begin{bmatrix}
A_{11} & A_{12} & 0 & 0 & 0 & B_{16} \\
A_{12} & A_{22} & 0 & 0 & 0 & B_{26} \\
0 & 0 & A_{66} & B_{16} & B_{26} & 0 \\
0 & 0 & B_{16} & D_{11} & D_{12} & 0 \\
0 & 0 & B_{22} & D_{12} & D_{22} & 0 \\
B_{16} & B_{26} & 0 & 0 & 0 & D_{66}
\end{bmatrix}
\begin{bmatrix} \varepsilon_x^0 \\ \varepsilon_y^0 \\ \gamma_{xy}^0 \\ \kappa_x \\ \kappa_y \\ \kappa_{xy} \end{bmatrix}
\tag{4.70}
$$

由式(4.70)可以得知,反对称层合板不会发生拉伸和弯曲的耦合。

由一般层合板的柔度矩阵和刚度矩阵的关系,式(4.30) ～ 式(4.33) 以及式(4.70) 可以得到反对称层合板的变形-面内力和面内力矩的关系为

$$
\begin{bmatrix} \varepsilon_x^0 \\ \varepsilon_y^0 \\ \gamma_{xy}^0 \\ \kappa_x \\ \kappa_y \\ \kappa_{xy} \end{bmatrix}
=
\begin{bmatrix}
a_{11} & a_{12} & 0 & 0 & 0 & b_{16} \\
a_{12} & a_{22} & 0 & 0 & 0 & b_{26} \\
0 & 0 & a_{66} & b_{61} & b_{62} & 0 \\
0 & 0 & b_{61} & d_{11} & d_{12} & 0 \\
0 & 0 & b_{62} & d_{12} & d_{22} & 0 \\
b_{16} & b_{26} & 0 & 0 & 0 & d_{66}
\end{bmatrix}
\begin{bmatrix} N_x \\ N_y \\ N_{xy} \\ M_x \\ M_y \\ M_{xy} \end{bmatrix}
\tag{4.71}
$$

由于反对称层合板存在拉扭耦合和弯剪耦合,因此可以利用这种耦合,达到消除一些变形的目的。例如螺旋桨叶片或风机叶片在空气动力作用下会产生扭转变形,过大的扭转变形会使叶片效率下降。将叶片用反对称层合板制作,叶片在离心力作用下会因拉扭耦合作用,产生一个反向的扭转变形,抵消因空气动力引起的扭转变形。从式(4.71) 可以知道,当反对称层合板受到面扭转力矩 M_{xy} 和 x 方向面拉力 N_x 作用时,其扭率为

$$\kappa_{xy} = b_{16} N_x + d_{66} M_{xy} \tag{4.72}$$

如果要使叶片扭转变形为零,即

$$\kappa_{xy} = 0$$

b_{16} 和 d_{66} 必须满足

$$\frac{d_{66}}{b_{16}} \doteq -\frac{N_x}{M_{xy}} \tag{4.73}$$

可以通过改变反对称层合板的单层材料、铺叠方向和顺序来达到这一目的。这表明 **B** 矩阵不为零的耦合效应,带来了复合材料层合板的变形复杂性的同时,也为复合材料的可设计性提供了更多的选择。除了利用非对称层合板的耦合矩阵 **B** 不为零的特点来控制结构的变形外,还有利用面内刚度系数和弯曲刚度系数中的耦合项 A_{16}, A_{26} 和 D_{16}, D_{26} 不为零的特点来控制变形的,复合材料飞机翼面的气动弹性剪裁设计概念就是利用了对称非均衡层合板的弯扭耦合刚度系数 D_{16} 和 D_{26} 不为零的特点。

4.5 层合板的非中面刚度系数

以上讨论层合板刚度时,都将参考坐标系的原点取在层合板厚度方向的几何中面上,得到的是中面的刚度系数。但实际工程结构往往要将参考坐标系建立在平行中面的某个位置上,如航空航天器结构中广泛使用的加筋板,其面板是层合板,为了加强面板的轴向刚度,在面板一侧还加有各种形式的筋条(桁条),如图 4.17(a) 所示,计算参考坐标系一般取加筋板形心。又如飞机机翼蒙皮是变厚度的,为了保证蒙皮外表面光滑平整,加厚都在蒙皮内侧,造成不同厚度层合板两部分的中面不一致(见图 4.17(b))。这就涉及计算平行于中面的某平面的层合板刚度系数的问题,也就是寻找该平面的刚度系数与中面刚度系数之间的关系。

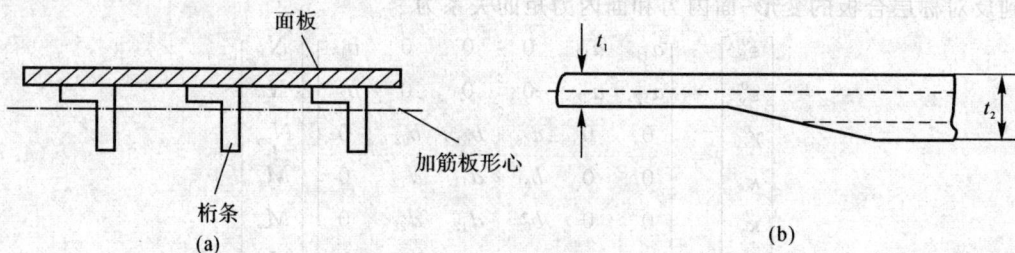

图 4.17   加筋板和机翼蒙皮的示意图

设层合板中面的 z 坐标为 $z = 0$。与中面平行,距离为 d 的平面的 z' 坐标 $z' = 0$,如图 4.18 所示。在 $O'x'z'$ 坐标系下,层合板上下表面的坐标为 $z' = d - \dfrac{h}{2}$ 和 $z' = d + \dfrac{h}{2}$。层合板中任一点的坐标为

$$z' = z + d \tag{4.74}$$

在 $O'x'y'z'$ 坐标下,该点的应变由式(4.12) 可得

$$\boldsymbol{\varepsilon}'_{x,y} = \boldsymbol{\varepsilon}^{0'}_{x,y} + z' \boldsymbol{\kappa}'_{x,y} \tag{4.75}$$

该点的应力为

$$\boldsymbol{\sigma}'_{x,y} = \overline{Q} \boldsymbol{\varepsilon}'_{x,y} = \overline{Q} \boldsymbol{\varepsilon}^{0'}_{x,y} + \overline{Q} z' \boldsymbol{\kappa}'_{x,y} \tag{4.76}$$

这里假设层合板中单层刚度系数是沿坐标 z 连续变化的,并用矩阵 $\overline{Q}$ 的形式表示。另外,由于 $Oxyz$ 和 $O'x'y'z'$ 坐标系平行,两个坐标系下中面应变和中面曲

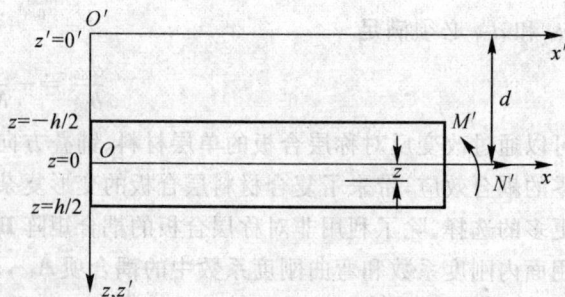

图 4.18   与层合板中面平行的坐标系

率相同。将式 (4.76) 代入层合板的内力和内力矩表达式中,有

$$N'_{x,y} = \int_{d-\frac{h}{2}}^{d+\frac{h}{2}} \sigma'_{x,y} dz' = \int_{d-\frac{h}{2}}^{d+\frac{h}{2}} \{\overline{Q}\varepsilon^{0'}_{x,y} + \overline{Q}z' \kappa'_{x,y}\} dz' =$$

$$\varepsilon^0_{x,y} \int_{-\frac{h}{2}}^{\frac{h}{2}} \overline{Q} dz + \kappa_{x,y} \left(\int_{-\frac{h}{2}}^{\frac{h}{2}} \overline{Q}z dz + d \int_{-\frac{h}{2}}^{\frac{h}{2}} \overline{Q} dz \right) = A\varepsilon^{0'}_{x,y} + (B + dA)\kappa_{x,y} \quad (4.77)$$

$$M'_{x,y} = \int_{d-\frac{h}{2}}^{d+\frac{h}{2}} \sigma'_{x,y} z' dz' = \int_{d-\frac{h}{2}}^{d+\frac{h}{2}} \{\overline{Q}z' \varepsilon^{0'}_{x,y} + \overline{Q}z'^2 \kappa'_{x,y}\} dz' =$$

$$\varepsilon^0_{x,y} \left(\int_{-\frac{h}{2}}^{\frac{h}{2}} \overline{Q}z dz + d \int_{-\frac{h}{2}}^{\frac{h}{2}} \overline{Q} dz \right) + \kappa_{x,y} \left(\int_{-\frac{h}{2}}^{\frac{h}{2}} \overline{Q}z^2 dz + 2d \int_{-\frac{h}{2}}^{\frac{h}{2}} \overline{Q}z dz + d^3 \int_{-\frac{h}{2}}^{\frac{h}{2}} \overline{Q} dz \right) =$$

$$(B + dA)\varepsilon^{0'}_{x,y} + (D + 2dB + d^2A)\kappa_{x,y} \quad (4.78)$$

令

$$\left. \begin{array}{l} A' = A \\ B' = B + dA \\ D' = D + 2dB + d^2A \end{array} \right\} \quad (4.79)$$

层合板在 $O'x'y'z'$ 坐标系下的力-变形关系为

$$\begin{bmatrix} N' \\ M' \end{bmatrix} = \begin{bmatrix} A' & B' \\ B' & D' \end{bmatrix} \begin{bmatrix} \varepsilon^0 \\ \kappa \end{bmatrix} \quad (4.80)$$

这里需要注意的是 $O'x'y'z'$ 坐标下的面内力 N' 和 $Oxyz$ 坐标下的 N 相等,但是弯矩和扭矩 M' 不相等,则有

$$M' = M + dN \quad (4.81)$$

式 (4.79) 用刚度系数分量的形式表示时,层合板非中面刚度系数为

$$\left. \begin{array}{l} A'_{ij} = A_{ij} \\ B'_{ij} = B_{ij} + dA_{ij} \\ D'_{ij} = D_{ij} + 2dB_{ij} + d^2A_{ij} \end{array} \right\} \quad (i,j = 1,2,6) \quad (4.82)$$

由式 (4.82) 的第二式表明,即使是对称层合板,其非中面的拉弯耦合刚度不等于零,

例 4.3　图 4.19 所示是航空航天器结构中常用的加筋板,假设桁条为 T 型,蒙皮和桁条各单元均为纸面内厚度不同的层合板。试给出该加筋板对于形心坐标的刚度。

解　将加筋板分为三个矩形块,即蒙皮,T 型桁条的翼缘板和腹板,取基本参考轴 OO。根据材料力学方法先求出该结构形心轴的位置,即

$$d = \frac{\sum\limits_k F_k d_k}{\sum\limits_k F_k} \quad (4.83)$$

式中,F_i 为各部分面积,d_k 为各部分形心到 OO 轴的距离。各部分形心到结构形心轴 $O'O'$ 的距离为

$$d_1' = d_1 - d$$
$$d_2' = d_2 - d$$
$$d_3' = d_3 - d$$

$$(4.84)$$

由式(4.82)可以求得各部分相对于 $O'O'$ 轴的刚度.考虑到各部分宽度不同,将 T 型桁条的刚度等效为与面板宽度相同时的刚度,该加筋结构的刚度为

$$A_{ij}' = \sum_{k=1}^{3} \frac{b_k}{b_1} A_{ij}^{(k)}$$

$$B_{ij}' = \sum_{k=1}^{3} \left[\frac{b_k}{b_1} B_{ij}^{(k)} + d_k' \frac{b_k}{b_1} A_{ij}^{(k)} \right]$$

$$D_{ij}' = \sum_{k=1}^{3} \left[\frac{b_k}{b_1} D_{ij}^{(k)} + 2d_k' \frac{b_k}{b_1} B_{ij}^{(k)} + d_k'^2 \frac{b_k}{b_1} A_{ij}^{(k)} \right]$$

$$i,j = 1,2,6$$

$$(4.85)$$

式中,b_k 为各部分宽度.

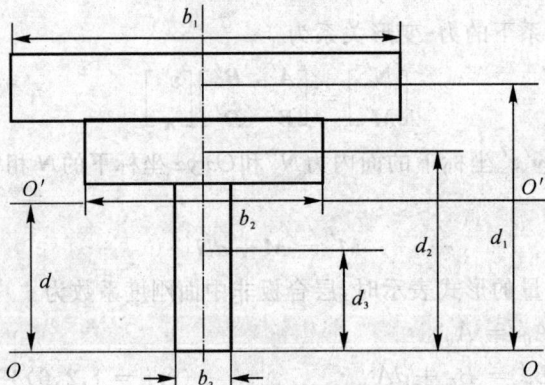

图 4.19　例题 4.3 的图

例 4.4　试用求解层合板非中面刚度系数的方法计算对称蜂窝芯夹层板的刚度系数.

解　蜂窝芯夹层板是由上下层合板面板和中部蜂窝芯结构构成的夹层结构,如图 4.20 所示.对于对称蜂窝芯夹层板,假设面板中面到参考坐标 OO 轴的距离为 d,面板的刚度系数为 A_{ij},D_{ij}.蜂窝芯的 $A_{ij} = B_{ij} = D_{ij} = D_{ij} = 0$.由式(4.82)便可以得到蜂窝芯夹层板的刚度系数为

$$A_{ij}' = 2A_{ij}$$
$$B_{ij}' = 0$$
$$D_{ij}' = 2D_{ij} + 2d^2 A_{ij}$$
$$i,j = 1,2,6$$

$$(4.86)$$

该结果表明对称蜂窝芯夹层板的面内刚度和上下面板构成的层合板刚度相同，但弯曲刚度增加一项 $2d^2 A_{ij}$，该项的大小和面板中面偏离对称面 OO 轴的距离 d 的平方成正比。显然，蜂窝芯子的高度 h_c 越大，蜂窝芯夹层板的弯曲和扭转刚度越高，因此蜂窝芯夹层板常常被用在对弯曲或扭转刚度要求高的部件上。

本节讨论的计算层合板非中面刚度系数的方法也可以用于层合板的刚度计算，其方法是将层合板的每一单层看成偏离层

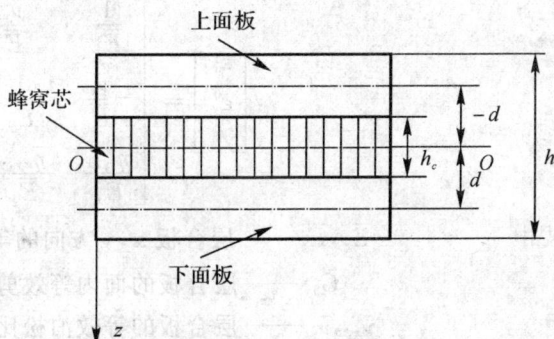

图 4.20　例题 4.4 的图

合板中面的特殊层合板，层合板的中面刚度是各单层对中面刚度之和，利用式(4.82)，便可以得到层合板的刚度系数。

4.6　层合板的工程弹性常数

实际工程结构的初步设计中往往将复合材料层合板看成均匀的各向异性板，并用工程弹性常数来表征层合板的刚度。这就需要建立层合板的工程弹性常数和刚度系数或柔度系数之间的关系。一般层合板的刚度系数中包含了拉弯耦合等，力-应变关系非常复杂，这类层合板应用也很少，因此本节主要介绍对称层合板和对称均衡层合板的面内等效工程弹性常数。

一、对称层合板的面内等效工程弹性常数

对称层合板的面内应变和面内力的关系为

$$\begin{bmatrix} \varepsilon_x^0 \\ \varepsilon_y^0 \\ \gamma_{xy}^0 \end{bmatrix} = \begin{bmatrix} a_{11} & a_{12} & a_{16} \\ a_{12} & a_{22} & a_{26} \\ a_{16} & a_{26} & a_{66} \end{bmatrix} \begin{bmatrix} N_x \\ N_y \\ N_{xy} \end{bmatrix} \tag{4.87}$$

假设层合板面内的平均应力为

$$\begin{bmatrix} \bar{\sigma}_x \\ \bar{\sigma}_y \\ \bar{\tau}_{xy} \end{bmatrix} = \begin{bmatrix} N_x \\ N_y \\ N_{xy} \end{bmatrix} \frac{1}{h} \tag{4.88}$$

参考第 3 章 1.3 节关于单向层非材料主方向的工程弹性常数的定义，层合板用工程弹性常数表示的应变-面内力关系为

$$
\begin{bmatrix} \varepsilon_x^0 \\ \varepsilon_y^0 \\ \gamma_{xy}^0 \end{bmatrix} = \begin{bmatrix} \dfrac{1}{\overline{E}_x} & -\dfrac{\overline{\nu}_{yx}}{\overline{E}_y} & \dfrac{\overline{\eta}_{x,xy}}{\overline{G}_{xy}} \\ -\dfrac{\overline{\nu}_{xy}}{\overline{E}_x} & \dfrac{1}{\overline{E}_y} & \dfrac{\overline{\eta}_{y,xy}}{\overline{G}_{xy}} \\ \dfrac{\overline{\eta}_{xy,x}}{\overline{E}_x} & \dfrac{\overline{\eta}_{xy,y}}{\overline{E}_y} & \dfrac{1}{\overline{G}_{xy}} \end{bmatrix} \begin{bmatrix} N_x \\ N_y \\ N_{xy} \end{bmatrix} \dfrac{1}{h} \tag{4.89}
$$

式中　　　　　　　　$\overline{E}_x,\overline{E}_y$——层合板 x,y 方向的等效拉压弹性模量；

$\overline{G}_{xy}$——层合板的面内等效剪切弹性模量；

$\overline{\nu}_{xy},\overline{\nu}_{yx}$——层合板的等效泊松比；

$\overline{\eta}_{x,xy},\overline{\eta}_{y,xy},\overline{\eta}_{xy,x},\overline{\eta}_{xy,y}$——层合板的等效拉剪和剪拉耦合系数。

比较式(4.87)和式(4.89)，便得到等效工程弹性常数与柔度系数的关系为

$$
\left.\begin{aligned}
\overline{E}_x &= \frac{1}{ha_{11}} \\[4pt]
\overline{E}_y &= \frac{1}{ha_{22}} \\[4pt]
\overline{G}_{xy} &= \frac{1}{ha_{66}} \\[4pt]
\overline{\nu}_{xy} &= -\frac{a_{21}}{a_{11}} \\[4pt]
\overline{\nu}_{yx} &= -\frac{a_{12}}{a_{22}} \\[4pt]
\overline{\eta}_{xy,x} &= \frac{a_{61}}{a_{11}} \\[4pt]
\overline{\eta}_{xy,y} &= \frac{a_{62}}{a_{22}} \\[4pt]
\overline{\eta}_{x,xy} &= \frac{a_{16}}{a_{66}} \\[4pt]
\overline{\eta}_{y,xy} &= \frac{a_{26}}{a_{66}}
\end{aligned}\right\} \tag{4.90}
$$

二、对称均衡层合板的面内等效工程弹性常数

对称均衡层合板在参考坐标系下具有正交各向异性，正交各向异性板的面内等效工程弹性常数可以由层合板的刚度系数直接求得。

假设对称均衡层合板只受到 x 轴向拉伸内力 N_x 的作用，其面内力-应变关系为

$$\begin{bmatrix} N_x \\ 0 \\ 0 \end{bmatrix} = \begin{bmatrix} A_{11} & A_{12} & 0 \\ A_{21} & A_{22} & 0 \\ 0 & 0 & A_{66} \end{bmatrix} \begin{bmatrix} \varepsilon_x^0 \\ \varepsilon_y^0 \\ \gamma_{xy}^0 \end{bmatrix} \qquad (4.91)$$

由(式 4.91) 可得

$$\left. \begin{aligned} N_x &= A_{11}\varepsilon_x^0 + A_{12}\varepsilon_y^0 \\ 0 &= A_{12}\varepsilon_x^0 + A_{22}\varepsilon_y^0 \end{aligned} \right\} \qquad (4.92)$$

定义该层合板的等效工程弹性常数为

$$\left. \begin{aligned} \overline{E}_x &= \frac{N_x}{h\varepsilon_x^0} \\ \overline{\nu}_{xy} &= -\frac{\varepsilon_y^0}{\varepsilon_x^0} \end{aligned} \right\} \qquad (4.93)$$

将式(4.93) 代入式(4.92),可得

$$\left. \begin{aligned} \overline{E}_x &= \frac{1}{h}\left[A_{11} - \frac{A_{12}^2}{A_{22}} \right] \\ \overline{\nu}_{xy} &= \frac{A_{12}}{A_{22}} \end{aligned} \right\} \qquad (4.94)$$

同理,当 $N_y \neq 0, N_x = N_{xy} = 0$ 时,可得

$$\left. \begin{aligned} \overline{E}_y &= \frac{1}{h}\left[A_{22} - \frac{A_{12}^2}{A_{11}} \right] \\ \overline{\nu}_{yx} &= \frac{A_{12}}{A_{11}} \end{aligned} \right\} \qquad (4.95)$$

由 $N_{xy} \neq 0, N_x = N_y = 0$,可得

$$\overline{G}_{xy} = \frac{A_{66}}{h} \qquad (4.96)$$

对称均衡层合板的等效拉剪耦合和剪拉耦合系数为零,即

$$\overline{\eta}_{xy,x} = \overline{\eta}_{xy,y} = \overline{\eta}_{x,xy} = \overline{\eta}_{y,xy} = 0 \qquad (4.97)$$

例 4.5　试计算$[\pm 45]_{nS}$ 对称均衡层合板面内等效工程弹性常数 $\overline{E}_x$ 和 $\overline{G}_{xy}$。

解　由式(4.49) 可知,层合板面内刚度系数为

$$\left. \begin{aligned} A_{11} &= h\overline{Q}_{11}^{45} \\ A_{22} &= h\overline{Q}_{22}^{45} \\ A_{12} &= h\overline{Q}_{12}^{45} \\ A_{66} &= h\overline{Q}_{66}^{45} \end{aligned} \right\} \qquad (4.98)$$

通过式(3.26) 的刚度系数转换公式得到 $45°$(或 $-45°$) 单层在参考坐标轴下的折算刚度系数为

$$\left.\begin{aligned}
\overline{Q}_{11}^{45} = \overline{Q}_{22}^{45} &= \frac{1}{4}(Q_{11} + Q_{22} + 2Q_{12} + 4Q_{66}) \\
\overline{Q}_{12}^{45} &= \frac{1}{4}(Q^{11} + Q_{22} + 2Q^{12} - 4Q_{66}) \\
\overline{Q}_{66}^{45} &= \frac{1}{4}(Q_{11} + Q_{22} - 2Q_{12})
\end{aligned}\right\} \quad (4.99)$$

代入式(4.98),可得

$$\left.\begin{aligned}
A_{11} = A_{22} &= \frac{h}{4}(Q_{11} + Q_{22} + 2Q_{12} + 4Q_{66}) \\
A_{12} &= \frac{h}{4}(Q_{11} + Q_{22} + 2Q_{12} - 4Q_{66}) \\
A_{66} &= \frac{h}{4}(Q_{11} + Q_{22} - 2Q_{12})
\end{aligned}\right\} \quad (4.100)$$

$[\pm 45]_{nS}$ 对称均衡层合板的 x 方向等效拉伸弹性模量(见式(4.94))为

$$\overline{E}_x = \frac{1}{h}\left(A_{11} - \frac{A_{12}^2}{A_{22}}\right) = \frac{1}{h}\left(A_{11} - \frac{A_{12}^2}{A_{11}}\right) = \frac{1}{hA_{11}}(A_{11} + A_{12})(A_{11} - A_{12}) \quad (4.101)$$

将式(4.100)代入式(4.101),可得

$$\overline{E}_x = \frac{4(Q_{11} + Q_{22} + 2Q_{12})Q_{66}}{Q_{11} + Q_{22} + 2Q_{12} + 4Q_{66}} \quad (4.102)$$

对于碳纤维这样的高模量纤维增强的复合材料,其 Q_{11} 的值一般远大于 Q_{22},Q_{12} 和 Q_{66}。因此,式(4.102)可以近似为

$$\overline{E}_x \approx \frac{4Q_{11}Q_{66}}{Q_{11}} = 4Q_{66} = 4G_{LT} \quad (4.103)$$

这一结果表明,碳纤维复合材料 $[\pm 45]_{nS}$ 层合板的 x 轴向等效工程弹性常数主要和单层材料主方向的剪切弹性模量 G_{LT} 有关。G_{LT} 是由基体性能控制的弹性常数,其值都比较低,一般只有 $4 \sim 6$ GPa,所以这种层合板的轴向拉伸刚度远低于单层的拉压弹性模量 E_L。

由式(4.96)和式(4.100)可知,$[\pm 45]_{nS}$ 层合板的等效剪切弹性模量为

$$\overline{G}_{xy} = \frac{1}{h}A_{66} = \frac{1}{4}(Q_{11} + Q_{22} - 2Q_{12}) \quad (4.104)$$

对碳纤维复合材料 $[\pm 45]_{nS}$ 层合板,考虑到式(3.11),式(4.104),则

$$\overline{G}_{xy} \approx \frac{Q_{11}}{4} \approx \frac{E_L}{4} \quad (4.105)$$

碳纤维复合材料单层的 E_L 是纤维性能控制的,一般都比较高,达到 $130 \sim 140$ GPa,所以 $[\pm 45]_{nS}$ 的剪切弹性模量要远高于单层的剪切弹性模量 G_{LT}。

$[\pm 45]_{nS}$ 层合板的等效泊松比为

$$\overline{\nu}_{xy} = \frac{A_{12}}{A_{22}} = \frac{Q_{11} + Q_{22} + 2Q_{12} - 4Q_{66}}{Q_{11} + Q_{22} + 2Q_{12} + 4Q_{66}} \quad (4.106)$$

对碳纤维复合材料,式(4.106)可以近似为

$$\bar{\nu}_{xy} = \frac{Q_{11} - 4Q_{66}}{Q_{11} + 4Q_{66}} \approx \frac{E_L - 4G_{LT}}{E_L + 4G_{LT}} \tag{4.107}$$

将表 3.1 的 HT3/5224 复合材料的弹性常数代入式(4.107),可得等效泊松比,近似为 0.75,可见 $[\pm 45]_{ns}$ 层合板的泊松比相当高。过高的泊松比会带来层合板层间应力过高,为了避免层合板有过高的泊松比,一般都在层合板加入少量的 90° 层。

4.7　层合板的单层应力和应变分析

要对层合板进行强度计算必须计算层合板单层的应力和应变,本节主要讨论对称层合板的应力和应变分析。由于层合板的各个单层之间黏结牢固,没有相对位移,因此受力后层合板各层具有相同的面内位移、曲率和扭率。但是各层的刚度往往不同,所以层合板各单层的应力也不相同。这是层合板和均匀各向异性材料的根本不同所在。

对称层合板单层应力和应变分析的主要步骤如图 4.21 所示。已知面内力 $N_{x,y}$ 和面内力矩 $M_{x,y}$ 和单层材料主方向的工程弹性常数的条件下,可以计算对称层合板每一单层材料主方向的应变和应力。该步骤可以编制成相应的程序,由计算机完成。为了进一步明确层合板单层应变和应力的计算方法和步骤以及需要注意的问题,以下通过两个计算实例加以说明。

例 4.6　试计算 HT3/5224$[\pm 45/0]_s$ 层合板在 $N_x = 100$ N/mm,$N_y = 20$ N/mm,$N_{xy} = 10$ N/mm 的面内载荷作用下各单层的应力。HT3/5224 单向层的材料主方向工程弹性常数见表 3.1。单层厚度为 $t = 0.125$ mm。

解　(1)计算单层材料主方向的面内柔度和刚度。由单层材料主方向柔度系数与工程弹性常数的关系式(3.4)得到柔度矩阵为

$$\boldsymbol{S} = \begin{bmatrix} 7.4 & -2.07 & 0 \\ -2.07 & 106.4 & 0 \\ 0 & 0 & 200 \end{bmatrix} \times 10^{-3} \, (\text{GPa})^{-1}$$

由刚度矩阵和柔度矩阵的互逆关系式(3.10)得

$$\boldsymbol{Q} = \boldsymbol{S}^{-1} = \begin{bmatrix} 135.7 & 2.65 & 0 \\ 2.65 & 9.45 & 0 \\ 0 & 0 & 5.0 \end{bmatrix} \text{GPa}$$

(2)计算参考坐标系下各层的面内刚度。设参考坐标系的 x 轴和 0° 层的纤维方向一致。由式(3.26)可得各层的刚度矩阵如下:

0° 层:

$$\bar{\boldsymbol{Q}}_0 = \boldsymbol{Q} = \begin{bmatrix} 135.7 & 2.65 & 0 \\ 2.65 & 9.45 & 0 \\ 0 & 0 & 5.0 \end{bmatrix} \text{GPa}$$

$E_L, E_T, \nu_{TL}, G_{LT}$ → 材料主方向单层 工程常数

S_{ij} → 材料主方向单层柔度

$Q = S^{-1}$

Q_{ij} → 材料主方向单层刚度

$\overline{Q} = T^{-1}QT$

$\overline{Q}^k_{ij}$ → 参考轴向单层刚度

$$A_{ij} = 2t\sum_{k=1}^{N/2}\overline{Q}^k_{ij}$$
$$D_{ij} = \frac{2}{3}t^3\sum_{k=1}^{N/2}\overline{Q}^k_{ij}[k^3 - (k-1)^3]$$

A_{ij}, D_{ij} → 层合板刚度

$a = A^{-1}, \quad d = D^{-1}$

a_{ij}, d_{ij} → 层合板柔度

$N_{x,y}, M_{x,y}$ → 内力，内力矩

$$\varepsilon^0_{x,y} = aN_{x,y}$$
$$k_{x,y} = dM_{x,y}$$

$\varepsilon^0_{x,y}, k_{x,y}$ → 层合板中面应变，曲率

$\varepsilon_{x,y} = \varepsilon^0_{x,y} + zk_{x,y}$

$\varepsilon^k_{x,y}$ → 各层参考轴向应变

$\varepsilon^k_{L,T} = T^k\varepsilon^k_{x,y}$

$\sigma^k_{x,y} = \overline{Q}^k\varepsilon^k_{x,y}$

$\varepsilon^k_{L,T}$ → 各层材料 主向应变

$\sigma^k_{x,y}$ → 各层参考 轴向应力

$\sigma^k_{L,T} = Q\varepsilon^k_{L,T}$

$\sigma^k_{L,T} = T^k\sigma^k_{x,y}$

$\sigma^k_{L,T}$ → 各层材料 主向应力

$\sigma^k_{L,T}$

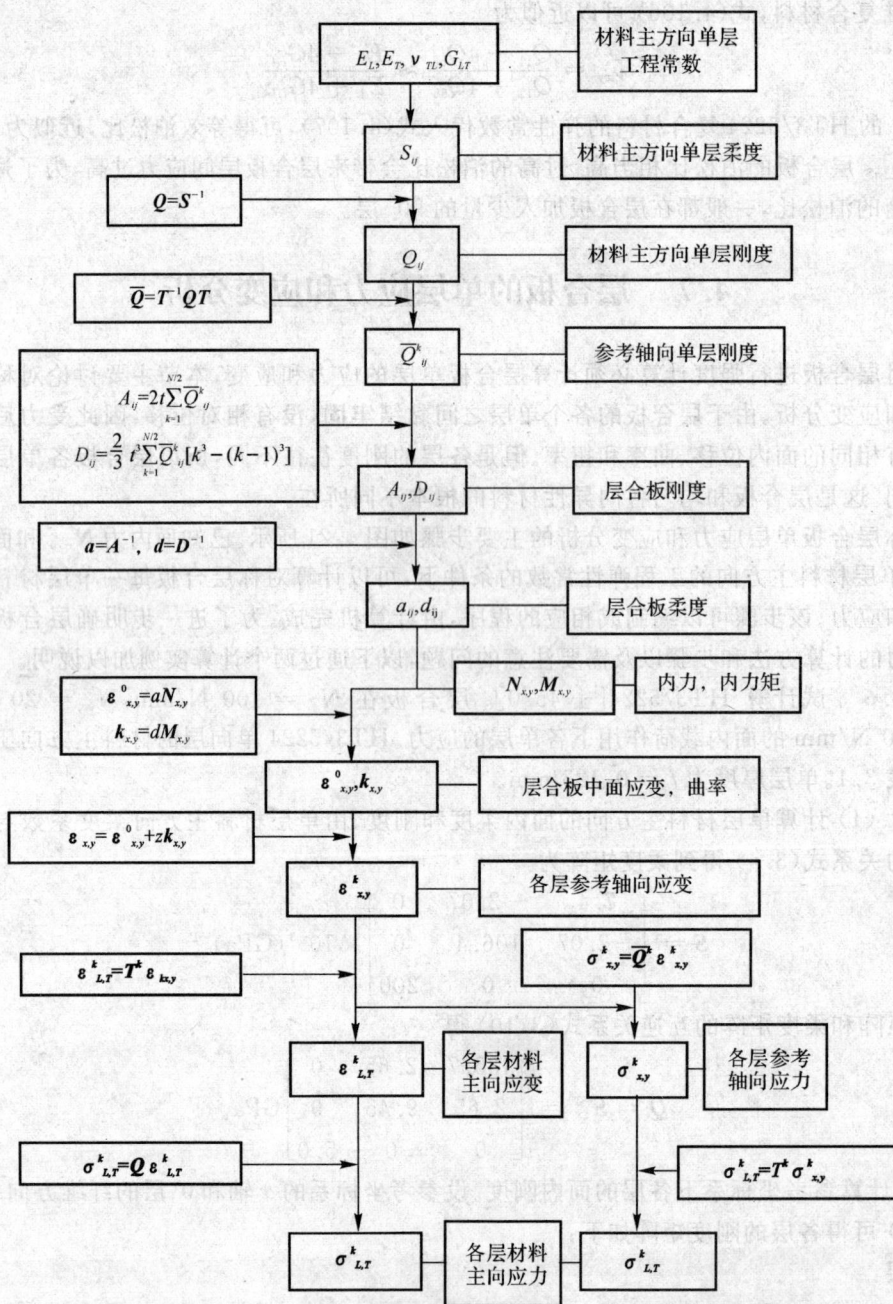

图 4.21 对称层合板单层应力和应变分析步骤的框图

$+45°$ 层：

$$\overline{Q}_{45} = \begin{bmatrix} 42.6 & 32.6 & 31.6 \\ 32.6 & 42.6 & 31.6 \\ 31.6 & 31.6 & 35.0 \end{bmatrix} \text{GPa}$$

$-45°$ 层：

$$\overline{Q}_{-45} = \begin{bmatrix} 42.6 & 32.6 & -31.6 \\ 32.6 & 42.6 & -31.6 \\ -31.6 & -31.6 & 35.0 \end{bmatrix} \text{GPa}$$

（3）计算层合板面内刚度。由式(4.38)，可得

$$A_{ij} = 2t \sum_{k=1}^{3} \overline{Q}_{ij}^{k}$$

所以层合板面内刚度矩阵为

$$A = \begin{bmatrix} 55.2 & 17.0 & 0 \\ 17.0 & 23.7 & 0 \\ 0 & 0 & 18.8 \end{bmatrix} \text{GPa} \cdot \text{mm}$$

（4）计算层合板面内柔度。因为是对称层合板，面内柔度矩阵为

$$a = A^{-1}$$

所以

$$a = \begin{bmatrix} 23.3 & -16.7 & 0 \\ -16.7 & 54.2 & 0 \\ 0 & 0 & 53.2 \end{bmatrix} \times 10^{-3} (\text{GPa} \cdot \text{mm})^{-1}$$

（5）计算层合板中面应变。由式(4.40)，可得

$$\begin{bmatrix} \varepsilon_x^0 \\ \varepsilon_y^0 \\ \gamma_{xy}^0 \end{bmatrix} = a \begin{bmatrix} N_x \\ N_y \\ N_{xy} \end{bmatrix} = \begin{bmatrix} 23.3 & -16.7 & 0 \\ -16.7 & 54.2 & 0 \\ 0 & 0 & 53.2 \end{bmatrix} \begin{bmatrix} 100 \\ 20 \\ 10 \end{bmatrix} \times 10^{-6} = \begin{bmatrix} 1996 \\ -586 \\ 532 \end{bmatrix} \times 10^{-6}$$

这里需要注意单位统一问题，力的单位均取为牛[顿](N)，长度单位均取为毫米(mm)时，N 的单位为 N/mm，柔度 a 的单位为 $(\text{N/mm}^2 \cdot \text{mm})^{-1}$。

所以

$$(\text{N/mm}) \times (\text{GPa} \cdot \text{mm})^{-1} = 10^{-3}$$

（6）计算各层在参考坐标系下的应力。各层在参考坐标系下的应力由式(3.20)计算，可得

$0°$ 层：

$$\begin{bmatrix} \sigma_x \\ \sigma_y \\ \tau_{xy} \end{bmatrix}_0 = \begin{bmatrix} 135.7 & 2.65 & 0 \\ 2.65 & 9.45 & 0 \\ 0 & 0 & 5.0 \end{bmatrix} \begin{bmatrix} 1996 \\ -586 \\ 532 \end{bmatrix} \times 10^{-3} = \begin{bmatrix} 269.3 \\ -0.2 \\ 2.7 \end{bmatrix} \text{MPa}$$

+45° 层：

$$
\begin{bmatrix} \sigma_x \\ \sigma_y \\ \tau_{xy} \end{bmatrix}_{45} = \begin{bmatrix} 42.6 & 32.6 & 31.6 \\ 32.6 & 42.6 & 31.6 \\ 31.6 & 31.6 & 35.0 \end{bmatrix} \begin{bmatrix} 1996 \\ -586 \\ 532 \end{bmatrix} \times 10^{-3} = \begin{bmatrix} 82.7 \\ 56.9 \\ 63.2 \end{bmatrix} \text{MPa}
$$

−45° 层：

$$
\begin{bmatrix} \sigma_x \\ \sigma_y \\ \tau_{xy} \end{bmatrix}_{-45} = \begin{bmatrix} 42.6 & 32.6 & -31.6 \\ 32.6 & 42.6 & -31.6 \\ -31.6 & -31.6 & 35.0 \end{bmatrix} \begin{bmatrix} 1996 \\ -586 \\ 532 \end{bmatrix} \times 10^{-3} = \begin{bmatrix} 49.1 \\ 23.3 \\ -25.9 \end{bmatrix} \text{MPa}
$$

从计算结果可以看到 0° 层由于 $\overline{Q}_{22}$ 和 $\overline{Q}_{66}$ 都很低，所以 y 方向正应力和剪应力也低。+45° 层和 −45° 层的应力不相同是因为拉剪耦合刚度系数 $\overline{Q}_{16}$ 和 $\overline{Q}_{26}$ 相差一个符号的缘故。

(7) 计算各层在材料主方向的应力。0° 层的主方向和层合板参考坐标系一致，所以 0° 层在参考坐标系下的应力就等于主方向应力。

0° 层：

$$
\begin{bmatrix} \sigma_L \\ \sigma_T \\ \tau_{LT} \end{bmatrix}_0 = \begin{bmatrix} \sigma_x \\ \sigma_y \\ \tau_{xy} \end{bmatrix}_0 = \begin{bmatrix} 269.3 \\ -0.2 \\ 2.7 \end{bmatrix} \text{MPa}
$$

±45° 层材料主方向应力要通过坐标变换，由式(3.14)得到。

+45° 层：

$$
\begin{bmatrix} \sigma_L \\ \sigma_T \\ \tau_{LT} \end{bmatrix}_{45} = \boldsymbol{T}_{45} \begin{bmatrix} \sigma_x \\ \sigma_y \\ \tau_{xy} \end{bmatrix}_{45} = \begin{bmatrix} \dfrac{1}{2} & \dfrac{1}{2} & 1 \\ \dfrac{1}{2} & \dfrac{1}{2} & -1 \\ -\dfrac{1}{2} & \dfrac{1}{2} & 0 \end{bmatrix} \begin{bmatrix} 82.7 \\ 56.9 \\ 63.2 \end{bmatrix} = \begin{bmatrix} 133 \\ 6.6 \\ -12.9 \end{bmatrix} \text{MPa}
$$

−45° 层：

$$
\begin{bmatrix} \sigma_L \\ \sigma_T \\ \tau_{LT} \end{bmatrix}_{-45} = \begin{bmatrix} \dfrac{1}{2} & \dfrac{1}{2} & -1 \\ \dfrac{1}{2} & \dfrac{1}{2} & 1 \\ \dfrac{1}{2} & -\dfrac{1}{2} & 0 \end{bmatrix} \begin{bmatrix} 49.1 \\ 23.3 \\ -25.9 \end{bmatrix} = \begin{bmatrix} 62.1 \\ 10.3 \\ 12.9 \end{bmatrix} \text{MPa}
$$

例 4.7 试计算 HT3/5224[±45/0₂]ₛ 层合板在面内力矩 $M_x = 20$ N，$M_y = M_{xy} = 0$ 作用下，层合板的中面曲率。HT3/5224 材料主方向工程弹性常数如表 3.1 所示，单层厚度为 $t = 0.125$ mm。

解 (1) 计算单层材料主方向的面内柔度和刚度。

（2）计算参考坐标系下各层的面内刚度。

以上两步见例 4.6。

（3）计算层合板弯曲刚度。由式（4.39），可得

$$D_{ij} = \frac{2}{3} t^3 \sum_{k=1}^{4} \overline{Q}_{ij}^{k} [k^3 - (k-1)^3]$$

计算层合板弯曲刚度矩阵 $\boldsymbol{D}$ 为

$$\boldsymbol{D} = \begin{bmatrix} 4.52 & 2.40 & 0.74 \\ 2.40 & 3.20 & 0.74 \\ 0.74 & 0.74 & 2.60 \end{bmatrix} \text{GPa} \cdot \text{mm}^3$$

（4）计算层合板弯曲柔度。因为是对称层合板，弯曲柔度矩阵为

$$\boldsymbol{d} = \boldsymbol{D}^{-1}$$

所以

$$\boldsymbol{d} = \begin{bmatrix} 0.37 & -0.27 & -0.03 \\ -0.27 & 0.53 & -0.07 \\ -0.03 & -0.07 & 0.41 \end{bmatrix} (\text{GPa} \cdot \text{mm}^3)^{-1}$$

（5）计算层合板中面曲率。中面曲率矩阵为

$$\begin{bmatrix} \kappa_x \\ \kappa_y \\ \kappa_{xy} \end{bmatrix}_1 = \begin{bmatrix} d_{11} & d_{12} & d_{16} \\ d_{21} & d_{22} & d_{26} \\ d_{61} & d_{62} & d_{66} \end{bmatrix} \begin{bmatrix} M_x \\ M_y \\ M_{xy} \end{bmatrix}$$

所以

$$\begin{bmatrix} \kappa_x \\ \kappa_y \\ \kappa_{xy} \end{bmatrix}_1 = \begin{bmatrix} 0.37 & -0.27 & -0.03 \\ -0.27 & 0.53 & -0.07 \\ -0.03 & -0.07 & 0.41 \end{bmatrix} \begin{bmatrix} 20 \\ 0 \\ 0 \end{bmatrix} = \begin{bmatrix} 7\ 400 \\ -5\ 400 \\ -600 \end{bmatrix} \times 10^{-6}\ \text{mm}^{-1}$$

如果将 0° 层的位置与 ±45° 层对换，变成 $[0_2/\pm45]_s$ 层合板，可以计算出弯曲刚度矩阵和弯曲柔度矩阵为

$$\boldsymbol{D} = \begin{bmatrix} 10.34 & 0.53 & 0.25 \\ 0.53 & 1.13 & 0.25 \\ 0.25 & 0.25 & 0.73 \end{bmatrix} \text{GPa} \cdot \text{mm}^3$$

和

$$\boldsymbol{d} = \begin{bmatrix} 0.099 & -0.042 & -0.019 \\ -0.042 & 0.980 & -0.321 \\ -0.019 & -0.321 & 1.486 \end{bmatrix} (\text{GPa} \cdot \text{mm}^3)^{-1}$$

层合板中面的曲率为

$$\begin{bmatrix} \kappa_x \\ \kappa_y \\ \kappa_{xy} \end{bmatrix}_2 = \begin{bmatrix} 1\,980 \\ -840 \\ -380 \end{bmatrix} \times 10^{-6} \text{ mm}^{-1}$$

由此可见，$[0_2/\pm 45]_s$ 层合板的弯曲变形比 $[\pm 45/0_2]_s$ 层合板小得多。

上述计算结果表明，将 $+45°$ 层和 $-45°$ 层相邻铺设，有利于降低弯扭耦合效应。将 $\pm 45°$ 层铺设在靠近中面处，可以进一步降低弯扭变形，但是这种方法是以降低层合板的扭转刚度为代价的。

（6）计算层合板最外一层在参考轴下的应变。

对 $[\pm 45/0_2]_s$ 层合板，则有

$$\begin{bmatrix} \varepsilon_x \\ \varepsilon_y \\ \gamma_{xy} \end{bmatrix}_{45} = \frac{h}{2}\begin{bmatrix} \kappa_x \\ \kappa_y \\ \kappa_{xy} \end{bmatrix}_1 = 0.5 \begin{bmatrix} 7\,400 \\ -5\,400 \\ -600 \end{bmatrix} \times 10^{-6} = \begin{bmatrix} 3\,700 \\ -2\,700 \\ -300 \end{bmatrix} \times 10^{-6}$$

对 $[0_2/\pm 45]_s$ 层合板，则有

$$\begin{bmatrix} \varepsilon_x \\ \varepsilon_y \\ \gamma_{xy} \end{bmatrix}_2 = \frac{h}{2}\begin{bmatrix} \kappa_x \\ \kappa_y \\ \kappa_{xy} \end{bmatrix}_2 = 0.5 \begin{bmatrix} 1\,980 \\ -840 \\ -380 \end{bmatrix} \times 10^{-6} = \begin{bmatrix} 990 \\ -420 \\ -190 \end{bmatrix} \times 10^{-6}$$

其他层的应变也可以用相同方法计算。显然 $[0_2/\pm 45]_s$ 板比 $[\pm 45/0_2]$ 板的应变低很多，这主要是因为前者将抗弯刚度高的 $0°$ 层放置在远离中面的位置，提高了层合板抵抗 x 方向弯曲变形能力的缘故。

习　题

4.1　设由 HT3/QY8911 复合材料层合板 $[45_2/-45_2]_{4s}$ 组成的梁，如图 4.22 所示。梁截面尺寸为 $b = 0.01$ m，$h = 0.004$ m，$l = 0.2$ m，$P = 100$ N。试求单层应力和单层应变。

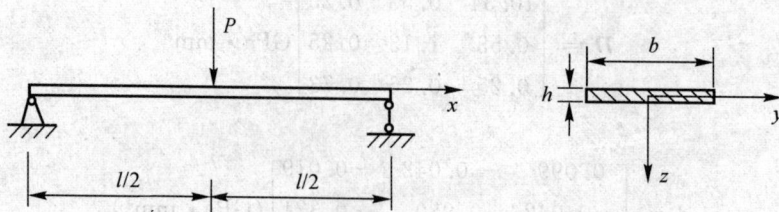

图 4.22　习题 4.1 的图

4.2　可以用正方形的单向层合板来测面内剪切弹性模量 G_{LT}。在板四角施加垂直于板面的载荷 P，其加载方式如图 4.23 所示，已知对角线上的应变 ε 和板厚 h，试给出 G_{LT} 的表达式。

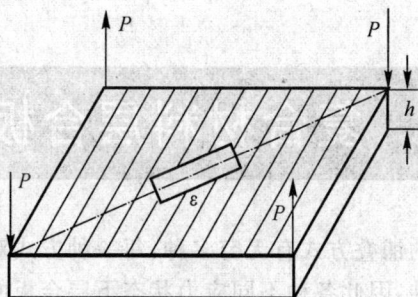

图 4.23　习题 4.2 的图

4.3　设由 HT3/5224 复合材料层合板 $[0/90]_{6S}$ 制成的压杆,在两端铰支的情况下求其临界力。已知杆长 $l = 0.1$ m,杆横截面 $b \times h = 0.01 \times 0.002$ m^2。

4.4　试证明,在单轴面内力 N_x 作用下,正交对称层合板的各单层面内剪应力 $\tau_{xy}^{(k)} = 0$,斜交对称层合板的各单层面内正应力 $\sigma_y^{(k)} = 0$。

4.5　试问相同材料制成的层合板 $[0/45/-45/90]_S$ 和 $[0/60/-60]_S$ 的面内刚度系数除以板厚度的值是否相同。

4.6　试求 HT3/QY8911 复合材料层合板 $[\pm 45]_S$ 的拉伸弹性模量,另外求该材料单向层合板 $[45_2]_T$ 和 $[-45_2]_T$ 叠在一起(相互不耦合)构成的板条的拉伸弹性模量,比较结果。

4.7　层合板构成的工字型截面杆,截面形状如图 4.24 所示。层合板材料为 HT3/5224 复合材料,单层厚度为 0.125 mm,试求该杆在轴向拉伸时的等效弹性模量。

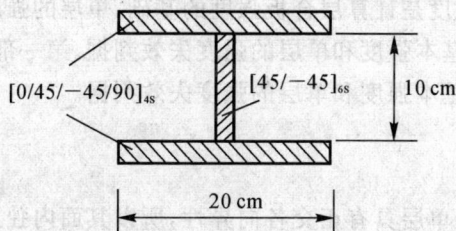

$[0/45/-45/90]_{4S}$　$[45/-45]_{6S}$　10 cm

20 cm

图 4.24　习题 4.7 的图

第 5 章　复合材料层合板的强度

复合材料层合板中单层的铺叠方式有无穷多种，每一种方式对应一种新的材料，加上层合板的应力状态也可以是无数种，因此各种不同应力状态下层合板的强度不可能靠实验来确定，只能通过建立一定的强度理论，将层合板的应力和基本强度联系起来。由层合板的结构可知，层合板是若干单层按一定规律组合成的。对于一种纤维增强的复合材料单层，纤维和基体的性质、体积含量比确定后，其材料主方向的强度和其工程弹性常数一样是可以通过实验唯一确定的。另外，由层合板的刚度特性和内力可以计算出层合板各单层的材料主方向应力。这样就可以采取和研究各向同性材料强度相同的方法，根据单层的应力状态和破坏模式，建立单层在材料主方向坐标系下的强度理论。层合板中各层应力不同，一般应力高的单层先发生破坏，于是可以通过逐层破坏理论确定层合板的强度。因此，复合材料层合板的强度是建立在单层强度理论基础上的。本章主要介绍单层的基本强度、单层的强度理论和失效判据，以及层合板的强度计算方法。

5.1　复合材料单层的基本强度

复合材料单层的基本强度是计算层合板强度的基础，单层的强度分析包括三部分内容，即单层应力状态分析，单层的基本强度和单层的强度失效判据。第一部分内容已在第 4 章中详细讨论，本节主要介绍单层的基本强度和单层的强度失效判据。

一、单层的基本强度

材料主方向坐标系下的单层具有正交各向异性，所以其面内独立的工程弹性常数有 4 个。单层的基本强度也具有各向异性，沿纤维方向的拉伸强度比垂直于纤维方向的强度要高，另外同一主方向的拉伸和压缩的破坏模式不同，强度也往往不同，所以单层在材料主方向坐标系下的强度共有 5 个，称为单层的基本强度，分别表示为 X_t 为纵向拉伸强度（沿 L 轴方向）；X_c 为纵向压缩强度（沿 L 轴方向）；Y_t 为横向拉伸强度（沿 T 轴方向）；Y_c 为横向压缩强度（沿 T 轴方向）；S 为面内剪切强度（沿 LT 轴方向）。这 5 个基本强度是相互独立的，可以通过单向层合板的纵向拉伸压缩、横向拉伸压缩和面内剪切试验测得。单层的 4 个工程弹性常数和 5 个基本强度是复合材料的基本力学性能，类似于各向同性材料的 2 个工程弹性常数和 1 个拉伸强度。表5.1 给出了典型国产复合材料的基本强度。

（2）计算参考坐标系下各层的面内刚度。

以上两步见例 4.6。

（3）计算层合板弯曲刚度。由式（4.39），可得

$$D_{ij} = \frac{2}{3} t^3 \sum_{k=1}^{4} \overline{Q}_{ij}^k \left[k^3 - (k-1)^3 \right]$$

计算层合板弯曲刚度矩阵 $\boldsymbol{D}$ 为

$$\boldsymbol{D} = \begin{bmatrix} 4.52 & 2.40 & 0.74 \\ 2.40 & 3.20 & 0.74 \\ 0.74 & 0.74 & 2.60 \end{bmatrix} \text{GPa} \cdot \text{mm}^3$$

（4）计算层合板弯曲柔度。因为是对称层合板，弯曲柔度矩阵为

$$\boldsymbol{d} = \boldsymbol{D}^{-1}$$

所以

$$\boldsymbol{d} = \begin{bmatrix} 0.37 & -0.27 & -0.03 \\ -0.27 & 0.53 & -0.07 \\ -0.03 & -0.07 & 0.41 \end{bmatrix} (\text{GPa} \cdot \text{mm}^3)^{-1}$$

（5）计算层合板中面曲率。中面曲率矩阵为

$$\begin{bmatrix} \kappa_x \\ \kappa_y \\ \kappa_{xy} \end{bmatrix}_1 = \begin{bmatrix} d_{11} & d_{12} & d_{16} \\ d_{21} & d_{22} & d_{26} \\ d_{61} & d_{62} & d_{66} \end{bmatrix} \begin{bmatrix} M_x \\ M_y \\ M_{xy} \end{bmatrix}$$

所以

$$\begin{bmatrix} \kappa_x \\ \kappa_y \\ \kappa_{xy} \end{bmatrix}_1 = \begin{bmatrix} 0.37 & -0.27 & -0.03 \\ -0.27 & 0.53 & -0.07 \\ -0.03 & -0.07 & 0.41 \end{bmatrix} \begin{bmatrix} 20 \\ 0 \\ 0 \end{bmatrix} = \begin{bmatrix} 7\,400 \\ -5\,400 \\ -600 \end{bmatrix} \times 10^{-6} \text{ mm}^{-1}$$

如果将 0°层的位置与 ±45°层对换，变成 $[0_2 / \pm 45]_s$ 层合板，可以计算出弯曲刚度矩阵和弯曲柔度矩阵为

$$\boldsymbol{D} = \begin{bmatrix} 10.34 & 0.53 & 0.25 \\ 0.53 & 1.13 & 0.25 \\ 0.25 & 0.25 & 0.73 \end{bmatrix} \text{GPa} \cdot \text{mm}^3$$

和

$$\boldsymbol{d} = \begin{bmatrix} 0.099 & -0.042 & -0.019 \\ -0.042 & 0.980 & -0.321 \\ -0.019 & -0.321 & 1.486 \end{bmatrix} (\text{GPa} \cdot \text{mm}^3)^{-1}$$

层合板中面的曲率为

$$\begin{bmatrix} \kappa_x \\ \kappa_y \\ \kappa_{xy} \end{bmatrix}_2 = \begin{bmatrix} 1\,980 \\ -840 \\ -380 \end{bmatrix} \times 10^{-6}\ \mathrm{mm}^{-1}$$

由此可见,$[0_2/\pm45]_s$ 层合板的弯曲变形比$[\pm45/0_2]_s$ 层合板小得多。

上述计算结果表明,将$+45°$层和$-45°$层相邻铺设,有利于降低弯扭耦合效应。将$\pm45°$层铺设在靠近中面处,可以进一步降低弯扭变形,但是这种方法是以降低层合板的扭转刚度为代价的。

(6) 计算层合板最外一层在参考轴下的应变。

对$[\pm45/0_2]_s$ 层合板,则有

$$\begin{bmatrix} \varepsilon_x \\ \varepsilon_y \\ \gamma_{xy} \end{bmatrix}_{45} = \frac{h}{2} \begin{bmatrix} \kappa_x \\ \kappa_y \\ \kappa_{xy} \end{bmatrix}_1 = 0.5 \begin{bmatrix} 7\,400 \\ -5\,400 \\ -600 \end{bmatrix} \times 10^{-6} = \begin{bmatrix} 3\,700 \\ -2\,700 \\ -300 \end{bmatrix} \times 10^{-6}$$

对$[0_2/\pm45]_s$ 层合板,则有

$$\begin{bmatrix} \varepsilon_x \\ \varepsilon_y \\ \gamma_{xy} \end{bmatrix}_2 = \frac{h}{2} \begin{bmatrix} \kappa_x \\ \kappa_y \\ \kappa_{xy} \end{bmatrix}_2 = 0.5 \begin{bmatrix} 1\,980 \\ -840 \\ -380 \end{bmatrix} \times 10^{-6} = \begin{bmatrix} 990 \\ -420 \\ -190 \end{bmatrix} \times 10^{-6}$$

其他层的应变也可以用相同方法计算。显然$[0_2/\pm45]_s$ 板比$[\pm45/0_2]$ 板的应变低很多,这主要是因为前者将抗弯刚度高的$0°$层放置在远离中面的位置,提高了层合板抵抗 x 方向弯曲变形能力的缘故。

习　题

4.1　设由 HT3/QY8911复合材料层合板$[45_2/-45_2]_{4s}$ 组成的梁,如图 4.22 所示。梁截面尺寸为 $b = 0.01\ \mathrm{m}$,$h = 0.004\ \mathrm{m}$,$l = 0.2\ \mathrm{m}$,$P = 100\ \mathrm{N}$。试求单层应力和单层应变。

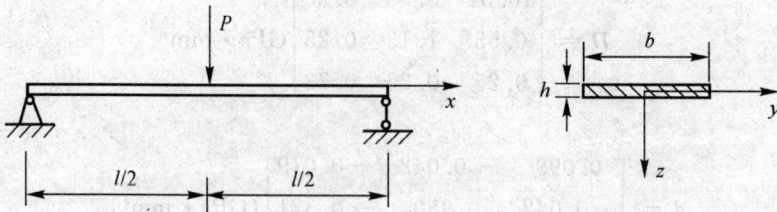

图 4.22　习题 4.1 的图

4.2　可以用正方形的单向层合板来测面内剪切弹性模量 G_{LT}。在板四角施加垂直于板面的载荷 P,其加载方式如图 4.23 所示,已知对角线上的应变 ε 和板厚 h,试给出 G_{LT} 的表达式。

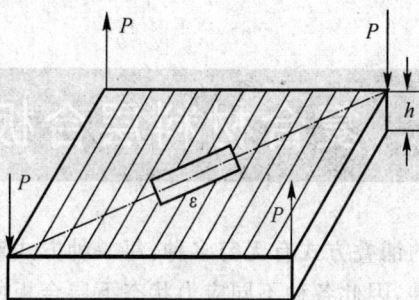

图 4.23　习题 4.2 的图

4.3　设由 HT3/5224 复合材料层合板 [0/90]$_{6S}$ 制成的压杆,在两端铰支的情况下求其临界力。已知杆长 $l = 0.1$ m,杆横截面 $b \times h = 0.01 \times 0.002$ m^2。

4.4　试证明,在单轴面内力 N_x 作用下,正交对称层合板的各单层面内剪应力 $\tau_{xy}^{(k)} = 0$,斜交对称层合板的各单层面内正应力 $\sigma_y^{(k)} = 0$。

4.5　试问相同材料制成的层合板 [0/45/−45/90]$_S$ 和 [0/60/−60]$_S$ 的面内刚度系数除以板厚的值是否相同。

4.6　试求 HT3/QY8911 复合材料层合板 [±45]$_S$ 的拉伸弹性模量,另外求该材料单向层合板 [45$_2$]$_T$ 和 [−45$_2$]$_T$ 叠在一起(相互不耦合)构成的板条的拉伸弹性模量,比较结果。

4.7　层合板构成的工字型截面杆,截面形状如图 4.24 所示。层合板材料为 HT3/5224 复合材料,单层厚度为 0.125 mm,试求该杆在轴向拉伸时的等效弹性模量。

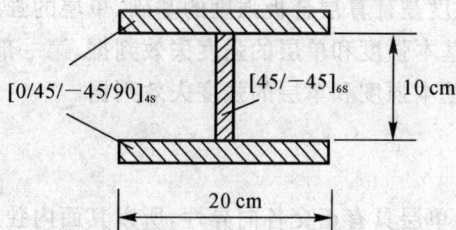

图 4.24　习题 4.7 的图

第5章　复合材料层合板的强度

复合材料层合板中单层的铺叠方式有无穷多种,每一种方式对应一种新的材料,加上层合板的应力状态也可以是无数种,因此各种不同应力状态下层合板的强度不可能靠实验来确定,只能通过建立一定的强度理论,将层合板的应力和基本强度联系起来。由层合板的结构可知,层合板是若干单层按一定规律组合成的。对于一种纤维增强的复合材料单层,纤维和基体的性质、体积含量比确定后,其材料主方向的强度和其工程弹性常数一样是可以通过实验唯一确定的。另外,由层合板的刚度特性和内力可以计算出层合板各单层的材料主方向应力。这样就可以采取和研究各向同性材料强度相同的方法,根据单层的应力状态和破坏模式,建立单层在材料主方向坐标系下的强度理论。层合板中各层应力不同,一般应力高的单层先发生破坏,于是可以通过逐层破坏理论确定层合板的强度。因此,复合材料层合板的强度是建立在单层强度理论基础上的。本章主要介绍单层的基本强度、单层的强度理论和失效判据,以及层合板的强度计算方法。

5.1　复合材料单层的基本强度

复合材料单层的基本强度是计算层合板强度的基础,单层的强度分析包括三部分内容,即单层应力状态分析,单层的基本强度和单层的强度失效判据。第一部分内容已在第4章中详细讨论,本节主要介绍单层的基本强度和单层的强度失效判据。

一、单层的基本强度

材料主方向坐标系下的单层具有正交各向异性,所以其面内独立的工程弹性常数有4个。单层的基本强度也具有各向异性,沿纤维方向的拉伸强度比垂直于纤维方向的强度要高,另外同一主方向的拉伸和压缩的破坏模式不同,强度也往往不同,所以单层在材料主方向坐标系下的强度共有5个,称为单层的基本强度,分别表示为X_t为纵向拉伸强度(沿L轴方向);X_c为纵向压缩强度(沿L轴方向);Y_t为横向拉伸强度(沿T轴方向);Y_c为横向压缩强度(沿T轴方向);S为面内剪切强度(沿LT轴方向)。这5个基本强度是相互独立的,可以通过单向层合板的纵向拉伸压缩、横向拉伸压缩和面内剪切试验测得。单层的4个工程弹性常数和5个基本强度是复合材料的基本力学性能,类似于各向同性材料的2个工程弹性常数和1个拉伸强度。表5.1给出了典型国产复合材料的基本强度。

表 5.1　典型国产复合材料的基本强度

材　　料		HT3/5224(碳纤维／环氧)	HT3/QY8911(碳纤维／双马来酰亚胺)
基本 强度	X_t/MPa	1 400	1 548
	X_c/MPa	1 100	1 426
	Y_t/MPa	50	55.5
	Y_c/MPa	180	218.0
	S/MPa	99	89.9

二、单层的强度失效判据

复合材料的强度失效判据(也称失效准则)的研究历史已经相当长,相继提出了 20 多种不同形式的强度失效判据,但是由于复合材料破坏的复杂性,可以说没有一个失效判据可以应用于所有的复合材料,这里主要介绍几种应用较广的失效判据。另外,考虑到纤维复合材料的变形和破坏特点,在建立强度失效准则时,假设单层直到失效应力-应变关系始终是线弹性的。

1. 最大应力失效判据

单层最大应力失效判据认为,在复杂应力状态下,单层材料主方向的三个应力分量中,任何一个达到该方向的基本强度时,单层失效。该失效判据的表达式为

$$\left.\begin{array}{c} -X_c < \sigma_L < X_t \\ -Y_c < \sigma_L < Y_t \\ |\tau_{LT}| < S \end{array}\right\} \tag{5.1}$$

三个不等式相互独立,其中任何一个不等式不满足,就意味着单层破坏。

2. 最大应变失效判据

单层最大应变失效判据认为,在复杂应力状态下,单层材料主方向的三个应变分量中,任何一个达到该方向基本强度对应的极限应变时,单层失效。该失效判据的基本表达式为

$$\left.\begin{array}{c} -\varepsilon_{Lc} < \varepsilon_L < \varepsilon_{Lt} \\ -\varepsilon_{Tc} < \varepsilon_T < \varepsilon_{Tt} \\ |\gamma_{LT}| < \gamma_{LTs} \end{array}\right\} \tag{5.2}$$

由于单层的应力-应变关系一直到破坏都是线性的,所以式(5.2)中的极限应变可以用相应的基本强度来表示,即

$$\varepsilon_{Lt} = \frac{X_t}{E_L}$$

$$\varepsilon_{Lc} = \frac{X_c}{E_L}$$

$$\left. \begin{array}{l} \varepsilon_{Tt} = \dfrac{Y_t}{E_T} \\[2mm] \varepsilon_{Tc} = \dfrac{Y_c}{E_T} \\[2mm] \gamma_{LTs} = \dfrac{S}{G_{LT}} \end{array} \right\} \tag{5.3}$$

式(5.2) 中的三个应变分量与应力分量的关系由式(3.5) 可得。于是式(5.2) 所示的单层最大应变失效判据,也可以用应力来表示,即

$$\left. \begin{array}{l} -X_c < \sigma_L - \nu_{LT}\sigma_T < X_t \\ -Y_c < \sigma_T - \nu_{TL}\sigma_L < Y_t \\ |\tau_{LT}| < S \end{array} \right\} \tag{5.4}$$

比较式(5.4) 和式(5.1) 可知,最大应变失效判据中考虑了另一材料主方向的影响,即泊松耦合效应。

3. 蔡-希尔(Tsai-Hill) 失效判据

蔡-希尔失效判据是各向同性材料的冯·米塞斯(Von. Mises) 屈服失效判据在正交各向异性材料中的推广。希尔假设了正交各向异性材料的失效判据具有类似于各向同性材料的米塞斯(Mises) 准则,并表示为

$$F(\sigma_2 - \sigma_3)^2 + G(\sigma_3 - \sigma_1)^2 + H(\sigma_1 - \sigma_2)^2 + 2L\tau_{23}^2 + 2M\tau_{31}^2 + 2N\tau_{12}^2 = 1 \tag{5.5}$$

式中, σ_1 , σ_2 , σ_3 , τ_{23} , τ_{31} , τ_{12} 是材料主方向上的应力分量(见图 5.1), F,G,H,L,M,N 称为强度参数,与材料主方向的基本强度相关。假设该材料的拉压强度相等,材料主方向基本强度为 X,Y,Z,S_{23} , S_{31}, S_{12} 。

通过三个材料主方向的简单拉伸破坏实验,分别有 $\sigma_1 = X, \sigma_2 = Y$ 和 $\sigma_3 = Z$,由式(5.5) 可得

$$\left. \begin{array}{l} G + H = \dfrac{1}{X^2} \\[2mm] F + H = \dfrac{1}{Y^2} \\[2mm] F + G = \dfrac{1}{Z^2} \end{array} \right\} \tag{5.6}$$

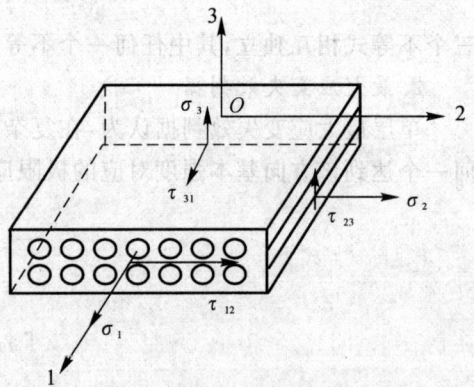

图 5.1　材料主方向上的应力分量

再经过三个正交平面内的纯剪切破坏实验,有 $\tau_{23} = S_{23}, \tau_{31} = S_{31}, \tau_{12} = S_{12}$,由式(5.5) 可得

$$L = \frac{1}{2S_{23}^2}$$
$$M = \frac{1}{2S_{31}^2} \tag{5.7}$$
$$N = \frac{1}{2S_{12}^2}$$

联立求解式(5.6),可得

$$2F = \frac{1}{Y^2} + \frac{1}{Z^2} - \frac{1}{X^2}$$
$$2G = \frac{1}{X^2} + \frac{1}{Z^2} - \frac{1}{Y^2} \tag{5.8}$$
$$2H = \frac{1}{X^2} + \frac{1}{Y^2} - \frac{1}{Z^2}$$

由于单层处于平面应力状态,即有 $\sigma_1 = \sigma_L$, $\sigma_3 = \sigma_T$, $\tau_{12} = \tau_{LT}$,并取 $\sigma_3 = \tau_{23} = \tau_{31} = 0$,式(5.5)可以简化为

$$(G+H)\sigma_L^2 + (F+H)\sigma_T^2 - 2H\sigma_L\sigma_T + 2N\tau_{LT}^2 = 1 \tag{5.9}$$

考虑到单层在 2O3 平面内是各向同性的,即有 $Z = Y$,并取 $S_{12} = S$。由式(5.6)~式(5.8),可得

$$G + H = \frac{1}{X^2}$$
$$F + H = \frac{1}{Y^2}$$
$$2H = \frac{1}{X^2} \tag{5.10}$$
$$2N = \frac{1}{S^2}$$

代入式(5.9),可得

$$\frac{\sigma_L^2}{X^2} - \frac{\sigma_L\sigma_T}{X^2} + \frac{\sigma_T^2}{Y^2} + \frac{\tau_{LT}^2}{S^2} = 1 \tag{5.11}$$

式(5.11)即称为蔡-希尔失效判据。蔡-希尔失效判据综合了单层材料主方向的三个应力和相应的基本强度对单层破坏的影响,尤其是计入了 σ_L 和 σ_T 的相互作用,因此在工程中应用较多。从式(5.11)的推导过程可知,蔡-希尔失效判据原则上只适用于拉压基本强度相同的复合材料单层。但是通常复合材料单层的拉压强度是不等的,工程上往往选取式(5.11)中的基本强度 X 和 Y 与所受的正应力 σ_L 和 σ_T 一致。如果正应力 σ_L 为拉伸应力时,则 X 取 X_t;若 σ_L 是压应力时,则 X 取 X_c。

4. 霍夫曼(Hoffman)失效判据

蔡-希尔失效判据中没有考虑单层拉压强度不同对材料破坏的影响。霍夫曼在希尔的正交各向异性材料失效判据表达式(5.5)中增加了应力的一次项。通过类似于蔡-希尔失效判据式的推导,得到霍夫曼失效判据表达式为

$$\frac{\sigma_L^2 - \sigma_L\sigma_T}{X_t X_c} + \frac{\sigma_T^2}{Y_t Y_c} + \frac{X_c - X_t}{X_t X_c}\sigma_L + \frac{Y_c - Y_t}{Y_t Y_c}\sigma_T + \frac{\tau_{LT}^2}{S^2} = 1 \tag{5.12}$$

式(5.12)中,σ_L 和 σ_T 的一次项体现了单层拉压强度不相等对材料破坏的影响。显然,当拉压强度相等时,该式就化为蔡-希尔失效判据式。

5. 蔡-吴(Tsai-Wu)张量失效判据

纤维增强复合材料在材料主方向上的拉压强度一般都不相等,尤其是横向拉压强度相差数倍,为此蔡-吴提出了张量多项式失效判据,也称应力空间失效判据。在平面应力状态下,该判据表示为

$$F_{ij}\sigma_i\sigma_j + F_i\sigma_i = 1 \quad (i = 1, 2, 6) \tag{5.13}$$

式中,应力 σ_i(或 σ_j)是应力张量,F_{ij} 和 F_i 为强度张量。根据张量的下标表示方法和爱因斯坦求和约定,当式(5.13)中的两项,应力张量和强度张量的下标符号相同时,即对此下标变量求和,于是式(5.13)可以展开为

$$F_{11}\sigma_1^2 + F_{12}\sigma_1\sigma_2 + F_{16}\sigma_1\sigma_6 + F_{21}\sigma_1\sigma_2 + F_{22}\sigma_2^2 + F_{26}\sigma_2\sigma_6 +$$
$$F_{61}\sigma_1\sigma_6 + F_{62}\sigma_2\sigma_6 + F_{66}\sigma_6^2 + F_1\sigma_1 + F_2\sigma_2 + F_6\sigma_6 = 1 \tag{5.14}$$

由于强度张量 F_{ij} 具有对称性,式(5.14)可以合并为

$$F_{11}\sigma_1^2 + F_{22}\sigma_2^2 + 2F_{12}\sigma_1\sigma_2 + F_{66}\sigma_6^2 + 2F_{16}\sigma_1\sigma_6 + 2F_{26}\sigma_2\sigma_6 + F_1\sigma_1 + F_2\sigma_2 + F_6\sigma_6 = 1 \tag{5.15}$$

考虑到式中的 σ_6 是面内剪应力,当剪应力方向由正变负时,式(5.15)仍然成立,所以式中与 σ_6 一次项有关项的系数必须为零,即

$$F_{16} = F_{26} = F_6 = 0 \tag{5.16}$$

取 $\sigma_1 = \sigma_L, \sigma_2 = \sigma_T, \sigma_6 = \tau_{LT}$,式(5.15)可简化为

$$F_{11}\sigma_L^2 + F_{22}\sigma_T^2 + 2F_{12}\sigma_L\sigma_T + F_{66}\tau_{LT}^2 + F_1\sigma_L + F_2\sigma_T = 1 \tag{5.17}$$

这就是蔡-吴张量失效判据的表达式。式中的 $F_{11}, F_{22}, F_{12}, F_{66}, F_1$ 和 F_2 是与单层基本强度有关的 6 个强度参数,除 F_{12} 之外,其他都可以通过单层的简单试验来确定。

对单层进行纵向拉伸和压缩破坏试验,由式(5.17)可得

当拉伸破坏时,
$$\left.\begin{aligned}F_{11}X_t^2 + F_1 X_t = 1\\ F_{11}X_c^2 - F_1 X_c = 1\end{aligned}\right\} \tag{5.18}$$
当压缩破坏时,

对单层进行横向拉伸和压缩破坏试验,由式(5.17)可得

当拉伸破坏时,
$$\left.\begin{aligned}F_{22}Y_t^2 + F_2 Y_t = 1\\ F_{22}Y_c^2 - F_2 Y_c = 1\end{aligned}\right\} \tag{5.19}$$
当压缩破坏时,

对单层进行面内纯剪切破坏试验,由式(5.17)可得

$$F_{66}S^2 = 1 \tag{5.20}$$

对式(5.18)和式(5.19)的两式分别联立求解,便可得到蔡-吴张量失效判据式中的强度参数为

$$
\left.
\begin{aligned}
F_{11} &= \frac{1}{X_t X_c} \\
F_{22} &= \frac{1}{Y_t Y_c} \\
F_1 &= \frac{1}{X_t} - \frac{1}{X_c} \\
F_2 &= \frac{1}{Y_t} - \frac{1}{Y_c}
\end{aligned}
\right\} \tag{5.21}
$$

由式(5.20)可直接得

$$F_{66} = \frac{1}{S^2} \tag{5.22}$$

由式(5.21)可以看出,对拉压强度相等的材料,$F_1 = F_2 = 0$,式(5.17)中没有σ_L和σ_T的一次项,形式上和蔡-希尔失效判据式相同。

式(5.17)中的强度参数F_{12},一般只能通过σ_L和σ_T成某一比例的双向拉伸或压缩破坏试验获得。这里采取$\sigma_L = \sigma_T = \sigma$的双向等轴拉伸试验,假设单层破坏时的应力$\sigma = \sigma_{cr}$(见图5.2),由式(5.17)可得

$$(F_{11} + F_{22} + 2F_{12})\sigma_{cr}^2 + (F_1 + F_2)\sigma_{cr} = 1 \tag{5.23}$$

代入式(5.21)的F_{11}, F_{22}, F_1和F_2,可得

$$F_{12} = \frac{1}{2\sigma_{cr}^2}\left[1 - \left(\frac{1}{X_t} - \frac{1}{X_c} + \frac{1}{Y_t} - \frac{1}{Y_c}\right)\sigma_{cr} - \left(\frac{1}{X_t X_c} + \frac{1}{Y_t Y_c}\right)\sigma_{cr}^2\right] \tag{5.24}$$

σ_{cr}称为单层在材料主方向的双向等轴拉伸强度,所以强度参数F_{12}是基本强度和双向等轴拉伸强度的函数。

实际上,双向等轴拉伸试验非常难实现,有人考虑采用45°单层的纯剪切试验,试图获得等效于双向等轴拉伸加载的方式。但是即使对同一种材料,双向和等效双向试验获得的F_{12}值相差很大。因此有必要通过理论分析的方法给出F_{12}的理论参考值,以下讨论F_{12}的理论参考值。

为了使问题简化,讨论一种剪应力$\sigma_6 = 0$的应力状态和拉压强度相等的复合材料单层。由式(5.17)可知其失效判据式为

$$F_{11}\sigma_L^2 + 2F_{12}\sigma_L\sigma_T + F_{22}\sigma_T^2 = 1 \tag{5.25}$$

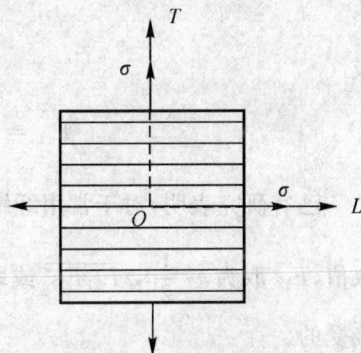

图 5.2　双向等轴拉伸示意图

93

当单层破坏时,该方程表示在 $O\sigma_L\sigma_T$ 坐标系下的一条二次失效曲线。由于失效曲线应为封闭型,因此只可能是椭圆,所以式(5.25)的系数必须满足

$$F_{11}F_{22} - F_{12}^2 > 0 \tag{5.26}$$

令

$$F_{12}^* = \frac{F_{12}}{\sqrt{F_{11}}\sqrt{F_{22}}} \tag{5.27}$$

则有

$$-1 < F_{12}^* < 1 \tag{5.28}$$

各向同性材料可以看做正交各向异性材料的特例,其基本强度只有 σ_s,这时,式(5.25)中各强度参数为

$$\left.\begin{array}{l} F_{11} = \dfrac{1}{\sigma_s^2} \\[2mm] F_{22} = \dfrac{1}{\sigma_s^2} \\[2mm] F_{12} = \dfrac{F_{12}^*}{\sigma_s^2} \end{array}\right\} \tag{5.29}$$

所以对各向同性材料,式(5.25)变为

$$\frac{\sigma_L^2}{\sigma_s^2} + 2F_{12}^* \frac{\sigma_L\sigma_T}{\sigma_s^2} + \frac{\sigma_T^2}{\sigma_s^2} = 1 \tag{5.30}$$

相同应力状态下各向同性材料的米塞斯失效判据式为

$$\frac{\sigma_L^2}{\sigma_s^2} - \frac{\sigma_L\sigma_T}{\sigma_s^2} + \frac{\sigma_T^2}{\sigma_s^2} = 1 \tag{5.31}$$

比较式(5.31)和式(5.30),即可得到在单层为各向同性时,

$$F_{12}^* = -\frac{1}{2}$$

或

$$F_{12} = -\frac{1}{2}\sqrt{F_{11}F_{22}} = -\frac{1}{2}\sqrt{\frac{1}{X_tX_cY_tY_c}} \tag{5.32}$$

已有研究表明,对于常用纤维增强复合材料,强度参数 F_{12} 可以在 $-\dfrac{1}{2}\sqrt{F_{11}F_{22}}$ 和零之间取值,F_{12} 取为 $-\dfrac{1}{2}\sqrt{F_{11}F_{22}}$ 或取为零时,代入蔡-吴失效判据后得到的差异在工程上是可以接受的。

以上介绍了常用的五种复合材料单层的强度失效判据。需要强调,这些失效判据必须在单层的材料主方向坐标系下的应力状态下使用,也就是失效判据表达式中必须代入单层材料主方向的应力。当单层参考坐标轴与材料主方向不一致时,必须将参考坐标系下的非材料主方向

应力转换成材料主方向应力后,才能代入失效判据。各向同性材料的强度失效判据使用的是主应力,由于复合材料单层基本强度具有明显的方向性,主应力已经无法用于判断破坏,所以复合材料层合板中单层强度判据中不使用主应力,而采用材料主方向应力,这一点也是复合材料的特点之一。

三、强度失效判据的比较

验证强度失效判据准确性的最简单实验是偏离材料主方向的单层拉伸实验,这种实验通常是采用单向层合板条试件进行的,如图 5.3 所示。

由式(3.14)将 Oxy 坐标系下的应力转换成材料主方向 OLT 坐标系下的应力,OX 轴与 OL 轴的夹角为 θ,则有

$$\begin{bmatrix} \sigma_L \\ \sigma_T \\ \tau_{LT} \end{bmatrix} = \begin{bmatrix} \cos^2\theta \\ \sin^2\theta \\ -\sin\theta\cos\theta \end{bmatrix} \sigma_x \qquad (5.33)$$

假设破坏时单层偏离材料主方向的拉伸强度为 F_x,表示为 σ_x 的极限强度。对于最大应力失效判据,单层失效时的拉伸强度 F_x 为 θ 的函数,由式(5.33)可知,可用三个式子表示,即

$$\left.\begin{aligned} F_x &= \frac{X_t}{\cos^2\theta} \\ F_x &= \frac{Y_t}{\sin^2\theta} \\ F_x &= \frac{S}{\sin\theta\cos\theta} \end{aligned}\right\} \qquad (5.34)$$

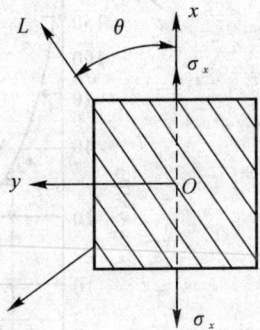

图 5.3　偏离材料主方向的
单层拉伸试验

由三条曲线组成。

对于最大应变失效判据,单层失效时的拉伸强度的三个公式为

$$\left.\begin{aligned} F_x &= \frac{X_t}{\cos^2\theta - \nu_{LT}\sin^2\theta} \\ F_x &= \frac{Y_t}{\sin^2\theta - \nu_{TL}\cos^2\theta} \\ F_x &= \frac{S}{\sin\theta\cos\theta} \end{aligned}\right\} \qquad (5.35)$$

也是由三条曲线组成,与式(5.34)不同的是第 1 式和第 2 式计入了泊松比的影响,当单层泊松比较小时,这三条曲线与式(5.34)表示的三条曲线非常接近。

对于蔡-希尔失效判据,单层失效时的拉伸强度为

$$F_x = \frac{1}{\sqrt{\dfrac{\cos^4\theta}{X^2} + \left(\dfrac{1}{S^2} - \dfrac{1}{X^2}\right)\sin^2\theta\cos^2\theta + \dfrac{\sin^4\theta}{Y^2}}} \tag{5.36}$$

这是一条光滑的曲线。

以某种玻璃纤维增强环氧复合材料为例,比较以上三种强度失效判据的适用性。图5.4给出了最大应力判据(见图5.4(a))和蔡-希尔判据(见图5.4(b))预测拉伸强度$F_x-\theta$的曲线与实验值的对比,图中实心圆点为实验值。

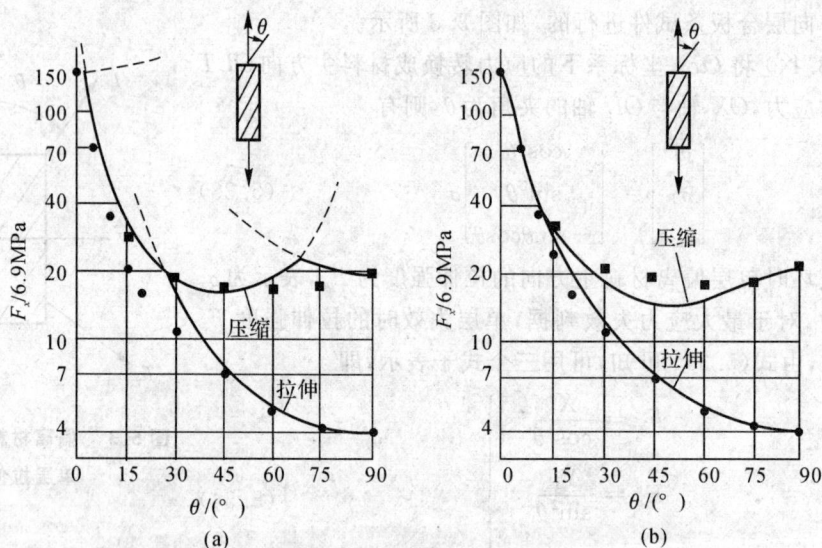

图5.4   采用最大应力判据和蔡-希尔判据预测 $F_x-\theta$ 曲线与实验值的对比图

(a) 最大应力判据;(b) 蔡-希尔判据

由图5.4可以看出。

(1)最大应力失效判据预测的F_x值随θ变化的曲线分为三段,如图5.4(a)所示。θ很小时F_x由单层纵向强度控制,θ较大时F_x由单层横向强度控制,中间段,F_x由单层的剪切强度控制,表明了单层偏离材料主方向角度不同时可能的破坏模式。

(2)蔡-希尔失效判据预测的F_x随θ变化的曲线是光滑的递减曲线,如图5.4(b)所示,表明随θ增大单层的破坏强度降低的情况。

(3)蔡-希尔失效判据预测的F_x与实验值十分接近。最大应力失效判据预测的F_x在$25°<\theta<55°$之间与实验值偏差较大。θ处于这一区间时,单层材料主方向的三个应力几乎处于同一量级,不考虑应力之间与强度之间的相互影响,用最大应力(或最大应变)失效判据预测的F_x结果较差是理所当然的。

蔡-吴失效判据和蔡-希尔失效判据属于二次失效判据,都考虑到了应力之间和强度之间的影响,因此预测单层偏离材料主方向的破坏强度的效果相近。但是由于纤维增强复合材料的横向拉压强度相差较大,所以采用蔡-吴张量失效判据预测的单层压缩强度,要比不考虑拉压强度不等的蔡-希尔失效判据更接近实验值。图 5.5 给出了采用这两种失效判据预测的一种玻璃／环氧单层的偏离材料主方向拉伸和压缩强度随 θ 的变化曲线。可以看到两者预测的拉伸强度十分接近,对压缩强度蔡-希尔失效判据给出了偏于保守的预测结果。

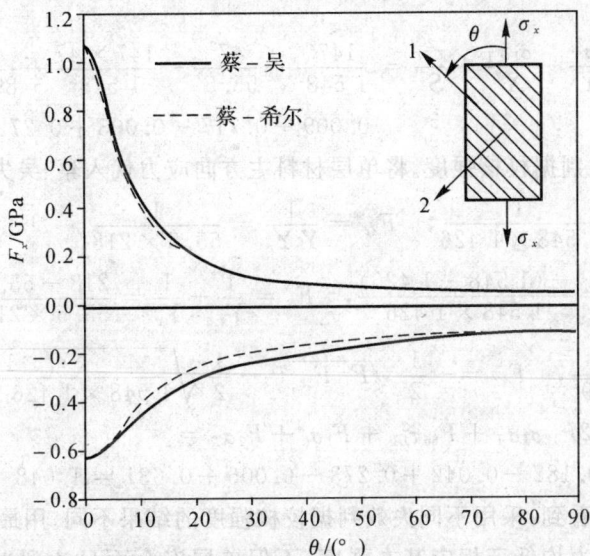

图 5.5　两种失效判据预测玻璃／环氧单层的偏离材料主方向 F_x 随 θ 的变化曲线

例 5.1　已知 HT3/QY8911 复合材料 45° 单层的应力状态如图 5.6 所示,参考坐标下的应力分量为 $\sigma_x = 144$ MPa, $\sigma_y = 50$ MPa,$\tau_{xy} = 50$ MPa,参考坐标轴 x 和材料主方向 L 轴的夹角为 $\theta = 45°$。单层的基本强度在表 5.1 给出。试用强度失效判据校核该单层的强度。

解　(1) 计算单层材料主方向应力。

由式(3.14),即

$$\begin{bmatrix} \sigma_L \\ \sigma_T \\ \tau_{LT} \end{bmatrix} = \begin{bmatrix} m^2 & n^2 & 2mn \\ n^2 & m^2 & -2mn \\ -mn & mn & m^2-n^2 \end{bmatrix} \begin{bmatrix} \sigma_x \\ \sigma_y \\ \tau_{xy} \end{bmatrix}$$

所以

$$\begin{bmatrix} \sigma_L \\ \sigma_T \\ \tau_{LT} \end{bmatrix} = \begin{bmatrix} \frac{1}{2} & \frac{1}{2} & 1 \\ \frac{1}{2} & \frac{1}{2} & -1 \\ -\frac{1}{2} & \frac{1}{2} & 0 \end{bmatrix} \begin{bmatrix} 144 \\ 50 \\ 50 \end{bmatrix} = \begin{bmatrix} 147 \\ 47 \\ -47 \end{bmatrix} \text{MPa}$$

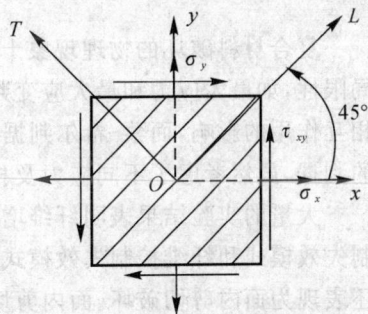

图 5.6　例题 5.1 的图

（2）由最大应力失效判据校核强度。

$$\sigma_L = 147 \text{ MPa} < X_t = 1\,548 \text{ MPa}$$
$$\sigma_T = 47 \text{ MPa} < Y_t = 55.5 \text{ MPa}$$
$$|\tau_{LT}| = 47 \text{ MPa} < S = 89.9 \text{ MPa}$$

（3）由蔡-希尔失效判据校核强度。将单层材料主方向应力代入蔡-希尔失效判据表达式,有

$$\frac{\sigma_L^2}{X^2} + \frac{\sigma_T^2}{Y^2} - \frac{\sigma_L \sigma_T}{X^2} + \frac{\tau_{LT}^2}{S^2} = \frac{147^2}{1\,548^2} + \frac{47^2}{55.5^2} - \frac{147 \times 47}{1\,548^2} + \frac{47^2}{89.9^2} =$$
$$0.009 + 0.717 - 0.003 + 0.273 = 0.996$$

（4）由蔡-吴失效判据校核强度。将单层材料主方向应力代入蔡-吴失效判据表达式,则有

$$F_{11} = \frac{1}{X_t X_c} = \frac{1}{1\,548 \times 1\,426}, \quad F_{22} = \frac{1}{Y_t Y_c} = \frac{1}{55.5 \times 218}$$

$$F_1 = \frac{1}{X_t} - \frac{1}{X_c} = \frac{-(1\,548 - 1\,426)}{1\,548 \times 1\,426}, \quad F_2 = \frac{1}{Y_t} - \frac{1}{Y_c} = \frac{218 - 55.5}{55.5 \times 218}$$

$$F_{66} = \frac{1}{S^2} = \frac{1}{89.9^2}, \quad F_{12} = -\frac{1}{2}\sqrt{F_{11}F_{22}} = -\frac{1}{2}\sqrt{\frac{1}{1\,548 \times 1\,426 \times 55.5 \times 218}}$$

$$F_{11}\sigma_L^2 + F_{22}\sigma_T^2 + 2F_{12}\sigma_L \sigma_T + F_{66}\tau_{LT}^2 + F_1\sigma_L + F_2\sigma_T =$$
$$0.01 + 0.182 - 0.042 + 0.273 - 0.006 + 0.631 = 1.048$$

从以上结果可以看到,采用不同失效判据校核强度的结果不同。用最大应力失效判据得到三个材料主方向的应力均低于相应基本强度,不但单层安全而且达到失效还有一定裕度。用蔡-希尔失效判据判断,等式左边各项代数和已十分接近于 1,单层处于临界失效状态。用蔡-吴失效判据判断,等式左边各项代数和大于 1,单层失效。这一结果表明,考虑与不考虑应力和强度的相互作用以及拉压强度不相等的作用,对于强度失效分析的结果有显著影响,尤其是在材料主方向三个应力中有一个比较接近相应的基本强度的情况下,对结果的影响更严重。

四、失效判据的进一步讨论

复合材料破坏的物理现象十分复杂,不可能用上述任一种判据去描述它,各种判据都有其局限性,如最大应力和最大应变判据注意了不同应力导致的破坏模式的不同,忽略了不同应力相互作用的影响,而蔡-希尔判据和蔡-吴张量判据实际上是基于金属材料塑性屈服能量理论的判据,虽然考虑了不同应力及相互作用的影响,但却忽略了对不同失效模式的描述。

大量的实验结果表明纤维增强聚合物基复合材料的基本失效模式主要有两类,即基体控制失效模式和纤维控制失效模式。基体控制失效模式除表现了单层的横向拉伸和压缩破坏外,还表现为面内剪切破坏。面内剪切破坏是单层在面内剪应力作用下产生纤维之间的基体平行裂纹,如图 5.7 所示。

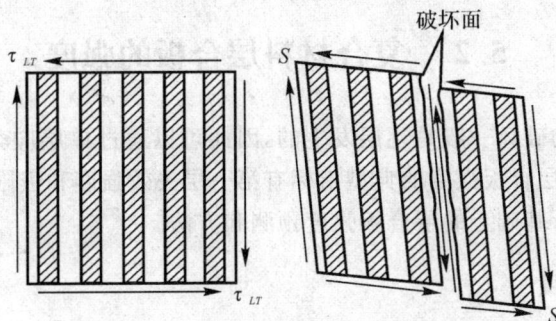

图 5.7　基体控制失效模式 —— 面内剪切破坏

基于这一破坏模式的差异,Hashin 于 1980 年提出了一种模型,认为复合材料的失效模式包含纤维拉伸断裂、纤维压缩屈曲折断,基体拉伸或压缩开裂,由此产生了以下判据。

纤维控制失效模式:

拉伸时,
$$\left(\frac{\sigma_1}{X_t}\right)^2 + \left(\frac{\tau_{12}}{S_{12}}\right)^2 = 1$$

压缩时,
$$\left(\frac{\sigma_1}{X_c}\right)^2 = 1$$

基体控制失效模式:

拉伸时,
$$\left(\frac{\sigma_2}{Y_t}\right)^2 + \left(\frac{\tau_{12}}{S_{12}}\right)^2 = 1$$

压缩时,
$$\left(\frac{\sigma_2}{Y_c}\right)\left[\left(\frac{Y_c}{2S_{23}}\right)^2 - 1\right] + \left(\frac{\sigma_2}{2S_{23}}\right)^2 + \left(\frac{\tau_{12}}{S_{12}}\right)^2 = 1 \tag{5.37}$$

式中,S_{23} 是单层垂直于纤维方向的剪应力 τ_{23} 的极限值,实验上难以测得,一般可用面内剪切强度 S_{12} 来近似。纤维控制的压缩失效判据,在 Hashin 较早的研究中是考虑了面内剪切的影响,表示为与拉伸失效类似的形式,即

$$\left(\frac{\sigma_1}{X_c}\right)^2 + \left(\frac{\tau_{12}}{S_{12}}\right)^2 = 1 \tag{5.38}$$

从纤维压缩破坏模式较多的为基体剪切型屈曲破坏考虑,采用式(5.38)是更为合理的。

Hashin 判据的形式是四个相互独立的判据并列,只要单层单元中的应力状态满足其中之一,即认为该单层单元失效。该判据和最大应力判据、最大应变判据类似,但是比这两类失效判据考虑得更全面。该判据认为导致复合材料单层失效模式与参与的应力分量有关,如基体控制的失效模式只与横向正应力 σ_2 和面内剪应力 τ_{12} 有关,与纵向正应力是无关的;纤维控制的失效模式则只与纵向正应力和面内剪应力有关,与横向正应力无关。应用 Hashin 判据可以判定单层初始失效的模式,结合单元刚度下降准则,还可以作进一步后续失效分析,也就是说可以模拟复合材料损伤演化的过程。该判据尤其适用于复合材料层合结构的有限元分析。

5.2　复合材料层合板的强度

复合材料层合板的破坏一般是逐层发生的,因此可以通过单层应力分析和单层强度来预测层合板的强度。表征层合板强度的典型指标有第一层失效强度和极限失效强度。本节主要介绍建立在单层强度分析基础上的层合板强度预测和方法。

一、单层的安全裕度

为了简化层合板的强度预测,这里引入单层安全裕度的概念。

假设单层的加载方式是比例加载,即单层的全部应力分量和应变分量是按同一比例增加的。单层的极限应力矢量和外加应力矢量之比称为单层的安全裕度。以蔡-希尔或蔡-吴失效判据为例,其失效曲面为一空间椭球面,如图 5.8 所示。

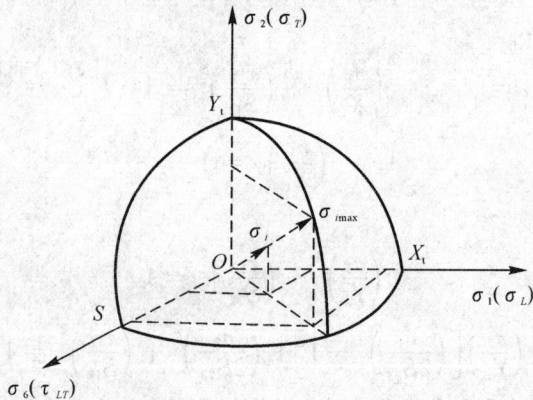

图 5.8　单层失效曲面的示意图

设单层外加应力为 $\sigma_i(i=1,2,6)$,分别表示三个材料主方向应力 σ_L,σ_T 和 τ_{LT},当该应力矢量按比例增加达到失效曲面时,其极限应力矢量的分量为 $\sigma_{i\max}(i=1,2,6)$,这时单层破坏。于是单层安全裕度可以表示为

$$R = \frac{\sigma_{i\max}}{\sigma_i} = \frac{\varepsilon_{i\max}}{\varepsilon_i} \quad (i=1,2,6) \tag{5.39}$$

式中,$\varepsilon_{i\max}$ 和 ε_i 分别为极限应变矢量分量和外加应变矢量分量。R 实际上是一个安全系数,表明在外加应力状态下,单层还有多大的强度储备,即应力还允许增大多大程度才会破坏,显然 R 应当大于 1。

由式(5.39),可得

$$\sigma_{i\max} = R\sigma_i \tag{5.40}$$

单层处于 $\sigma_{i\max}$ 应力状态时,单层失效。将式(5.40)代入蔡-希尔、蔡-吴或霍夫曼失效判据,可以

得到关于 R 的二元一次方程,以蔡-吴失效判据为例,有

$$\left.\begin{array}{r} F_{ij}\sigma_{i\max}\sigma_{j\max} + F_i\sigma_{i\max} - 1 = 0 \\ (F_{ij}\sigma_i\sigma_j)R^2 + (F_i\sigma_i)R - 1 = 0 \end{array}\right\} \tag{5.41}$$

展开式(5.41),则有

$$(F_{11}\sigma_L^2 + F_{22}\sigma_T^2 + F_{66}\tau_{LT}^2 + 2F_{12}\sigma_L\sigma_T)R^2 + (F_1\sigma_L + F_2\sigma_T)R - 1 = 0 \tag{5.42}$$

或为

$$AR^2 + BR - 1 = 0 \tag{5.43}$$

式中

$$\left.\begin{array}{l} A = F_{11}\sigma_L^2 + F_{22}\sigma_T^2 + F_{66}\tau_{LT}^2 + 2F_{12}\sigma_L\sigma_T \\ B = F_1\sigma_L + F_2\sigma_T \end{array}\right\} \tag{5.44}$$

解方程(5.43),可得

$$R_1 = \frac{-B + \sqrt{B^2 + 4A}}{2A} \tag{5.45}$$

和

$$R_2 = \frac{-B - \sqrt{B^2 + 4A}}{2A} \tag{5.46}$$

显然有 $R_1 > 0$,$R_2 < 0$,其中 R_1 是该应力状态下的单层安全裕度。R_2 的绝对值正好对应于该外加应力矢量反向时的值,即所有应力分量取负值时的应力状态。

例 5.2　试计算 HT3/QT8911 复合材料单层在 $\sigma_L = 500$ MPa,$\sigma_T = 20$ MPa,$\tau_{LT} = 50$ MPa 应力状态下,单层的安全裕度。

解　(1) 计算式(5.43)中的系数
$A = F_{11}\sigma_L^2 + F_{22}\sigma_T^2 + F_{66}\tau_{LT}^2 + 2F_{12}\sigma_L\sigma_T = 0.113 + 0.033 + 0.309 - 0.061 = 0.394$
$B = -0.028 + 0.269 = 0.241$
(2) 计算 R_1,则有

$$R_1 = \frac{-B + \sqrt{B^2 + 4A}}{2A} = \frac{-0.241 + \sqrt{0.241^2 + 4 \times 0.394}}{2 \times 0.394} = 1.31$$

所以,在这一应力状态下单层的安全裕度为 1.31,表明只有在应力同时增加 31% 时,单层才破坏。

二、层合板的强度

1. 层合板的强度指标

层合板的失效有两个特征状态,即第一层失效和层合板最终失效,对应于层合板的两个特征强度 —— 第一层失效强度和极限强度。

(1) 第一层失效强度。该强度是层合板中最先发生单层失效时,与内力和内力矩对应的层

合板的等效应力。对于只有面内载荷时,表示为平均应力。则有

$$\begin{bmatrix} \overline{\sigma}_x \\ \overline{\sigma}_y \\ \overline{\tau}_{xy} \end{bmatrix} = \frac{1}{h} \begin{bmatrix} N_x \\ N_y \\ N_{xy} \end{bmatrix}_{FPF} \quad (\mathrm{N/m^2}) \quad (5.47)$$

式中,h 为层合板厚度。

对于只有弯矩和扭矩时,表示为等效弯曲正应力和扭转剪应力。则有

$$\begin{bmatrix} \overline{\sigma}_x \\ \overline{\sigma}_y \\ \overline{\tau}_{xy} \end{bmatrix} = \frac{6}{h^2} \begin{bmatrix} M_x \\ M_y \\ M_{xy} \end{bmatrix}_{FPF} \quad (\mathrm{N/m^2}) \quad (5.48)$$

(2)极限强度。该强度是层合板最终失效时,与内力和内力矩对应的层合板等效应力。

强度分析中可根据设计要求确定计算第一层失效强度和极限强度。对于结构中的主要承力构件,一般采用第一层失效强度。

2. 失效单层的刚度退化准则

假设层合板的失效模式是逐层失效,每一层失效时,其 N-Δ 曲线即出现一个拐折点(见图 5.9),表明单层失效后会使层合板刚度有所下降,继续使用层合板原有的刚度,计算带有失效单层的层合板的变形和应力显然是不合适的。因此有必要给出层合板随单层逐步失效后的刚度退化准则,也就是要确定失效单层的刚度对层合板刚度的贡献还有多大。蔡根据单层失效的特点提出了一种失效单层的刚度下降准则,该准则认为复合材料单层的横向强度和剪切强度是由基体强度控制的,都比较低,所以单层的失效模式主要是基体开裂,纤维一般未断。单层中基体开裂意味着横向刚度和剪切刚度将大幅度下降。由于层合板中单层失效后还有相邻层的约束作用,所以不能认为单层中基体开裂后,其横向刚度 Q_{22}、剪切刚度 Q_{66} 和泊松耦合刚度 Q_{12} 就降为零。工程中采用了近似的方法,仍将失效单层看做为连续的,只是认为基体在出现裂纹后刚度下降,导致由基体控制的工程弹性常数均有退化。失效单层的纵向刚度因为纤维未断没有变化。一般采用同一刚度退化系数,对失效单层由基体控制的工程弹性常数进行折减,即有

图 5.9 层合板的载荷-位移曲线

$$\left. \begin{array}{l} E_T' = D_f E_T \\ G_{LT}' = D_f G_{LT} \\ \nu_{LT}' = D_f \nu_{LT} \end{array} \right\} \quad (5.49)$$

刚度折减系数 D_f 建议取为 0.3。不过在有些商用有限元结构分析软件中,将 D_f 取为 0.1 或 0 的。

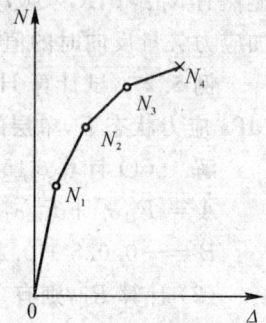

3. 层合板强度预测

预测层合板强度的步骤是由已知的单层材料主方向的工程弹性常数,层合板各层的铺叠方式,包括铺设角度、顺序,计算层合板的刚度和柔度;由已知的外加载荷计算各单层的材料主方向应力和应变;由单层的基本强度和选用的强度失效判据计算各单层的安全裕度,安全裕度最低的单层最先失效,由此得到第一层失效强度;对失效单层的刚度按刚度退化准则折减,并将带有失效层的层合板看做新的层合板,重新计算层合板刚度、柔度和各单层安全裕度,再取安全裕度最低的单层为第二失效层,重复上述工作直到层合板全部单层失效,比较各单层失效时的安全裕度,取最大者乘以外加载荷,即得到层合板在该外加载荷状态下的极限强度。层合板强度计算流程如图 5.10 所示。层合板强度预测是一项复杂的工作,尤其是预测层数很多的层合板极限强度,一般要依靠计算机来完成。

以上介绍的层合板强度预测方法,是将带失效层的层合板看做为新的层合板,加上原有外载荷,计算新层合板何时发生新的单层失效,计算单层应力时不考虑上一次发生单层失效时各单层的应力状态。每次计算单层应力和应变关系是一种全量关系,也称为全量法。这种方法简单,计算工作量较小,有足够的工程精度,因此使用较广。另外,还有一种所谓的增量法,该方法是对新的层合板施加载荷增量,得到单层的应变增量和应力增量,然后在前一次单层失效时各单层应力的基础上,加上应力增量,讨论在该应力状态下各单层的强度增量,层合板的极限强度是第一层失效强度和以后各层失效强度增量的总和。增量法预测的层合板极限强度一般要略高于全量法的结果。但是不论用什么方法,由于复合材料层合板破坏模式的复杂性,其强度预测的精度都要远低于刚度预测的结果,所以复合材料层合板的强度分析还是离不开大量的试验结果的支持。

例 5.3　已知 HT3/5224 复合材料的 $[\pm 45/0]_s$ 层合板面内载荷为 $N_x = 100\ \text{N/mm}$, $N_y = 20\ \text{N/mm}$,$N_{xy} = 10\ \text{N/mm}$,单层材料主方向的工程弹性常数见表 3.1,基本强度见表 5.1。单层厚度为 $t = 0.125\ \text{mm}$,试预测该层合板的第一层失效强度和极限强度。

解　由例 4.6 的计算结果可知 HT3/5224 层合板中各单层的材料主方向应力为

$$\begin{bmatrix} \sigma_L \\ \sigma_T \\ \tau_{LT} \end{bmatrix}_0 = \begin{bmatrix} 269.3 \\ -0.2 \\ 2.7 \end{bmatrix}\text{MPa}, \quad \begin{bmatrix} \sigma_L \\ \sigma_T \\ \tau_{LT} \end{bmatrix}_{+45} = \begin{bmatrix} 133 \\ 6.6 \\ -12.9 \end{bmatrix}\text{MPa}, \quad \begin{bmatrix} \sigma_L \\ \sigma_T \\ \tau_{LT} \end{bmatrix}_{-45} = \begin{bmatrix} 62.1 \\ 10.3 \\ 12.9 \end{bmatrix}\text{MPa}$$

（1）采用蔡-吴张量失效判据计算各单层安全裕度。蔡-吴张量失效判据中各强度参数为

$$F_{11} = \frac{1}{X_t X_c} = \frac{1}{1\,490 \times 1\,210} = 5.55 \times 10^{-7}\,(\text{MPa})^{-2}$$

$F_{11} = 5.55 \times 10^{-7}\,(\text{MPa})^{-2}$,　$F_{22} = 1.25 \times 10^{-4}\,(\text{MPa})^{-2}$,　$F_{66} = 1.17 \times 10^{-4}\,(\text{MPa})^{-2}$

$F_{12} = -4.16 \times 10^{-6}\,(\text{MPa})^{-2}$,　$F_1 = -1.55 \times 10^{-4}\,(\text{MPa})^{-1}$,　$F_2 = 1.95 \times 10^{-2}\,(\text{MPa})^{-1}$

将各单层应力和强度参数代入式(5.42),可得

$0°$ 层:

```
┌─────────────────────────┐
│ 单层材料主方向工程弹性常数, │
│ 单层铺设角,铺层顺序,层数   │
└─────────────────────────┘
              │
              ▼
      ┌──────────────┐
      │ 层合板刚度系数 │◄──────────────┐
      └──────────────┘                │
              │                        │
              ▼                        │
      ┌──────────────┐                │
      │ 层合板柔度系数 │                │
      └──────────────┘                │
              │                        │
┌──────────────┐   │                  │
│ 层合板外加载荷 │──►│                  │
└──────────────┘   ▼                  │
      ┌──────────────┐                │
      │   单层应变    │                │
      └──────────────┘                │
              │                        │
              ▼                        │
      ┌──────────────┐                │
      │   单层应力    │                │
      └──────────────┘                │
┌──────────────┐   │                  │
│ 单层基本强度   │   │                  │
│ 单层强度失效判据│──►│                  │
└──────────────┘   ▼                  │
      ┌──────────────┐                │
      │  单层安全裕度  │                │
      └──────────────┘                │
              │                        │
              ▼                        │
  ┌──────────────────┐                │
  │ 单层裕度最低的单层失效 │              │
  └──────────────────┘                │
              │                        │
              ▼                        │
         ◇─────────◇                  │
   否   ╱ 是否计算层合 ╲                │
  ◄─────  板极限强度    ─                │
         ╲           ╱                 │
          ◇─────────◇                  │
              │是                       │
              ▼                        │
      ┌──────────────┐                │
      │ 失效单层的刚度退化 │             │
      └──────────────┘                │
              │                        │
              ▼                        │
         ◇─────────◇                  │
        ╱ 是否全部   ╲    否           │
        ─  单层失效    ─────────────────┘
         ╲           ╱
          ◇─────────◇
              │是
              ▼
┌──────────────────┐      ┌──────────────┐
│ 层合板第一层失效强度 │      │ 层合板极限强度 │
└──────────────────┘      └──────────────┘
```

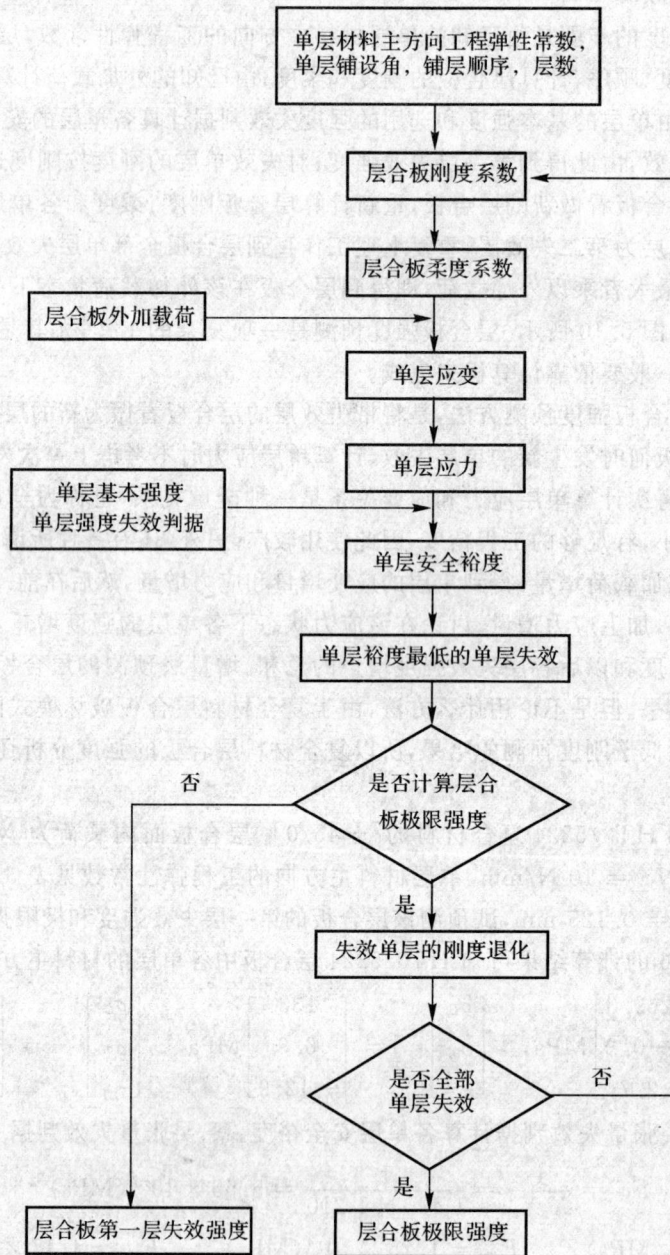

图 5.10　层合板强度计算流程图

$$A = F_{11}\sigma_L^2 + F_{22}\sigma_T^2 + F_{66}\tau_{LT}^2 + 2F_{12}\sigma_L\sigma_T = 0.040\ 2 + 0.0 + 0.000\ 9 + 0.00\ 4 = 0.042$$
$$B = F_1\sigma_L + F_2\sigma_T = -0.042 - 0.003\ 9 = -0.046$$

由式(5.43),可得

$$R_0 = \frac{-B + \sqrt{B^2 + 4A}}{2A} = 5.46$$

同理,可以计算:

$+45°$ 层:　　　　　　　　　　$R_{+45} = 4.41$

$-45°$ 层:　　　　　　　　　　$R_{-45} = 3.41$

比较三个单层的安全裕度, $-45°$ 层的最低,所以 $-45°$ 层最先失效。

(2) 计算层合板第一层失效强度。将层合板的平均应力乘以 $-45°$ 层的安全裕度,便得到层合板在这一载荷状态下的第一层失效强度为

$$\frac{1}{h}\begin{bmatrix} N_x \\ N_y \\ N_{xy} \end{bmatrix} R_{-45} = \frac{1}{0.75}\begin{bmatrix} 100 \\ 20 \\ 10 \end{bmatrix} \times 3.41 = \begin{bmatrix} 455 \\ 90.9 \\ 45.5 \end{bmatrix} \text{MPa}$$

(3) 失效单层的刚度退化。失效时 $-45°$ 层的材料主方向应力为

$$\begin{bmatrix} \sigma_L \\ \sigma_T \\ \tau_{LT} \end{bmatrix}_{\text{FPF}}^{-45} = \begin{bmatrix} \sigma_L \\ \sigma_T \\ \tau_{LT} \end{bmatrix}_{-45} R_{-45} = \begin{bmatrix} 62.1 \\ 10.3 \\ 12.9 \end{bmatrix} \times 3.41 = \begin{bmatrix} 212 \\ 35.1 \\ 44.0 \end{bmatrix} \text{MPa}$$

对失效后的 $-45°$ 层按式(5.47)给出的退化准则进行刚度折减,这时 $-45°$ 层的工程弹性常数取为

$$E_L' = E_L = 135\ \text{GPa}$$
$$E_T' = 0.3E_T = 2.82\ \text{GPa}$$
$$G_{LT}' = 0.3G_{LT} = 1.5\ \text{GPa}$$
$$\nu_{LT}' = 0.3\nu_{LT} = 0.084$$

以下计算极限强度,请读者自行完成。

(4) 按例4.6的计算方法,重新计算含失效 $-45°$ 层的层合板中各单层的材料主方向应力。

(5) 采用蔡-吴张量失效判据,计算各单层安全裕度并确定失效层。

(6) 计算层合板第二层失效强度增量。

(7) 失效单层的刚度退化。

(8) 计算最后一层失效强度增量。

(9) 计算极限强度为第一层失效强度和以后两层失效强度增量之和。

习　题

5.1　已知某复合材料单向板,强度为 $X = 980$ MPa,$Y = S = 39.2$ MPa。单向板上的应力为 $\sigma_x = 2\sigma,\tau_{xy} = -\sigma$,如图 5.11 所示。请按蔡-希尔失效判据计算单向板的纤维方向角 $\theta = 30°,45°,60°$ 时的许用应力 σ。

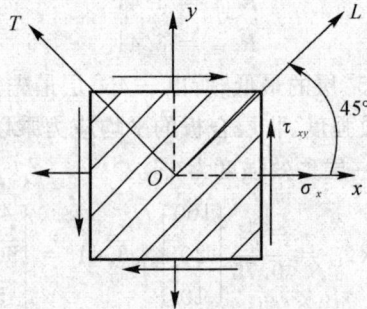

图 5.11　习题 5.1 的图

5.2　试用蔡-希尔失效判据计算 HT3/5224 复合材料层合板$[0_2/90]_s$ 在 $N_x = 100$ N/mm,$N_y = 20$ N/mm 载荷作用下的第一层失效强度,单层厚度为 0.125 mm。

5.3　试用蔡-吴失效判据计算 HT3/QY8911 复合材料$[45/-45]_s$ 层合板在轴向拉伸载荷 N_x 作用下的第一层破坏强度,单层厚度为 0.125 mm。

5.4　一单向碳纤维增强复合材料 HT3/QY8911 薄壁圆管,平均直径 $D_0 = 50$ mm,管壁厚 $t = 2$ mm,铺层方向与轴线夹角为 30°。试用蔡-希尔失效判据分别确定受扭和受拉时的极限载荷。

5.5　设有用 HT3/5224 复合材料层合板$[0/90]_{4s}$ 制成的梁,求在力矩 M_x 作用下的极限强度,单层厚度为 0.125 mm。

第6章 复合材料层合板的湿热效应

复合材料结构经常要在较高温度下使用，如高速飞行时的复合材料机翼翼面，在气动加热下表面温度会达到 100℃ 以上；航空和航天器发动机复合材料构件要求承受更高的工作温度。另外，复合材料层合板或层合结构的成形温度都比较高，如高温固化的树脂基复合材料层合板，固化温度达 177℃。复合材料结构除了在高温环境下使用之外，还有可能处于湿度很高的环境。

对于树脂基复合材料层合板，温度的升高和吸入水分都会导致基体的膨胀和性能下降，使层合板产生湿热变形和性能下降。另外，纤维增强树脂基复合材料单层的力学性能是各向异性的，其热膨胀性能和湿膨胀性能也是各向异性的。由于层合板各单层的湿热变形不一致，而单层之间又是黏结在一起的，限制了各单层的自由变形，因此在各单层中还会产生残余应力和残余应变。残余应力和残余应变的存在显然会影响到层合板的强度。湿热对树脂基复合材料基本力学性能以及对层合板强度和刚度的影响也称为湿热效应，这也是树脂基体复合材料层合板特有的重要特性。

本章主要介绍湿热对树脂基复合材料力学性能的影响以及考虑湿热影响的层合板刚度和强度分析方法。

6.1　湿热对单层力学性能的影响

高温尤其是湿热联合作用对树脂基复合材料力学性能的影响是显著的。树脂基体在高温下，特别是吸入一定水分的基体在高温下的性能有明显下降，因而导致复合材料单层力学性能中由基体性能控制的横向模量和强度、剪切模量和强度下降。图 6.1 和图 6.2 给出了典型碳纤维增强环氧树脂基复合材料单层在 22℃、60℃ 和 128℃ 三种温度和干燥条件下的横向拉伸和面内剪切应力-应变曲线。可以看到随着温度的升高，该材料的横向模量和剪切模量明显下降，横向拉伸强度下降较小，剪切强度在 128℃ 时下降显著。图 6.3 给出了典型碳纤维增强环氧树脂基复合材料单层在常温、干燥和吸湿 1% 下以及在高温（90℃）、干燥和吸湿 1% 下的面内剪切应力-应变曲线。可以看到吸湿 1% 后的材料在高温下的面内剪切模量和强度均有大幅度的下降。这一实验结果表明，在树脂基复合材料的刚度和强度分析中必须考虑湿热的影响。

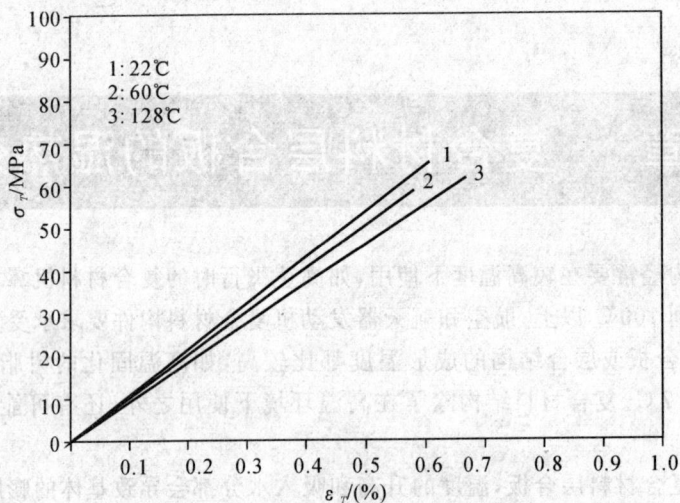

图 6.1　碳纤维增强环氧单层横向拉伸应力-应变曲线

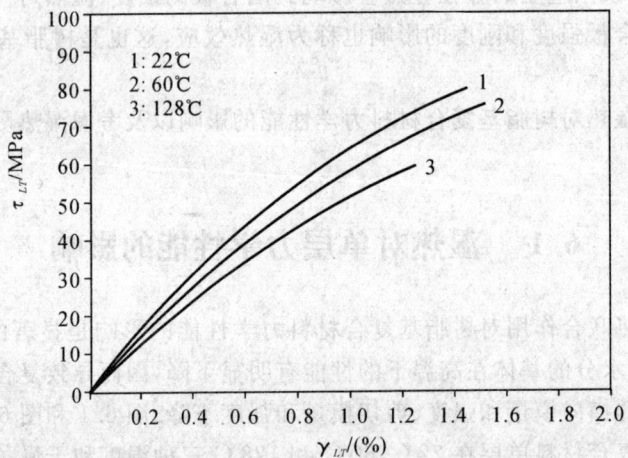

图 6.2　碳纤维增强环氧单层面内剪切应力-应变曲线

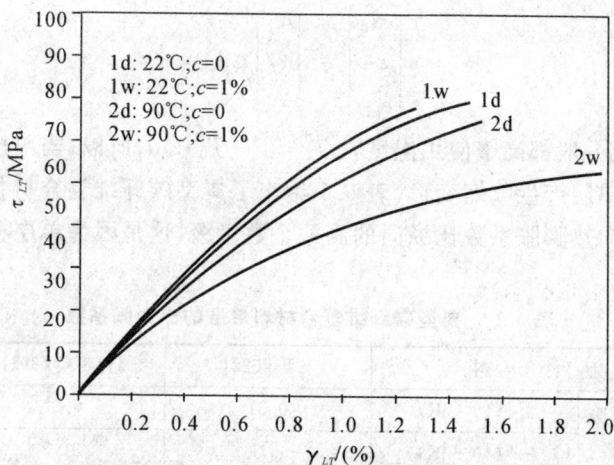

图 6.3　碳纤维增强环氧单层的面内剪切应力-应变曲线

6.2　单层的湿热变形

单层的湿热变形是指单层在无外载状态下因为温度变化和吸入水分引起的热膨胀和湿膨胀的自由变形。

一、热膨胀变形

取一单位长度的单层,如图 6.4 所示。当温度由 T_0 变为 T 时,单层材料主方向的热自由线应变为 e_L^T 和 e_T^T。由于单层在材料主方向具有正交各向异性,所以热剪切应变 $e_{LT} = 0$。这里用符号 e 表示自由应变以区别于由力引起的应变符号 ε。令 $\Delta T = T - T_0$,T_0 为初始状态温度,由热膨胀系数的定义,可以得到单层材料主方向的热膨胀系数为

$$\left.\begin{aligned} \alpha_L &= \frac{e_L^T}{\Delta T} \\ \alpha_T &= \frac{e_T^T}{\Delta T} \\ \alpha_{LT} &= 0 \end{aligned}\right\} \qquad (6.1)$$

热膨胀系数的单位是 $1/C°$ 或 $1/K$(K 是绝对温度的单位)。单层材料主方向热自由应变为

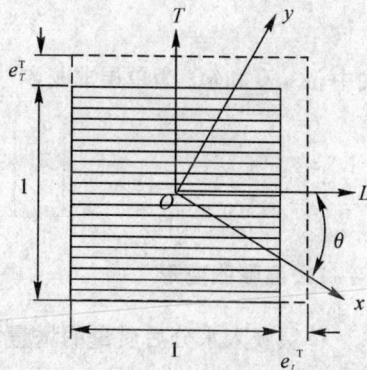

图 6.4　某复合材料单层中的一个单位长度的单层

$$\begin{bmatrix} e_L^{\mathrm{T}} \\ e_T^{\mathrm{T}} \\ e_{LT}^{\mathrm{T}} \end{bmatrix} = \begin{bmatrix} \alpha_L \\ \alpha_T \\ 0 \end{bmatrix} \Delta T \tag{6.2}$$

复合材料的固化温度一般都高于使用温度,$\Delta T = T - T_0 < 0$,所以,当单层的热膨胀系数为正值时,使用温度下的单层产生收缩变形。表 6.1 给出了典型碳纤维复合材料单层主方向的热膨胀系数。可以看到横向热膨胀系数比纵向的高两个数量级,这是因为单层横向热膨胀系数是由基体性能控制的缘故。

表 6.1　典型碳纤维复合材料单层的热膨胀系数

材　　料		HT3/5224	HT3/QY8911
热膨胀	$\alpha_L/(10^{-6}/\mathrm{K})$	0.31	0.27
系数	$\alpha_T/(10^{-6}/\mathrm{K})$		31.3

注:$T(\mathrm{K}) = t(\mathrm{C}^\circ) + 273$

单层非材料主方向的热自由应变可以由应变转换关系式(3.19)得到,即

$$\begin{bmatrix} e_x^{\mathrm{T}} \\ e_y^{\mathrm{T}} \\ \frac{1}{2} e_{xy}^{\mathrm{T}} \end{bmatrix} = \boldsymbol{T}^{-1} \begin{bmatrix} e_L^{\mathrm{T}} \\ e_T^{\mathrm{T}} \\ 0 \end{bmatrix} = \begin{bmatrix} m^2 & n^2 & -2mn \\ n^2 & m^2 & 2mn \\ mn & -mn & m^2 - n^2 \end{bmatrix} \begin{bmatrix} \alpha_L \\ \alpha_T \\ 0 \end{bmatrix} \Delta T \tag{6.3}$$

假设单层非材料主方向的热自由应变又可以表示为

$$\begin{bmatrix} e_x^{\mathrm{T}} \\ e_y^{\mathrm{T}} \\ \frac{1}{2} e_{xy}^{\mathrm{T}} \end{bmatrix} = \begin{bmatrix} \alpha_x \\ \alpha_y \\ \frac{1}{2} \alpha_{xy} \end{bmatrix} \Delta T \tag{6.4}$$

式中,α_x, α_y 和 α_{xy} 为单层非材料主方向的热膨胀系数。则有

$$\begin{bmatrix} \alpha_x \\ \alpha_y \\ \alpha_{xy} \end{bmatrix} = \begin{bmatrix} m^2 & n^2 & -mn \\ n^2 & m^2 & mn \\ 2mn & -2mn & m^2 - n^2 \end{bmatrix} \begin{bmatrix} \alpha_L \\ \alpha_T \\ 0 \end{bmatrix} \tag{6.5}$$

二、湿膨胀变形

单层吸入水分后质量的增量和干燥状态下的质量之比称为单层的吸湿量,用符号 c 表示,

$$c = \frac{\Delta m}{m} \times 100\% \tag{6.6}$$

式中,m 是单层干燥状态的质量,Δm 为吸湿后的质量增量。

单层吸湿后材料主方向的湿自由应变为 e_L^{H} 和 $e_T^{\mathrm{H}}, e_{LT}^{\mathrm{H}} = 0$,湿膨胀系数定义为

$$\left.\begin{aligned}\beta_L &= \frac{e_L^H}{c} \\[2mm] \beta_T &= \frac{e_T^H}{c} \\[2mm] \beta_{LT} &= 0\end{aligned}\right\} \tag{6.7}$$

所以，单层材料主方向的湿自由应变为

$$\begin{bmatrix} e_L^H \\ e_T^H \\ e_{LT}^H \end{bmatrix} = \begin{bmatrix} \beta_L \\ \beta_T \\ 0 \end{bmatrix} c \tag{6.8}$$

和单层的材料主方向的 α_L 和 α_T 类似，其横向湿膨胀系数 β_T 远大于 β_L，一般碳纤维增强环氧的 β_L 接近于零，β_T 在 0.5 左右。

参照单层非材料主方向热膨胀系数和热自由应变的定义方法，单层非材料主方向的湿膨胀系数为

$$\begin{bmatrix} \beta_x \\ \beta_y \\ \beta_{xy} \end{bmatrix} = \begin{bmatrix} m^2 & n^2 & -mn \\ n^2 & m^2 & mn \\ 2mn & -2mn & m^2-n^2 \end{bmatrix} \begin{bmatrix} \beta_L \\ \beta_T \\ 0 \end{bmatrix} \tag{6.9}$$

湿自由应变为

$$\begin{bmatrix} e_x^H \\ e_y^H \\ e_{xy}^H \end{bmatrix} = \begin{bmatrix} \beta_x \\ \beta_y \\ \beta_{xy} \end{bmatrix} c \tag{6.10}$$

6.3　层合板的湿热本构关系

假设层合板的温度分布和吸湿量分布是均匀的，只考虑层合板由一种平衡状态变化到另一种平衡状态时，因温度和吸湿量变化引起的湿热效应。

一、单层的湿热本构关系

用 e_L，e_T 和 e_{LT} 表示单层材料主方向的湿热自由应变，有

$$\left.\begin{aligned}e_L &= e_L^T + e_L^H \\ e_T &= e_T^T + e_T^H \\ e_{LT} &= 0\end{aligned}\right\} \tag{6.11}$$

非材料主方向湿热应变为

$$\left. \begin{array}{l} e_x = e_x^{\mathrm{T}} + e_x^{\mathrm{H}} \\ e_y = e_y^{\mathrm{T}} + e_y^{\mathrm{H}} \\ e_{xy} = e_{xy}^{\mathrm{T}} + e_{xy}^{\mathrm{H}} \end{array} \right\} \tag{6.12}$$

由叠加原理,总应变为力引起的应变和湿热自由应变之和,即

$$\begin{bmatrix} \varepsilon_L \\ \varepsilon_T \\ \gamma_{LT} \end{bmatrix} = \begin{bmatrix} \varepsilon_L^{\mathrm{M}} \\ \varepsilon_T^{\mathrm{M}} \\ \gamma_{LT}^{\mathrm{M}} \end{bmatrix} + \begin{bmatrix} e_L \\ e_T \\ 0 \end{bmatrix} \tag{6.13}$$

在外加载荷和湿热的联合作用下,单层在材料主方向的本构关系为

$$\begin{bmatrix} \varepsilon_L \\ \varepsilon_T \\ \gamma_{LT} \end{bmatrix} = \begin{bmatrix} S_{11} & S_{12} & S_{16} \\ S_{12} & S_{22} & S_{26} \\ S_{16} & S_{26} & S_{66} \end{bmatrix} \begin{bmatrix} \sigma_L \\ \sigma_T \\ \tau_{LT} \end{bmatrix} + \begin{bmatrix} e_L \\ e_T \\ 0 \end{bmatrix} \tag{6.14}$$

由式(6.14)可得

$$\begin{bmatrix} \varepsilon_L - e_L \\ \varepsilon_T - e_T \\ \gamma_{LT} \end{bmatrix} = \begin{bmatrix} S_{11} & S_{12} & S_{16} \\ S_{12} & S_{22} & S_{26} \\ S_{16} & S_{26} & S_{66} \end{bmatrix} \begin{bmatrix} \sigma_L \\ \sigma_T \\ \tau_{LT} \end{bmatrix} \tag{6.15}$$

和

$$\begin{bmatrix} \sigma_L \\ \sigma_T \\ \tau_{LT} \end{bmatrix} = \begin{bmatrix} Q_{11} & Q_{12} & Q_{16} \\ Q_{12} & Q_{22} & Q_{26} \\ Q_{16} & Q_{26} & Q_{66} \end{bmatrix} \begin{bmatrix} \varepsilon_L - e_L \\ \varepsilon_T - e_T \\ \gamma_{LT} \end{bmatrix} \tag{6.16}$$

单层非材料主方向的总应变为

$$\begin{bmatrix} \varepsilon_x \\ \varepsilon_y \\ \gamma_{xy} \end{bmatrix} = \begin{bmatrix} \varepsilon_x^{\mathrm{M}} \\ \varepsilon_y^{\mathrm{M}} \\ \gamma_{xy}^{\mathrm{M}} \end{bmatrix} + \begin{bmatrix} e_x \\ e_y \\ e_{xy} \end{bmatrix} \tag{6.17}$$

本构关系为

$$\begin{bmatrix} \varepsilon_x - e_x \\ \varepsilon_y - e_y \\ \gamma_{xy} - e_{xy} \end{bmatrix} = \begin{bmatrix} \overline{S}_{11} & \overline{S}_{12} & \overline{S}_{16} \\ \overline{S}_{12} & \overline{S}_{22} & \overline{S}_{26} \\ \overline{S}_{16} & \overline{S}_{26} & \overline{S}_{66} \end{bmatrix} \begin{bmatrix} \sigma_x \\ \sigma_y \\ \tau_{xy} \end{bmatrix} \tag{6.18}$$

和

$$\begin{bmatrix} \sigma_x \\ \sigma_y \\ \tau_{xy} \end{bmatrix} = \begin{bmatrix} \overline{Q}_{11} & \overline{Q}_{12} & \overline{Q}_{16} \\ \overline{Q}_{12} & \overline{Q}_{22} & \overline{Q}_{26} \\ \overline{Q}_{16} & \overline{Q}_{26} & \overline{Q}_{66} \end{bmatrix} \begin{bmatrix} \varepsilon_x - e_x \\ \varepsilon_y - e_y \\ \gamma_{xy} - e_{xy} \end{bmatrix} \tag{6.19}$$

二、层合板的湿热本构关系

对于多向层合板，由式（4.12）和式（6.17）可知，第 k 层由力引起的应变为

$$\boldsymbol{\varepsilon}_{x,y}^{Mk} = \boldsymbol{\varepsilon}_{x,y}^0 + z\boldsymbol{\kappa}_{x,y} - \boldsymbol{e}_{x,y}^k \tag{6.20}$$

应力为

$$\boldsymbol{\sigma}_{x,y}^k = \overline{\boldsymbol{Q}}_{x,y}^k \boldsymbol{\varepsilon}_{x,y}^0 + z\overline{\boldsymbol{Q}}_{x,y}^k \boldsymbol{\kappa}_{x,y} - \overline{\boldsymbol{Q}}_{x,y}^k \boldsymbol{e}_{x,y}^k \tag{6.21}$$

将式（6.21）代入式（4.18）和式（4.25）可得层合板内合力为

$$\boldsymbol{N}_{x,y} = \sum_{k=1}^{n}\int_{h_{k-1}}^{h_k} \boldsymbol{\sigma}_{x,y}^k \mathrm{d}z = \sum_{k=1}^{n}\int_{h_{k-1}}^{h_k} \overline{\boldsymbol{Q}}_{x,y}^k (\boldsymbol{\varepsilon}_{x,y}^0 + z\boldsymbol{\kappa}_{x,y} - \boldsymbol{e}_{x,y}^k)\mathrm{d}z = \boldsymbol{A}\boldsymbol{\varepsilon}_{x,y}^0 + \boldsymbol{B}\boldsymbol{\kappa}_{x,y} - \boldsymbol{N}_{x,y}^{HT} \tag{6.22}$$

式中，$\boldsymbol{N}_{x,y}^{HT}$ 是等效湿热力矢量，也可以表示为

$$\begin{bmatrix} N_x^{HT} \\ N_y^{HT} \\ N_{xy}^{HT} \end{bmatrix} = \sum_{k=1}^{n} \begin{bmatrix} \overline{Q}_{11} & \overline{Q}_{12} & \overline{Q}_{16} \\ \overline{Q}_{21} & \overline{Q}_{22} & \overline{Q}_{26} \\ \overline{Q}_{61} & \overline{Q}_{62} & \overline{Q}_{66} \end{bmatrix}_k \begin{bmatrix} e_x \\ e_y \\ e_{xy} \end{bmatrix} t_k \tag{6.23}$$

式中，$t_k = h_k - h_{k-1}$，为单层厚度。$\boldsymbol{N}_{x,y}^{HT}$ 表示使层合板产生相当于湿热自由应变 $e_{x,y}$ 的面内力学应变时，所需要的等效面内力矢量。

将式（6.21）代入式（4.19）和式（4.26）可得层合板的内力矩为

$$\boldsymbol{M}_{x,y} = \sum_{k=1}^{n}\int_{h_{k-1}}^{h_k} \boldsymbol{\sigma}_{x,y}^k z\mathrm{d}z = \sum_{k=1}^{n}\int_{h_{k-1}}^{h_k} \overline{\boldsymbol{Q}}_{x,y}^k (\boldsymbol{\varepsilon}_{x,y}^0 + z\boldsymbol{\kappa}_{x,y} - \boldsymbol{e}_{x,y}^k)z\mathrm{d}z = \boldsymbol{B}\boldsymbol{\varepsilon}_{x,y}^0 + \boldsymbol{D}\boldsymbol{\kappa}_{x,y} - \boldsymbol{M}_{x,y}^{HT} \tag{6.24}$$

式中，$\boldsymbol{M}_{x,y}^{HT}$ 是等效湿热内力矩矢量，也可以表示为

$$\begin{bmatrix} M_x^{HT} \\ M_y^{HT} \\ M_{xy}^{HT} \end{bmatrix} = \sum_{k=1}^{n} \begin{bmatrix} \overline{Q}_{11} & \overline{Q}_{12} & \overline{Q}_{16} \\ \overline{Q}_{21} & \overline{Q}_{22} & \overline{Q}_{26} \\ \overline{Q}_{61} & \overline{Q}_{62} & \overline{Q}_{66} \end{bmatrix}_k \begin{bmatrix} e_x \\ e_y \\ e_{xy} \end{bmatrix} t_k z_k \tag{6.25}$$

式中，$z_k = \dfrac{1}{2}(h_k + h_{k-1})$，即第 k 层中面的 z 坐标。$\boldsymbol{M}_{xy}^{HT}$ 表示使层合板产生相当于湿热自由应变的弯曲和扭转应变时所需要的等效力矩矢量。

由式（6.22）和式（6.24）可得层合板的总内力、总内力矩和中面应变、曲率的关系为

$$\overline{\boldsymbol{N}}_{x,y} = \boldsymbol{N}_{x,y} + \boldsymbol{N}_{x,y}^{HT} = \boldsymbol{A}\boldsymbol{\varepsilon}_{x,y}^0 + \boldsymbol{B}\boldsymbol{\kappa}_{x,y} \tag{6.26}$$

$$\overline{\boldsymbol{M}}_{x,y} = \boldsymbol{M}_{x,y} + \boldsymbol{M}_{x,y}^{HT} = \boldsymbol{B}\boldsymbol{\varepsilon}_{x,y}^0 + \boldsymbol{D}\boldsymbol{\kappa}_{x,y} \tag{6.27}$$

总内力为力学内力和等效湿热内力之和，总内力矩为力学内力矩和等效湿热内力矩之和。将式（6.26）和式（6.27）联立可以写为

$$\begin{bmatrix} \overline{\boldsymbol{N}} \\ \hline \overline{\boldsymbol{M}} \end{bmatrix} = \begin{bmatrix} \boldsymbol{A} & \vdots & \boldsymbol{B} \\ \cdots & \cdots & \cdots \\ \boldsymbol{B} & \vdots & \boldsymbol{D} \end{bmatrix} \begin{bmatrix} \boldsymbol{\varepsilon}^0 \\ \boldsymbol{\kappa} \end{bmatrix} \tag{6.28}$$

这是和式(4.29)完全类似的形式,不同之处是式(6.28)中的内力和内力矩中包含了力学分量和等效湿热分量。也可以将式(6.28)表示为变形-内力关系

$$
\begin{bmatrix} \boldsymbol{\varepsilon}^0 \\ \boldsymbol{\kappa} \end{bmatrix} = \begin{bmatrix} \boldsymbol{a} & \vdots & \boldsymbol{b} \\ \cdots & \cdots & \cdots \\ \boldsymbol{c} & \vdots & \boldsymbol{d} \end{bmatrix} \begin{bmatrix} \overline{\boldsymbol{N}} \\ \overline{\boldsymbol{M}} \end{bmatrix} \tag{6.29}
$$

式中,$\boldsymbol{a}$,$\boldsymbol{b}$,$\boldsymbol{c}$ 和 $\boldsymbol{d}$ 矩阵,可以由式(4.31)和式(4.32)得到。从式(6.28)和式(6.29)可以看出,湿热效应只是相当于在层合板的作用力上附加等效湿热内力和内力矩。

当层合板的温度变化 ΔT 和吸湿量 c 已知时,就可以利用式(6.23)和式(6.25)分别计算出层合板的等效湿热内力 $N_{x,y}^{\mathrm{HT}}$ 和等效湿热内力矩 $M_{x,y}^{\mathrm{HT}}$ 来。如果这时内力和内力矩力学分量 $N = 0$,$M = 0$,就可以由式(6.29)计算由湿热引起的层合板的实际应变和曲率来,有

$$
\begin{bmatrix} \varepsilon_x^0 \\ \varepsilon_y^0 \\ \gamma_{xy}^0 \end{bmatrix} = \begin{bmatrix} a_{11} & a_{12} & a_{16} \\ a_{21} & a_{22} & a_{26} \\ a_{61} & a_{62} & a_{66} \end{bmatrix} \begin{bmatrix} N_x^{\mathrm{HT}} \\ N_y^{\mathrm{HT}} \\ N_{xy}^{\mathrm{HT}} \end{bmatrix} + \begin{bmatrix} b_{11} & b_{12} & b_{16} \\ b_{21} & b_{22} & b_{26} \\ b_{61} & b_{62} & b_{66} \end{bmatrix} \begin{bmatrix} M_x^{\mathrm{HT}} \\ M_y^{\mathrm{HT}} \\ M_{xy}^{\mathrm{HT}} \end{bmatrix} \tag{6.30}
$$

和

$$
\begin{bmatrix} \kappa_x \\ \kappa_y \\ \kappa_{xy} \end{bmatrix} = \begin{bmatrix} c_{11} & c_{12} & c_{16} \\ c_{21} & c_{22} & c_{26} \\ c_{61} & c_{62} & c_{66} \end{bmatrix} \begin{bmatrix} N_x^{\mathrm{HT}} \\ N_y^{\mathrm{HT}} \\ N_{xy}^{\mathrm{HT}} \end{bmatrix} + \begin{bmatrix} d_{11} & d_{12} & d_{16} \\ d_{21} & d_{22} & d_{26} \\ d_{61} & d_{62} & d_{66} \end{bmatrix} \begin{bmatrix} M_x^{\mathrm{HT}} \\ M_y^{\mathrm{HT}} \\ M_{xy}^{\mathrm{HT}} \end{bmatrix} \tag{6.31}
$$

对于对称层合板有

$$
\begin{bmatrix} \varepsilon_x^0 \\ \varepsilon_y^0 \\ \gamma_{xy}^0 \end{bmatrix} = \begin{bmatrix} a_{11} & a_{12} & a_{16} \\ a_{21} & a_{22} & a_{26} \\ a_{61} & a_{62} & a_{66} \end{bmatrix} \begin{bmatrix} N_x^{\mathrm{HT}} \\ N_y^{\mathrm{HT}} \\ N_{xy}^{\mathrm{HT}} \end{bmatrix} \tag{6.32}
$$

和

$$
\begin{bmatrix} \kappa_x \\ \kappa_y \\ \kappa_{xy} \end{bmatrix} = \begin{bmatrix} d_{11} & d_{12} & d_{16} \\ d_{21} & d_{22} & d_{26} \\ d_{61} & d_{62} & d_{66} \end{bmatrix} \begin{bmatrix} M_x^{\mathrm{HT}} \\ M_y^{\mathrm{HT}} \\ M_{xy}^{\mathrm{HT}} \end{bmatrix} \tag{6.33}
$$

可以看出,对称层合板的等效湿热内力和曲率、扭率,等效湿热内力矩和面内应变之间没有耦合关系。

6.4　层合板的湿热膨胀系数

由层合板的本构关系还可以得到层合板的热膨胀系数和湿膨胀系数。当层合板只有湿热作用,也就是力学分量 $N = 0$,$M = 0$ 时,层合板的中面应变即为层合板的湿热应变。假设层合板的热膨胀系数用 $\overline{\alpha}_x$,$\overline{\alpha}_y$ 和 $\overline{\alpha}_{xy}$ 表示,湿膨胀系数用 $\overline{\beta}_x$,$\overline{\beta}_y$ 和 $\overline{\beta}_{xy}$ 表示,则层合板的湿热应变为

$$
\begin{bmatrix} \varepsilon_x^0 \\ \varepsilon_y^0 \\ \gamma_{xy}^0 \end{bmatrix} = \begin{bmatrix} \bar{\alpha}_x \\ \bar{\alpha}_y \\ \bar{\alpha}_{xy} \end{bmatrix} \Delta T + \begin{bmatrix} \bar{\beta}_x \\ \bar{\beta}_y \\ \bar{\beta}_{xy} \end{bmatrix} c \tag{6.34}
$$

将式(6.34)代入式(6.30),当 $\Delta T = 1, c = 0$ 时,得到层合板的热膨胀系数为

$$
\begin{bmatrix} \bar{\alpha}_x \\ \bar{\alpha}_y \\ \bar{\alpha}_{xy} \end{bmatrix} = \begin{bmatrix} a_{11} & a_{12} & a_{16} \\ a_{21} & a_{22} & a_{26} \\ a_{61} & a_{62} & a_{66} \end{bmatrix} \begin{bmatrix} N_x^{\mathrm{T}} \\ N_y^{\mathrm{T}} \\ N_{xy}^{\mathrm{T}} \end{bmatrix} + \begin{bmatrix} b_{11} & b_{12} & b_{16} \\ b_{21} & b_{22} & b_{26} \\ b_{61} & b_{62} & b_{66} \end{bmatrix} \begin{bmatrix} M_x^{\mathrm{T}} \\ M_y^{\mathrm{T}} \\ M_{xy}^{\mathrm{T}} \end{bmatrix} \tag{6.35}
$$

式中, $N_{x,y}^{\mathrm{T}}$ 和 $M_{x,y}^{\mathrm{T}}$ 为等效热内力和内力矩,由式(6.23)和式(6.25)计算得到。当 $\Delta T = 0$, $c = 1$ 时,得到层合板的湿膨胀系数为

$$
\begin{bmatrix} \bar{\beta}_x \\ \bar{\beta}_y \\ \bar{\beta}_{xy} \end{bmatrix} = \begin{bmatrix} a_{11} & a_{12} & a_{16} \\ a_{21} & a_{22} & a_{26} \\ a_{61} & a_{62} & a_{66} \end{bmatrix} \begin{bmatrix} N_x^{\mathrm{H}} \\ N_y^{\mathrm{H}} \\ N_{xy}^{\mathrm{H}} \end{bmatrix} + \begin{bmatrix} b_{11} & b_{12} & b_{16} \\ b_{21} & b_{22} & b_{26} \\ b_{61} & b_{62} & b_{66} \end{bmatrix} \begin{bmatrix} M_x^{\mathrm{H}} \\ M_y^{\mathrm{H}} \\ M_{xy}^{\mathrm{H}} \end{bmatrix} \tag{6.36}
$$

式中, $N_{x,y}^{\mathrm{H}}$ 和 $M_{x,y}^{\mathrm{H}}$ 为等效湿内力和内力矩的矩阵,由式(6.23)和式(6.25)计算得到。

对于对称层合板,式(6.35)和式(6.36)中的耦合柔度矩阵 b 等于零,等式右边只有一项。

6.5　层合板的残余应变和残余应力

层合板中各单层如果相互没有黏结,处于自由状态时,当温度变化或吸湿后均会产生自由湿热应变。但是单层实际上是相互黏结成一体的,各单层的变形相互受到约束,只可能产生和层合板变形相协调一致的变形。由层合板的湿热中面应变和曲率确定的各单层湿热应变,显然不等于单层的湿热自由应变,两者之差称为单层的残余应变,与之对应的应力称为单层的残余应力。

在无外载状态下,单层的湿热应变为

$$
\begin{bmatrix} \varepsilon_x^{\mathrm{HT}} \\ \varepsilon_y^{\mathrm{HT}} \\ \gamma_{xy}^{\mathrm{HT}} \end{bmatrix}_k = \begin{bmatrix} \varepsilon_x^{\mathrm{HT0}} \\ \varepsilon_y^{\mathrm{HT0}} \\ \gamma_{xy}^{\mathrm{HT0}} \end{bmatrix} + z \begin{bmatrix} \kappa_x^{\mathrm{HT}} \\ \kappa_y^{\mathrm{HT}} \\ \kappa_{xy}^{\mathrm{HT}} \end{bmatrix} \tag{6.37}
$$

单层的湿热自由应变为

$$
\begin{bmatrix} e_x \\ e_y \\ e_{xy} \end{bmatrix}_k = \begin{bmatrix} e_x^{\mathrm{T}} \\ e_y^{\mathrm{T}} \\ e_{xy}^{\mathrm{T}} \end{bmatrix}_k + \begin{bmatrix} e_x^{\mathrm{H}} \\ e_y^{\mathrm{H}} \\ e_{xy}^{\mathrm{H}} \end{bmatrix}_k = \begin{bmatrix} \alpha_x \\ \alpha_y \\ \alpha_{xy} \end{bmatrix}_k \Delta T + \begin{bmatrix} \beta_x \\ \beta_y \\ \beta_{xy} \end{bmatrix}_k c \tag{6.38}
$$

因此,各单层的残余应变为

$$
\begin{bmatrix} \varepsilon_x^R \\ \varepsilon_y^R \\ \gamma_{xy}^R \end{bmatrix}_k = \begin{bmatrix} \varepsilon_x^{HT} \\ \varepsilon_y^{HT} \\ \gamma_{xy}^{HT} \end{bmatrix}_k - \begin{bmatrix} e_x \\ e_y \\ e_{xy} \end{bmatrix}_k = \begin{bmatrix} \varepsilon_x^{HT0} \\ \varepsilon_y^{HT0} \\ \gamma_{xy}^{HT0} \end{bmatrix} + z \begin{bmatrix} \kappa_x^{HT} \\ \kappa_y^{HT} \\ \kappa_{xy}^{HT} \end{bmatrix} - \begin{bmatrix} \alpha_x \\ \alpha_y \\ \alpha_{xy} \end{bmatrix} \Delta T - \begin{bmatrix} \beta_x \\ \beta_y \\ \beta_{xy} \end{bmatrix} c \tag{6.39}
$$

式中,$\varepsilon_{x,y}^{HT0}$ 和 $\kappa_{x,y}^{HT}$ 是层合板的湿热中面应变和曲率的矩阵,可以由式(6.30)和式(6.31)计算得到。于是各单层的残余应力为

$$
\begin{bmatrix} \sigma_x^R \\ \sigma_y^R \\ \tau_{xy}^R \end{bmatrix}_k = \begin{bmatrix} \overline{Q}_{11} & \overline{Q}_{12} & \overline{Q}_{16} \\ \overline{Q}_{21} & \overline{Q}_{22} & \overline{Q}_{26} \\ \overline{Q}_{61} & \overline{Q}_{62} & \overline{Q}_{66} \end{bmatrix}_k \begin{bmatrix} \varepsilon_x^R \\ \varepsilon_y^R \\ \gamma_{xy}^R \end{bmatrix}_k \tag{6.40}
$$

在考虑外载荷情况下,单层的总应变为外力应变和湿热应变之和

$$
\begin{bmatrix} \varepsilon_x \\ \varepsilon_y \\ \gamma_{xy} \end{bmatrix}_k = \begin{bmatrix} \varepsilon_x^M \\ \varepsilon_y^M \\ \gamma_{xy}^M \end{bmatrix}_k + \begin{bmatrix} \varepsilon_x^{HT} \\ \varepsilon_y^{HT} \\ \gamma_{xy}^{HT} \end{bmatrix}_k = \begin{bmatrix} \varepsilon_x^M \\ \varepsilon_y^M \\ \gamma_{xy}^M \end{bmatrix}_k + \begin{bmatrix} \varepsilon_x^R \\ \varepsilon_y^R \\ \gamma_{xy}^R \end{bmatrix}_k + \begin{bmatrix} e_x \\ e_y \\ e_{xy} \end{bmatrix}_k \tag{6.41}
$$

总应变也是外力应变、残余应变和湿热自由应变之和。而单层的总应力为外力应力和残余应力之和,即

$$
\begin{bmatrix} \sigma_x \\ \sigma_y \\ \tau_{xy} \end{bmatrix}_k = \begin{bmatrix} \sigma_x^M \\ \sigma_y^M \\ \tau_{xy}^M \end{bmatrix}_k + \begin{bmatrix} \sigma_x^R \\ \sigma_y^R \\ \tau_{xy}^R \end{bmatrix}_k = \begin{bmatrix} \overline{Q}_{11} & \overline{Q}_{12} & \overline{Q}_{16} \\ \overline{Q}_{21} & \overline{Q}_{22} & \overline{Q}_{26} \\ \overline{Q}_{61} & \overline{Q}_{62} & \overline{Q}_{66} \end{bmatrix}_k \begin{bmatrix} \varepsilon_x^M + \varepsilon_x^R \\ \varepsilon_y^M + \varepsilon_y^R \\ \gamma_{xy}^M + \gamma_{xy}^R \end{bmatrix}_k \tag{6.42}
$$

式中,应力和应变符号的上标"M"表示该应力或应变是由外力引起的。

6.6　层合板的湿热翘曲

翘曲也称层合板的面外变形,引起层合板翘曲的原因可以是力学的,也可以是非力学的,由于湿热引起的层合板翘曲就是非力学的。由式(6.31)可以看出,对于非对称层合板,耦合柔度矩阵 c 不为零。当板厚度较小,也就是板的温度和吸湿量可认为是均匀时,在等效湿热面内力 N^{HT} 作用下会产生面外变形 κ,引起板的翘曲。本节主要从经典层合板理论讨论层合板的翘曲问题。

由式(4.10)层合板的曲率和扭率的定义,可以假设层合板垂直于板面方向的位移 w 可以表示成

$$
w = -\frac{1}{2}(\kappa_x x^2 + \kappa_y y^2 + \kappa_{xy} xy) + d_1 x + d_2 y + d_3 \tag{6.43}
$$

式中,$\kappa_x, \kappa_y, \kappa_{xy}$ 是由式(6.31)计算的层合板的湿热曲率和扭率,积分常数 d_1, d_2, d_3 是由边界条件确定的。对如图6.5所示的层合板,其边界条件为

$$w(0,0) = 0$$
$$\left.\frac{\partial w}{\partial x}(0,0) = \frac{\partial w}{\partial y}(0,0) = 0\right\} \qquad (6.44)$$

由式(6.43)和式(6.44)可得

$$d_1 = d_2 = d_3 = 0$$

所以,层合板的面外位移为

$$w = -\frac{1}{2}(\kappa_x x^2 + \kappa_y y^2 + \kappa_{xy} xy) \qquad (6.45)$$

图 6.5　层合板的湿热翘曲示意图

考虑一块矩形[0/90]非对称正交层合板湿度变化 ΔT 时的热翘曲变形。假设层合板上的温度分布均匀。由式(6.23)和式(6.25)可得到等效热内力和内力矩为

$$\left.\begin{array}{l}
\begin{bmatrix} N_x^T \\ N_y^T \\ 0 \end{bmatrix} = \frac{h\Delta T}{2} \begin{bmatrix} Q_{11} & Q_{12} & 0 \\ Q_{12} & Q_{22} & 0 \\ 0 & 0 & Q_{66} \end{bmatrix}_0 \begin{bmatrix} \alpha_1 \\ \alpha_2 \\ 0 \end{bmatrix} + \frac{h\Delta T}{2} \begin{bmatrix} Q_{22} & Q_{12} & 0 \\ Q_{12} & Q_{11} & 0 \\ 0 & 0 & Q_{66} \end{bmatrix}_{90} \begin{bmatrix} \alpha_1 \\ \alpha_2 \\ 0 \end{bmatrix} \\[20pt]
\begin{bmatrix} M_x^T \\ M_y^T \\ 0 \end{bmatrix} = \frac{h^2\Delta T}{8} \begin{bmatrix} Q_{11} & Q_{12} & 0 \\ Q_{12} & Q_{22} & 0 \\ 0 & 0 & Q_{66} \end{bmatrix}_0 \begin{bmatrix} \alpha_1 \\ \alpha_2 \\ 0 \end{bmatrix} - \frac{h^2\Delta T}{8} \begin{bmatrix} Q_{22} & Q_{12} & 0 \\ Q_{12} & Q_{11} & 0 \\ 0 & 0 & Q_{66} \end{bmatrix}_{90} \begin{bmatrix} \alpha_1 \\ \alpha_2 \\ 0 \end{bmatrix}
\end{array}\right\} \quad (6.46)$$

根据非对称正交层合板的特点,层合板的耦合刚度矩阵 $\boldsymbol{B}$ 中的 $B_{22} = -B_{11}$,$B_{12} = B_{16} = B_{26} = -B_{66} = 0$,而且层合板的中面应变和曲率满足

$$\varepsilon_y^0 = \varepsilon_x^0, \quad \gamma_{xy}^0 = 0$$
$$\kappa_y = -\kappa_x, \quad \kappa_{xy} = 0$$
$$N_y^T = N_x^T, \quad N_{xy}^T = 0$$
$$M_y^T = -M_x^T, \quad M_{xy}^T = 0$$

层合板中的热内力和内力矩为

$$\left.\begin{array}{l}
N_x^T = (A_{11} + A_{12})\varepsilon_x^0 + B_{11}\kappa_x \\
M_x^T = B_{11}\varepsilon_x^0 + (D_{11} - D_{12})\kappa_x
\end{array}\right\} \qquad (6.47)$$

由式(6.47)可以得到 ε_x^0 和 κ_x,即

$$\varepsilon_x^0 = \varepsilon_y^0 = \frac{(D_{11} - D_{12})N_x^T - B_{11}M_x^T}{(A_{11} + A_{12})(D_{11} - D_{12}) - B_{11}^2} \qquad (6.48)$$

$$\kappa_x = -\kappa_y = \frac{(A_{11} + A_{12})M_x^T - B_{11}N_x^T}{(A_{11} + A_{12})(D_{11} - D_{12}) - B_{11}^2} \qquad (6.49)$$

将式(6.49)代入式(6.45),便得到[0/90]层合板的热翘曲,即层合板的面外位移为

$$w = -\frac{1}{2}\frac{(A_{11} + A_{12})M_x^T - B_{11}N_x^T}{(A_{11} + A_{12})(D_{11} - D_{12}) - B_{11}^2}(x^2 - y^2) \qquad (6.50)$$

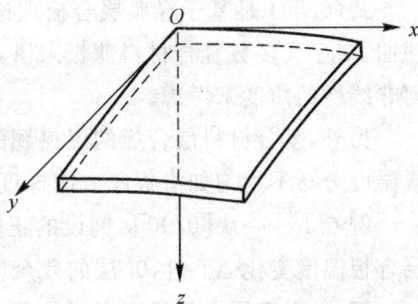

式(6.50)是基于经典层合板理论的表达式,只描述了小变形条件下的非对称层合板的热翘曲。对于大多数复合材料薄板来讲,热翘曲变形一般较大,已超出小变形范畴,这就需要从几何非线性的角度来考虑。

另外,复合材料层合板的湿热翘曲变形,并非只有非对称铺层的层合板才会产生,在湿度或温度分布不均匀如沿板厚方向梯度分布时,对称层合板也会引起湿热翘曲变形。

例 6.1   一块$[0/90]_s$铺设的正交对称层合板,材料弹性性能和热膨胀系数已知。试求当层合板温度变化 ΔT 时,$0°$层的残余应力。

解   由于层合板是正交对称层合板,所以式(6.26)和式(6.27)中的

$$\boldsymbol{B} = \boldsymbol{0}$$
$$A_{11} = A_{22}, \quad A_{16} = A_{26} = 0$$
$$\varepsilon_x^0 = \varepsilon_y^0, \quad \gamma_{xy}^0 = 0$$
$$K_x = K_y = K_{xy} = 0$$

于是,式(6.26)可以写为

$$\begin{bmatrix} N_x^{HT} \\ N_y^{HT} \\ 0 \end{bmatrix} = \begin{bmatrix} A_{11} & A_{12} & 0 \\ A_{12} & A_{22} & 0 \\ 0 & 0 & A_{66} \end{bmatrix} \begin{bmatrix} \varepsilon_x^0 \\ \varepsilon_y^0 \\ 0 \end{bmatrix}$$

得到层合板的热等效内力为

$$N_x^{HT} = N_y^{HT} = (A_{11} + A_{12})\varepsilon_x^0$$

由式(6.23)和式(6.2),可得

$$N_x^{HT} = 2t(Q_{11}\alpha_L + Q_{12}\alpha_T + Q_{22}\alpha_T + Q_{12}\alpha_L)\Delta T$$

式中,t 为单层厚度。

于是可以得到层合板的热等效应变为

$$\varepsilon_x^0 = \varepsilon_y^0 = \frac{(Q_{11} + Q_{12})\alpha_L + (Q_{22} + Q_{12})\alpha_T}{Q_{11} + Q_{22} + 2Q_{12}}\Delta T$$

由式(6.39)可计算层合板的残余应变为

$$\varepsilon_x^R = \varepsilon_x^0 - e_L = \varepsilon_x^0 - \alpha_L\Delta T = \Delta T(\alpha_T - \alpha_L)\frac{Q_{12} + Q_{22}}{Q_{11} + Q_{22} + 2Q_{12}}$$

$$\varepsilon_y^R = \varepsilon_y^0 - e_T = \varepsilon_y^0 - \alpha_T\Delta T = \Delta T(\alpha_L - \alpha_T)\frac{Q_{11} + Q_{12}}{Q_{11} + Q_{22} + 2Q_{12}}$$

由式(6.40)可以得到 $0°$ 层残余应力为

$$\sigma_x^R = Q_{11}\varepsilon_x^R + Q_{12}\varepsilon_y^R = \Delta T(\alpha_T - \alpha_L)\frac{Q_{11}Q_{22} - Q_{12}^2}{Q_{11} + Q_{22} + 2Q_{12}}$$

$$\sigma_y^R = Q_{12}\varepsilon_x^R + Q_{22}\varepsilon_y^R = \Delta T(\alpha_L - \alpha_T)\frac{Q_{11}Q_{22} - Q_{12}^2}{Q_{11} + Q_{22} + 2Q_{12}}$$

习　题

6.1　用层合板热膨胀系数表示对称层合板的残余热应力。

6.2　要使单向板在温度均匀变化时,任一方向的角变形为零,其热膨胀系数要满足什么条件?

6.3　HT3/QY8911 复合材料层合板 $[0/90]_{6s}$,固化温度为 177℃,使用温度为 27℃,承受外载荷 $N_x = 200$ kN/m,试计算各层的应力分量。单层厚度为 0.125 mm。

6.4　试计算 HT3/5224 复合材料对称层合板 $[0/\pm45/90]_s$ 的湿热应变。材料固化温度为 180℃,使用温度为 30℃,吸湿量 c 为 0.01。单层厚度 $t = 0.125$ mm。

6.5　某复合材料上表层温度为 T_1,吸湿量为 c_1,下表层温度为 T_2,吸湿量为 c_2,假设温度和吸湿量沿板厚方向为线性分布。试推导稳态线性温湿场下层合板的残余应力表达式。

第7章 织物增强复合材料的弹性特性

织物增强复合材料属连续纤维增强复合材料范畴,它不同于单向层合复合材料,其增强物是应用纺织技术将纤维束编织成形的二维或三维织物。织物增强复合材料因为有较高的结构完整性,往往具有更高的强度和损伤容限。由于织物结构比较复杂,分析其刚度时,无法采取如层合板理论那样比较简单的方法,必须从细观分析入手。根据织物的构型特点,从复合材料中选取能代表织物增强复合材料力学行为特征的局部子结构即单细胞,也称为单胞。通过对单胞模型的刚度分析,得到织物增强复合材料的刚度。本章主要介绍二维和三维织物增强复合材料刚度的单胞模型分析方法。

7.1 二维织物增强复合材料的弹性特性

二维织物是平面织物,包括编织物、针织物和辫织物。不同的织物几何构型不同,采用的分析模型也不同。这里主要介绍分析二维编织物增强复合材料弹性特性的弯曲单胞模型和桥连单胞模型。

一般二维编织物是相互垂直的编织纱(通常是纤维束)重叠交织,构成由经纱和纬纱组成的正交编织物,如图 7.1 所示。

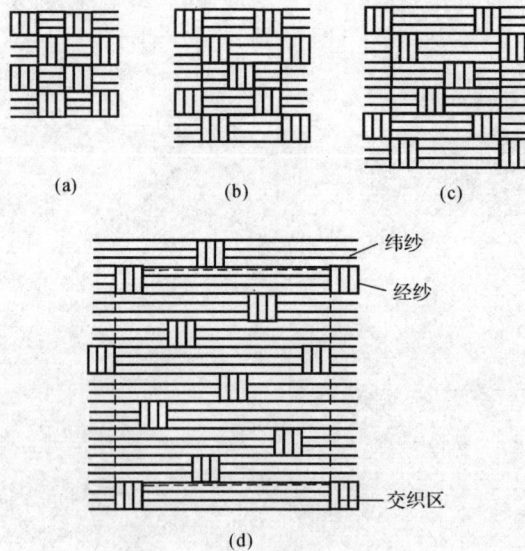

图 7.1 二维编织物示意图

用 n_g 表示任一束经纱(或纬纱)与纬纱(或经纱)发生第二次交织时相隔的纬纱(或经纱)数。按照 n_g 的值,图 7.1(a)(b) 所示的织物分别称为平纹织物($n_g = 2$)和斜纹织物($n_g = 3$)。$n_g \geqslant 4$ 的织物称为缎纹织物,图 7.1(c)(d) 所示的织物分别称为 4 综缎纹织物($n_g = 4$)和 8 综缎纹织物($n_g = 8$)。

一、纤维束弯曲单胞模型

当 n_g 较小时,经纱和纬纱重叠交织频繁,无论是经纱纤维束还是纬纱纤维束在重叠交织处都会弯曲。纤维束弯曲单胞模型就是基于这一考虑,为了更真实地模拟织物几何构形特点对复合材料刚度的影响而提出的。单胞是从编织复合材料中取出一小段,包含长度为 a_u 的弯曲部分和跨过经纱的直线纬纱部分,单胞总长为 $n_g a/2$,当编织物是平纹织物时,单胞总长为 a。该模型如图 7.2 所示。

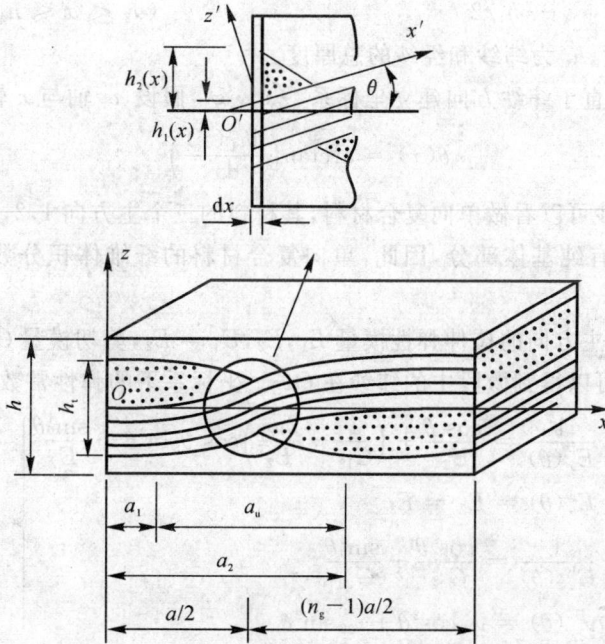

图 7.2　二维织物复合材料的纤维束弯曲单胞模型

假设

$$a_1 = \frac{1}{2}(a - a_u)$$

$$a_2 = \frac{1}{2}(a + a_u)$$

在纤维束弯曲部分距坐标原点 x 处取一微段 $\mathrm{d}x$，如图 7.2 所示。这时假设纬纱和经纱在 z 方向的弯曲程度分别用 $h_1(x)$ 和 $h_2(x)$ 来表示，则有

$$h_1(x) = \begin{cases} 0 & (0 \leqslant x < a_1) \\ \left[1 + \sin\left\{\left(x - \dfrac{a}{2}\right)\dfrac{\pi}{a_{\mathrm{u}}}\right\}\right]h_{\mathrm{t}}/4 & (a_1 \leqslant x \leqslant a_2) \\ h_{\mathrm{t}}/2 & (a_2 < x \leqslant n_{\mathrm{g}}a/2) \end{cases} \tag{7.1}$$

$$h_2(x) = \begin{cases} h_{\mathrm{t}}/2 & (0 \leqslant x < a_1) \\ \left[1 - \sin\left\{\left(x - \dfrac{a}{2}\right)\dfrac{\pi}{a_{\mathrm{u}}}\right\}\right]h_{\mathrm{t}}/4 & \left(a_1 \leqslant x < \dfrac{a}{2}\right) \\ -\left[1 + \sin\left\{\left(x - \dfrac{a}{2}\right)\dfrac{\pi}{a_{\mathrm{u}}}\right\}\right]h_{\mathrm{t}}/4 & (a/2 \leqslant x \leqslant a_2) \\ -h_{\mathrm{t}}/2 & (a_2 < x \leqslant n_{\mathrm{g}}a/2) \end{cases} \tag{7.2}$$

式中，h 为单胞的厚度；h_{t} 为纬纱和经纱的总厚度。

沿纬纱方向和垂直于纬纱方向建立坐标系 $O'x'y'z'$，假设 x' 轴与 x 轴夹角为 $\theta(x)$，则有

$$\theta(x) = \arctan\left(\frac{\mathrm{d}h_1(x)}{\mathrm{d}x}\right) \tag{7.3}$$

微段 $\mathrm{d}x$ 中的纬纱可以看做单向复合材料，其材料的三个主方向 1，2，3 和坐标系的 x'，y'，z' 一致。由于单胞中有纯基体部分，因此，单向复合材料的纤维体积分数不等于单胞的体积分数。

根据纬纱在材料主方向的拉伸弹性模量 E_1，E_2，$E_3 = E_2$，剪切模量 $G_{12} = G_{13}$，G_{23} 和泊松比 ν_{12}，$\nu_{13} = \nu_{12}$，ν_{23}，可以得到微段中的纬纱在 $Oxyz$ 坐标系下的弹性常数为

$$\left. \begin{aligned} & \frac{1}{E_x^{\mathrm{F}}(\theta)} = \frac{\cos^4\theta}{E_1} + \left(\frac{1}{G_{12}} - \frac{2\nu_{21}}{E_2}\right)\cos^2\theta\sin^2\theta + \frac{\sin^4\theta}{E_2} \\ & E_y^{\mathrm{F}}(\theta) = E_2 = E_3 \\ & \frac{1}{G_{xy}^{\mathrm{F}}(\theta)} = \frac{\cos^2\theta}{G_{12}} + \frac{\sin^2\theta}{G_{23}} \\ & \nu_{yx}^{\mathrm{F}}(\theta) = \nu_{21}\cos^2\theta + \nu_{32}\sin^2\theta \end{aligned} \right\} \tag{7.4}$$

由于纬纱是横向各向同性的，有

$$\nu_{12} = \nu_{13}, \quad E_1/\nu_{12} = E_2/\nu_{21}, \quad \nu_{23} = \nu_{32}$$
$$G_{23} = E_2/[2(1 + \nu_{23})]$$

在 $Oxyz$ 坐标系下，微段中纬纱的刚度系数为

$$Q_{ij}^{\mathrm{F}}(\theta) = \begin{bmatrix} E_x^{\mathrm{F}}(\theta)/D_\nu & E_x^{\mathrm{F}}(\theta)\nu_{yx}^{\mathrm{F}}(\theta)/D_\nu & 0 \\ E_y^{\mathrm{F}}(\theta)\nu_{xy}^{\mathrm{F}}(\theta)/D_\nu & E_y^{\mathrm{F}}(\theta)/D_\nu & 0 \\ 0 & 0 & G_{xy}^{\mathrm{F}}(\theta) \end{bmatrix} \quad (i,j = 1,2,6) \tag{7.5}$$

式中，
$$D_\nu = 1 - (\nu_{yx}^F(\theta))^2 E_x^F(\theta)/E_y^F(\theta)$$

微段中经纱为单向复合材料的垂直断面，是各向同性的，其刚度系数为

$$Q_{ij}^W = \begin{bmatrix} E_2/(1-\nu_{23}^2) & E_2\nu_{23}/(1-\nu_{23}^2) & 0 \\ E_2\nu_{23}/(1-\nu_{23}^2) & E_2/(1-\nu_{23}^2) & 0 \\ 0 & 0 & E_2/[2(1+\nu_{23})] \end{bmatrix} \quad (i,j=1,2,6) \quad (7.6)$$

微段中 $h - h_t$ 部分是纯基体，其刚度系数 Q_{ij}^M 的形式类似于式(7.6)。于是，单胞 $0 \leqslant x \leqslant a/2$ 部分中微段的刚度系数是坐标 x 的函数，则有

$$\begin{aligned}
A_{ij}(x) &= \int_{-h/2}^{h_1(x)-h_t/2} Q_{ij}^M \mathrm{d}z + \int_{h_1(x)-h_t/2}^{h_1(x)} Q_{ij}^F(\theta)\mathrm{d}z + \int_{h_1(x)}^{h_2(x)} Q_{ij}^W \mathrm{d}z + \int_{h_2(x)}^{h/2} Q_{ij}^M \mathrm{d}z = \\
&\quad Q_{ij}^M[h_1(x) - h_2(x) + h - h_t/2] + Q_{ij}^F(\theta)h_t/2 + Q_{ij}^W[h_2(x) - h_1(x)] \\
B_{ij}(x) &= \frac{1}{2}Q_{ij}^F(\theta)[h_1(x) - h_t/4]h_t + \frac{1}{4}Q_{ij}^W[h_2(x) - h_1(x)]h_t \\
D_{ij}(x) &= \frac{1}{3}Q_{ij}^M\{[h_1(x) - h_t/2]^3 - h_2^3(x) + h^3/4\} + \frac{1}{3}Q_{ij}^W[h_2^3(x) - h_1^3(x)]
\end{aligned} \right\} \quad (7.7)$$

单胞中 $a/2 \leqslant x \leqslant n_g a/2$ 段的 $A_{ij}(x), B_{ij}(x)$ 和 $D_{ij}(x)$ 的表达式也可用类似的方法写出。

通过对刚度系数 $A_{ij}(x), B_{ij}(x)$ 和 $D_{ij}(x)$ 的求逆可得到微段的局部柔度系数 $a_{ij}(x)$，$b_{ij}(x)$ 和 $d_{ij}(x)$。

在平面应力状态下，该模型的平均面内柔度为

$$\bar{a}_{ij}^c = \frac{2}{an_g}\int_0^{n_g a/2} a_{ij}(x)\mathrm{d}x \quad (7.8)$$

式中，上标 c 表示弯曲模型。平均面内柔度可通过对式(7.8)分段积分得到，考虑到直纱线部分的 $a_{ij}(x)$ 是常数，式(7.8)可表示为

$$\bar{a}_{ij}^c = \left(1 - \frac{2a_u}{an_g}\right)a_{ij} + \frac{2}{an_g}\int_{a_1}^{a_2} a_{ij}(x)\mathrm{d}x \quad (7.9)$$

同理，可得到其他两个平均柔度系数为

$$\bar{b}_{ij}^c = \left(1 - \frac{2}{n_g}\right)b_{ij} + \frac{2}{an_g}\int_{a_1}^{a_2} b_{ij}(x)\mathrm{d}x \quad (7.10)$$

$$\bar{d}_{ij}^c = \left(1 - \frac{2a_u}{an_g}\right)d_{ij} + \frac{2}{an_g}\int_{a_1}^{a_2} d_{ij}(x)\mathrm{d}x \quad (7.11)$$

对 $\bar{a}_{ij}^c, \bar{b}_{ij}^c$ 和 $\bar{d}_{ij}^c$ 求逆便可得到纤维束弯曲单胞模型的刚度系数 $\bar{A}_{ij}^c, \bar{B}_{ij}^c$ 和 $\bar{D}_{ij}^c$。

二、桥连单胞模型

纤维束弯曲单胞模型主要适用于分析平纹编织($n_g = 2$)的复合材料。工程中经常使用缎纹织物($n_g \geqslant 4$)作为增强物，如图 7.1(c) 和(d) 所示，缎纹织物中纤维束弯曲较少，传递力比平纹织物好。

缎纹织物的重复性单元一般取作六边形(见图 7.3(a)),为了分析方便,将其简化为正方形,如图 7.3(b)所示。图 7.3(c)所示的桥连单胞模型是由重叠交织区和周围部分组成的,标记为 Ⅰ,Ⅱ,Ⅳ 和 Ⅴ 的区域由直的经纱和纬纱组成,可看做厚度为 h_t 的交叉铺设的正交层合板,区域 Ⅲ 是弯曲的经纬纱的波浪形交织结构。

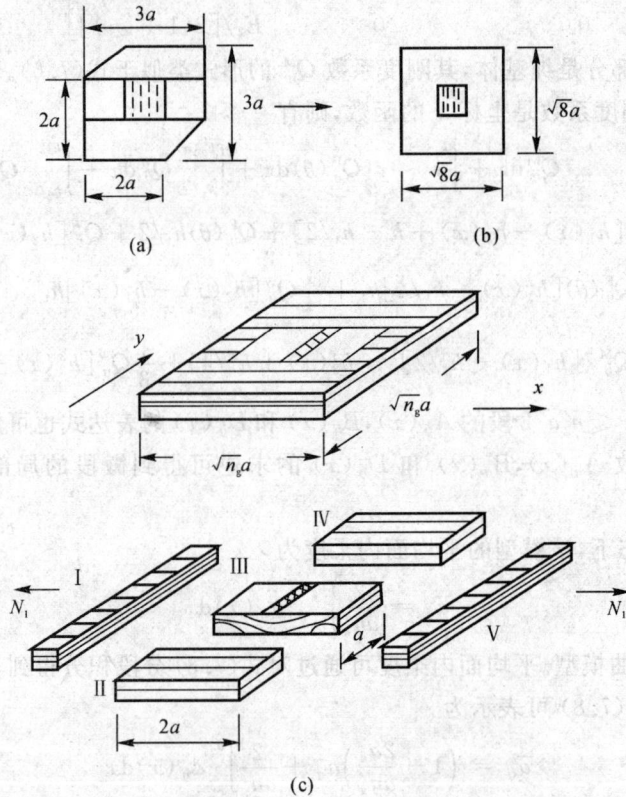

图 7.3 二维织物复合材料的桥连单胞模型

区域 Ⅲ 就是上一节的纤维束弯曲单胞模型取 $n_g = 2$,其面内刚度低于正交层合板,在沿 x 方向的力 N_1 作用下,区域 Ⅱ 和 Ⅳ 比区域 Ⅲ 要承受更高的载荷,这三个区域就像桥一样连接 Ⅰ 区和 Ⅴ 区并传递载荷。根据等应变假设,区域 Ⅱ,Ⅲ 和 Ⅳ 具有相同的平均中面应变和曲率,其平均刚度系数为

$$
\left.
\begin{aligned}
\overline{A}_{ij} &= \frac{1}{\sqrt{n_g}}\left[(\sqrt{n_g}-1)A_{ij} + \overline{A}_{ij}^c\right] \\
\overline{B}_{ij} &= \frac{1}{\sqrt{n_g}}(\sqrt{n_g}-1)B_{ij} \\
\overline{D}_{ij} &= \frac{1}{\sqrt{n_g}}\left[(\sqrt{n_g}-1)D_{ij} + \overline{D}_{ij}^c\right]
\end{aligned}
\right\}
\tag{7.12}
$$

对于区域 Ⅲ，式 (7.12) 中的 $\overline{A}_{ij}^{c}$ 和 $\overline{D}_{ij}^{c}$，可通过对式 (7.8)、式 (7.11) a_{ij}^{c} 和 d_{ij}^{c} 求逆得到。对于区域 Ⅱ，Ⅳ，式 (7.12) 中 A_{ij}，B_{ij} 和 D_{ij} 是对应于 Ⅱ 和 Ⅳ 区的正交层合板的，可根据层合板理论得出。对式 (3.81) 的平均刚度系数矩阵求逆可以得到区域 Ⅱ，Ⅲ 和 Ⅳ 的平均柔度系数 $\overline{a}_{ij}$，$\overline{b}_{ij}$ 和 $\overline{d}_{ij}$。Ⅱ 和 Ⅳ 区的柔度系数 a_{ij}，b_{ij} 和 d_{ij} 可根据其刚度系数 A_{ij}，B_{ij} 和 D_{ij} 求得。

假设区域 Ⅱ，Ⅲ 和 Ⅳ 承受的总载荷和区域 Ⅰ 或 Ⅴ 的相等，由等应力假设可得到单胞的平均柔度系数为

$$
\left.
\begin{aligned}
\overline{a}_{ij}^{\,s} &= \frac{1}{\sqrt{n_{\mathrm{g}}}}\big[2\overline{a}_{ij} + (\sqrt{n_{\mathrm{g}}} - 2)a_{ij}\big] \\[2mm]
\overline{b}_{ij}^{\,s} &= \frac{1}{\sqrt{n_{\mathrm{g}}}}\big[2\overline{b}_{ij} + (\sqrt{n_{\mathrm{g}}} - 2)b_{ij}\big] \\[2mm]
\overline{d}_{ij}^{\,s} &= \frac{1}{\sqrt{n_{\mathrm{g}}}}\big[2\overline{d}_{ij} + (\sqrt{n_{\mathrm{g}}} - 2)d_{ij}\big]
\end{aligned}
\right\}
\tag{7.13}
$$

式中，上标 s 表示桥连模型，单胞的平均刚度系数 $\overline{A}_{ij}^{\,s}$，$\overline{B}_{ij}^{\,s}$ 和 $\overline{D}_{ij}^{\,s}$ 可由式 (7.13) 求逆得到。

上述两种模型在预报二维编织复合材料的刚度时，都取得了比较好的结果。显然，对于平纹织物复合材料，可用纤维束弯曲单胞模型，对缎纹织物复合材料，可用桥连单胞模型。

7.2　三维织物增强复合材料的弹性特性

三维织物预成形的典型编织方法有二步法、四步法和实体编织。这里主要介绍四步法三维编织物增强复合材料的弹性性能预测方法。

四步法编织的预成形体可以由图 7.4 所示的单胞的重复来构成。这是一个由四根内对角线取向构成的六面体单胞。一般情况下四根对角线纤维束不会在体胞中心交叉为一点，但为了在数学上处理方便，作近似为交叉一点的处理。

分析三维编织复合材料弹性性能的模型和方法很多，主要有平均余弦法、弹性应变能法、倾角模型、三细胞模型、选择平均模型等，由于编织物结构的复杂性以及影响因素的多样性，还没有一种类似于层合板理论的较为一致的预测模型。这里主要介绍一种基于层合板理论的倾角模型。

根据四步法，预成形体中的纤维束在经过四次拐折后，正好构成了六面体单胞中的四个主对角线（见图 7.4）。仅从四个主对角线纤维束构成的复合材料对三维编织复合材料刚度贡献的角度来考虑，忽略纤维束之间的相互作用。可以将三维编织复合材料看成为组装起来的若干相邻单胞中相同取向的对角线方向纤维束及基体平行排列成的四组单层构成，如图 7.5 所示。图 7.5(a) 显示了一对拐折对角纤维束构成的两个单层。图 7.5(b) 显示了另一对拐折对角纤维束构成的两个单层。倾角模型的建立正是基于这样的思路。

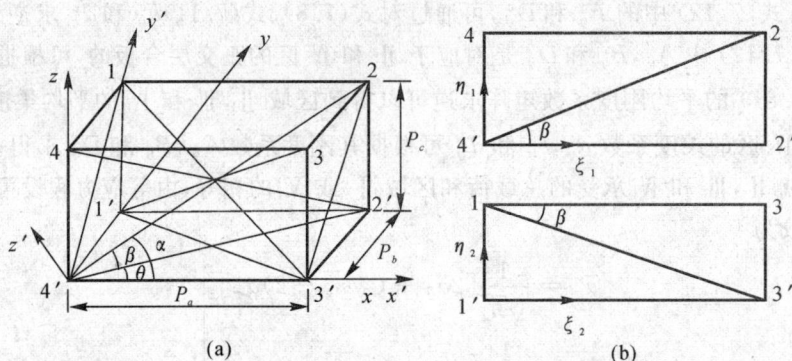

图 7.4　四步法三维编织物的单胞示意图

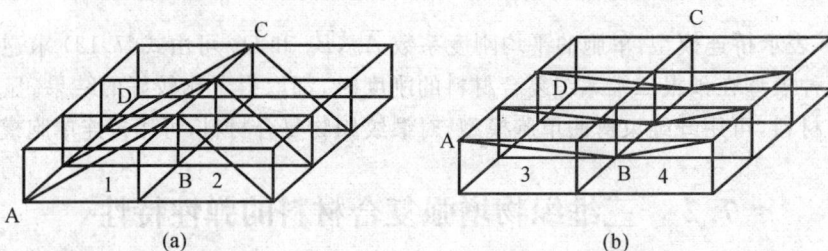

图 7.5　对角线方向纤维束构成的 4 个单层示意图

为了建立倾角模型,对编织体构件的几何特征做如下假设:

(1) 在 ABCD 层中,所有平行于某一对角线方向的纤维束与基体结合形成有一定倾角的单层。

(2) 在每个单层中,纤维束是直的,平行排列,不考虑纤维束在角点处的取向变化及纤维束交叉时的弯曲效应。

(3) 单胞可看做是由 4 个倾斜单层组装而成,每个单层由一个对角线方向的纤维束取向角来表征,所有的单层具有相同的厚度和相同的纤维体积分数,单向板的体积分数与整个复合材料的相同。

建立的倾角模型单胞如图 7.6 所示。将 4 个单层 $4'2,2'4,1'3,3'1$ 分别用坐标 ξ_1,ζ_1,η_1 和 ξ_2,ζ_2,η_2 来表示(见图7.4(b)),图中 ζ_1,ζ_2 分别垂直于 $\xi_1\eta_1$ 面和 $\xi_2\eta_2$ 面,各单层合板的下表面距单胞基准面($z=0$)的高度可以表示为

层合板 1(纱线 4′2)：$\qquad H_1(\xi_1) = \dfrac{P_c\xi_1}{L}, \qquad (0 \leqslant \xi_1 \leqslant L)$

层合板 2(纱线 1′3)：$\qquad H_2(\xi_2) = \dfrac{P_c\xi_2}{L}, \qquad (0 \leqslant \xi_2 \leqslant L)$

层合板 3(纱线 2′4)：$\qquad H_3(\xi_1) = P_c\left(1 - \dfrac{\xi_1}{L}\right), \quad (0 \leqslant \xi_1 \leqslant L)$

层合板 4(纱线 3′1)：$\qquad H_4(\xi_2) = P_c\left(1 - \dfrac{\xi_2}{L}\right), \quad (0 \leqslant \xi_2 \leqslant L)$

$$(7.14)$$

式中，$L = \sqrt{P_b^2 + P_a^2}$ 。

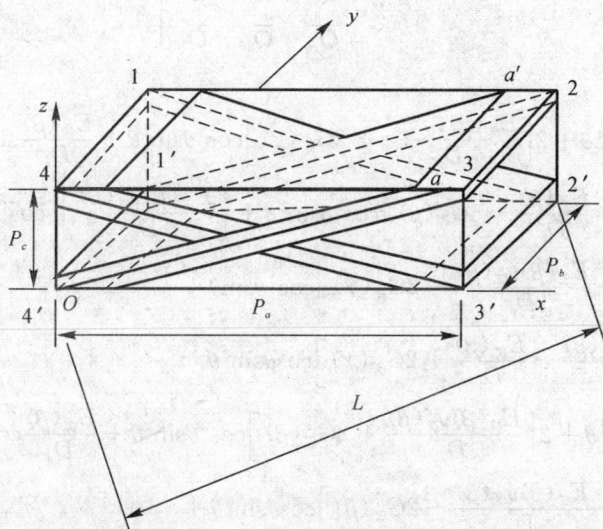

图 7.6　倾角模型单胞示意图

另外，纤维束的取向角 α, θ, β 分别为

$$
\left.
\begin{aligned}
\alpha &= \arctan\sqrt{\dfrac{P_b^2 + P_c^2}{P_a^2}} \\
\theta &= \arctan\dfrac{P_b}{P_a} \\
\beta &= \arctan\dfrac{P_c}{L}
\end{aligned}
\right\}
\qquad (7.15)
$$

根据几何关系和基本假设，四个单层与 ξ 方向均成同一角度 β，三维编织复合材料的弹性性能可用经典的层合板理论得到。以单层 1 为例，在 $\xi\zeta$ 平面内的有效弹性常数是 β 的函数，即

$$E_{\xi\xi}(\beta) = \left[\frac{\cos^4\beta}{E_1} + \left(\frac{1}{G_{12}} - \frac{2\nu_{21}}{E_2}\right)\cos^2\beta\sin^2\beta + \frac{\sin^4\beta}{E_2}\right]^{-1}$$

$$E_{\zeta\zeta}(\beta) = E_2 = E_3$$

$$G_{\xi\zeta}(\beta) = \left(\frac{\cos^2\beta}{G_{12}} + \frac{\sin^2\beta}{G_{23}}\right)^{-1}$$

$$\nu_{\zeta\xi}(\beta) = \nu_{21}\cos^2\beta + \nu_{23}\sin^2\beta$$

$$(7.16)$$

考虑到纤维束与 x 轴的夹角为 θ,可得出用 E_{ξ},E_{ζ},G_{ξ},ν_{ζ} 表示的在 xOy 面内的单层的刚度矩阵 $[\overline{Q}_{ij}]$ 为

$$[\overline{Q}_{ij}] = \begin{bmatrix} \overline{Q}_{11} & \overline{Q}_{12} & \overline{Q}_{16} \\ \overline{Q}_{12} & \overline{Q}_{22} & \overline{Q}_{26} \\ \overline{Q}_{16} & \overline{Q}_{26} & \overline{Q}_{66} \end{bmatrix}$$

$$(7.17)$$

式中,

$$\overline{Q}_{11} = \frac{E_{\xi}(\beta)}{D_\nu}\cos^4\beta + 2\left[\frac{E_{\xi}(\beta)\nu_{\zeta}(\beta)}{D_\nu} + 2G_{\xi}(\beta)\right]\cos^2\theta\sin^2\theta + \frac{E_{\zeta}(\beta)}{D_\nu}\sin^4\theta$$

$$\overline{Q}_{12} = \left[\frac{E_{\xi}(\beta)}{D_\nu} + \frac{E_{\zeta}(\beta)}{D_\nu} - 4G_{\xi}(\beta)\right]\cos^2\theta\sin^2\theta + \left[\frac{E_{\xi}(\beta)\nu_{\zeta}(\beta)}{D_\nu}\right][\cos^4\theta + \sin^4\theta]$$

$$\overline{Q}_{16} = \left[\frac{E_{\xi}(\beta)}{D_\nu} + \frac{E_{\xi}(\beta)\nu_{\zeta}(\beta)}{D_\nu} - 2G_{\xi}(\gamma)\right]\cos^3\theta\sin\theta +$$
$$\left[\frac{E_{\xi}(\beta)\nu_{\zeta}(\beta)}{D_\nu} - \frac{E_{\zeta}(\beta)}{D_\nu} + 2G_{\xi}(\gamma)\right]\cos\theta\sin^3\theta$$

$$\overline{Q}_{22} = \frac{E_{\xi}(\beta)}{D_\nu}\sin^4\theta + 2\left[\frac{E_{\xi}(\beta)\nu_{\zeta}(\beta)}{D_\nu} + 2G_{\xi}(\beta)\right]\cos^2\theta\sin^2\theta + \frac{E_{\zeta}(\beta)}{D_\nu}\cos^4\theta$$

$$\overline{Q}_{26} = \left[\frac{E_{\xi}(\beta)}{D_\nu} - \frac{E_{\xi}(\beta)\nu_{\zeta}(\beta)}{D_\nu} - 2G_{\xi}(\beta)\right]\cos\theta\sin^3\theta +$$
$$\left[\frac{E_{\xi}(\beta)\nu_{\zeta}(\beta)}{D_\nu} - \frac{E_{\zeta}(\beta)}{D_\nu} + 2G_{\xi}(\beta)\right]\cos^3\theta\sin\theta$$

$$\overline{Q}_{66} = \left[\frac{E_{\xi}(\beta)}{D_\nu} + \frac{E_{\zeta}(\beta)}{D_\nu} - 2\frac{E_{\xi}(\beta)\nu_{\zeta}(\beta)}{D_\nu} - 2G_{\xi}(\beta)\right]\cos^2\theta\sin^2\theta + G_{\xi}(\beta)[\cos^4\theta + \sin^4\theta]$$

$$D_\nu = 1 - \nu_{\zeta}^2 E_{\xi}(\beta)/E_{\zeta}(\beta) \tag{7.18}$$

已知 xOy 面内的层合板性能,即可用层合板理论来计算单胞的刚度矩阵 $[A_{ij}]$,$[B_{ij}]$ 和 $[D_{ij}]$,则有

$$A_{ij} = \sum_{k=1}^{4} \overline{Q}_{ij}^k (z_u^{(k)} - z_1^{(k)})$$

$$B_{ij} = \frac{1}{2}\sum_{k=1}^{4} \overline{Q}_{ij}^k ((z_u^{(k)})^2 - (z_1^{(k)})^2)$$

$$D_{ij} = \frac{1}{3}\sum_{k=1}^{4} \overline{Q}_{ij}^k ((z_u^{(k)})^3 - (z_1^{(k)})^3)$$

$$(7.19)$$

式中，$z_u^{(k)}$ 和 $z_l^{(k)}$ 分别表示单层的上边界和下边界的 z 坐标。

当基体的弹性模量比纤维低很多时，可以忽略单胞中纯基体部分的贡献。例如，单胞面内刚度矩阵元素可用下式来估算，则有

$$A_{ij} = \overline{Q}_{ij}^{(1)}h' + \overline{Q}_{ij}^{(2)}h' + \overline{Q}_{ij}^{(3)}h' + \overline{Q}_{ij}^{(4)}h' = h'(\overline{Q}_{ij}^{(1)} + \overline{Q}_{ij}^{(2)} + \overline{Q}_{ij}^{(3)} + \overline{Q}_{ij}^{(4)}) \quad (7.20)$$

式中，上标(1)(2)(3)(4) 分别为图 7.4 中所示的 4 个倾斜的单层，h' 为单层沿 z 方向的厚度，即

$$h' = \frac{h}{\cos\beta} = h\frac{\sqrt{P_a^2 + P_c^2}}{P_a} \quad (7.21)$$

式中，h 为单层厚度，令 4 个单层在 xOz 平面内的总截面积等于单胞的截面积，则有

$$4\left[\frac{1}{2}P_aP_c - \frac{1}{2}(P_a - h\sqrt{1 + \frac{P_a^2}{P_c^2}})(P_c - h\sqrt{1 + \frac{P_c^2}{P_a^2}})\right] = P_aP_c \quad (7.22)$$

由式(7.22)可求得 h。

另外，值得注意的是，为了避免过高地估计复合材料的性能，在对单胞整个厚度积分时，必须将层合板中位于单胞之外的部分在式(7.19)的求和中除掉图 7.6 中 $aa'23$ 以上的部分。采用类似于式(7.20)的方法可以得到单胞的另外两个刚度矩阵 $[B_{ij}]$ 和 $[D_{ij}]$。对式(7.19)的矩阵求逆，即得到单胞的柔度矩阵。

图 7.7 和图 7.8 分别显示了轴向弹性模量和泊松比的理论计算与实验结果，两者符合较好。实验用材料为三维编织碳 / 环氧复合材料，α 是编织预成形中线纱的倾角。

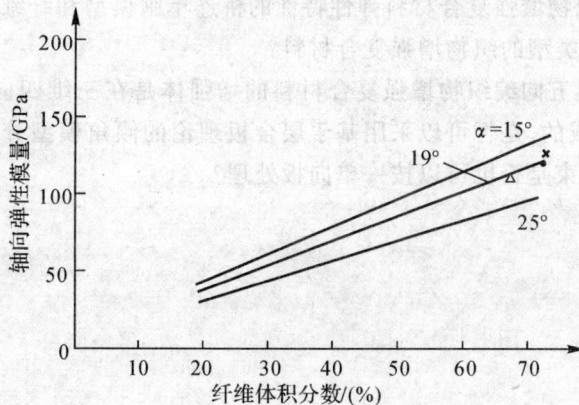

图 7.7　轴向弹性模量的理论计算与实验结果

倾角模型除了可用于三维四向编织复合材料的刚度计算，还可用来分析三维五向、六向和七向等多向编制复合材料的刚度。三维七向是在三维四向编织体中，也就是在原有的主对角线方向纤维束编织体中，插入与 x 轴、y 轴和 z 轴三方向一致的直纤维束。

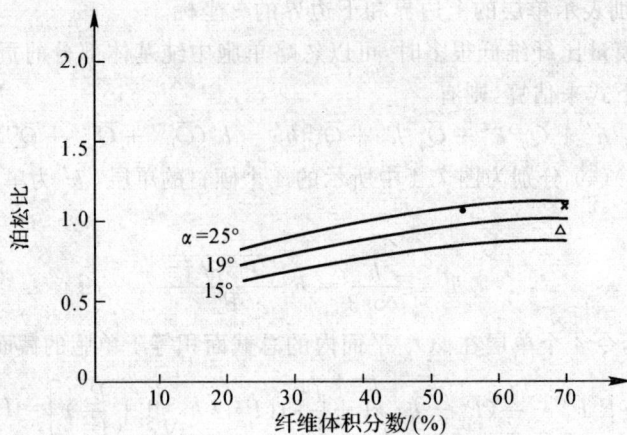

图 7.8 泊松比的理论计算与实验结果

习 题

7.1 平纹织物、斜纹织物和缎纹织物在编织结构上有什么区别,带来力学性能上有什么区别?4 综段纹织物和 8 综段纹织物在编织结构上有什么区别?

7.2 分析二维织物增强复合材料弹性特性的桥连单胞模型和纤维束弯曲模型的特点是什么?分别适用于何种类型的织物增强复合材料?

7.3 四步法三维五向编织物增强复合材料的增强体是在三维四向编织物基础上,沿纵向插入单向纤维束构成的。是否可以采用基于层合板理论的倾角模型分析该复合材料的弹性性能?增加的纵向纤维束是否也可以按一单向板处理?

第 8 章　复合材料细观力学

复合材料的宏观力学基于经典的层合板理论,将构成层合板的各单层看做为均匀的各向异性板,解决了复合材料层合板的强度和刚度的分析方法,为复合材料的结构设计提供了理论和方法。表征复合材料宏观力学性能的工程弹性常数、基本强度和湿、热膨胀系数均可通过试验获得。但实际上复合材料单层是非均匀的多相材料,单层的性能与其组分材料的性能和含量比直接相关。要认识纤维增强复合材料中纤维和基体与单层性能的关系,根据组分材料的弹性性能、强度和湿热膨胀系数以及组分材料的含量比来预测单层的性能,就需要应用细观力学的方法。复合材料的细观力学为复合材料的材料设计提供了理论和方法。本章主要介绍了细观力学的基本假设,工程弹性常数和基本强度的细观预测方法以及工程弹性常数的极限分析。

8.1　细观力学的基本假设

单向复合材料是各向异性的非均质体,而其组分材料(纤维和基体)可视为均质的、各向同性的。纤维具有高的强度和刚度,作为承载的主体;纤维是密实的,性能比较稳定。基体的力学性能较弱,但对复合材料的结构完整性起着重要作用。通常基体中包含着孔隙,复合材料的强度与孔隙含量亦有密切关系。另外,纤维与基体之间的界面结合完好性对复合材料的力学性能亦有影响。然而基体中的孔隙含量和界面黏结程度都可通过制造工艺来控制。为了简明分析组分材料与复合材料之间的力学关系,本章采用的细观力学方法须有如下的基本假设:

(1) 复合材料单层是宏观均质的、线弹性的、正交各向异性的,且无初应力;

(2) 增强材料(纤维)是均质的、线弹性的、各向同性(玻璃纤维)或横向各向同性的(石墨纤维、硼纤维),且分布规则;

(3) 基体材料是均质的、线弹性的、各向同性的,孔隙可忽略不计;

(4) 界面黏结完好,无缺陷。

为了对复合材料进行细观力学研究,必须建立合理的分析模型,这种模型是从复合材料中选取的一种体积单元。取出的典型单元必须小得足以表示材料的细观结构特征,而且又要大到足以代表复合材料的全部物理性能。这种简化的单元体称为代表性体积单元(RVE),如图 8.1 所示。RVE 选定后,边界条件也就确定了。边界条件必须与复合材料内的真实条件相同,于是可以由代表性体积单元估算出复合材料的力学性能。

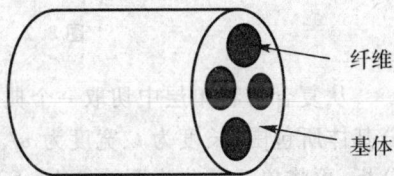

图 8.1　代表性体积单元(RVE)

纤维与基体的相对比例是决定复合材料性能的重要因素,常用质量分数和体积分数表示各相材料所占的比例。长为 l,横截面为 A 的代表性体积单元,其质量为 m,密度为 ρ;该单元的纤维质量为 m_f,密度为 ρ_f;基体质量为 m_m,密度为 ρ_m;纤维和基体的横截面分别为 A_f 和 A_m。则有关系式

$$m = m_f + m_m \tag{8.1}$$
$$Al = A_f l + A_m l \tag{8.2}$$

由式(8.2)可得出组分材料的体积分数关系式为

$$\varphi_f + \varphi_m = 1 \tag{8.3}$$

式中,φ_f 是纤维的体积分数:$\varphi_f = A_f/A$;φ_m 是基体的体积分数:$\varphi_m = A_m/A$。按照密度定义,即有

$$\rho = \frac{m}{Al}, \quad \rho_f = \frac{m_f}{A_f l}, \quad \rho_m = \frac{m_m}{A_m l}$$

由以上公式可得

$$\rho = \rho_f \varphi_f + \rho_m \varphi_m \tag{8.4}$$

这是复合材料的密度混合律。

8.2 材料主方向工程弹性常数的细观预测

在复合材料细观力学分析中,首先以复合材料单层作为典型的研究对象,选择合理的 RVE,建立简化分析模型,用以预测复合材料材料主方向的工程弹性常数。细观力学中采用的基本假设是:纤维和基体沿纤维方向的变形相同,且为平面应力状态。下面讨论用材料力学方法确定复合材料的工程弹性常数。

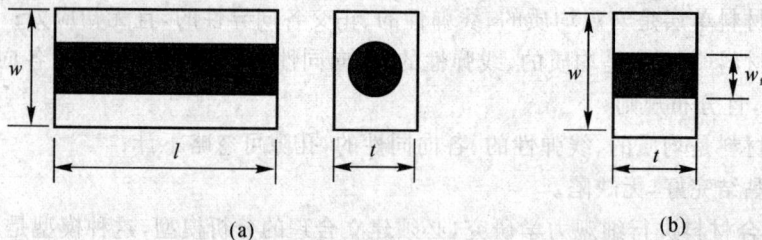

(a)　　　　　　　　　　　(b)

图 8.2　复合材料单层中的代表性体积单元

从复合材料单层中切取一个典型的 RVE,如图 8.2 所示,细观结构特征为:一根纤维被部分基体所包围,长度为 l、宽度为 w、厚度为 t;该单元的纤维体积分数与复合材料相同。为便于分析,再将单元简化为图 8.2(b) 所示,即把纤维的圆形截面改成矩形,并保持截面积相等。则有

$$w = w_f + w_m, \quad \varphi_f = \frac{A_f}{A} = \frac{w_f}{w}, \quad \varphi_m = \frac{A_m}{A} = \frac{w_m}{w}$$

一、纵向弹性模量 E_L 和主泊松比 ν_{LT}

设代表性体积单元体在 1 方向受到单向拉伸,伸长量为 Δl(见图 8.3)。根据等应变假设,假定纤维和基体沿纤维方向(1 方向)的应变相同,均与复合材料的纵向应变 ε_1 相等,则有

$$\varepsilon_f = \varepsilon_m = \varepsilon_1 = \frac{\Delta l}{l} \tag{8.5}$$

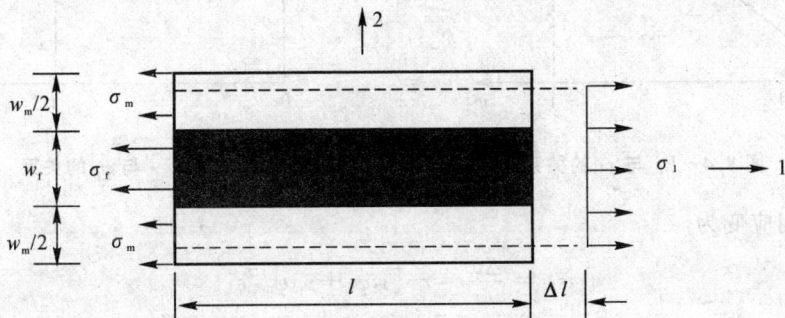

图 8.3　代表性体积单元体 1 方向拉伸示意图

根据胡克定律,纤维应力 σ_f 和基体应力 σ_m 可表示为

$$\sigma_f = E_f \varepsilon_1, \quad \sigma_m = E_m \varepsilon_1$$

由静力平衡关系,可得单元受到的合力为

$$F_1 = \sigma_f A_f + \sigma_m A_m$$

于是单元的平均应力 σ_1 为

$$\sigma_1 = \frac{F_1}{A} = \sigma_f \varphi_f + \sigma_m \varphi_m$$

根据纵向弹性模量 E_L 表示的胡克定律,即

$$\sigma_1 = E_L \varepsilon_1$$

可得复合材料沿纤维方向的表观弹性模量为

$$E_L = E_f \varphi_f + E_m \varphi_m = E_f \varphi_f + E_m (1 - \varphi_f) \tag{8.6}$$

这就是复合材料沿纤维方向的弹性模量混合律。E_L 与 φ_f 具有线性关系,当 φ_f 由 0～1 变化时,E_L 从 $E_m \sim E_f$ 按线性变化,如图 8.4 所示。

假设代表性体积单元体长度为 l,宽度为 w,而且 $w = w_f + w_m$(见图 8.3)。当单元体在 1 方向受到拉伸时,引起纤维和基体的横向应变(2 方向)分别为

$$\varepsilon_{f2} = -\nu_f \varepsilon_1, \quad \varepsilon_{m2} = -\nu_m \varepsilon_1$$

式中，ν_f 和 ν_m 分别是纤维和基体的泊松比。单元的横向变形 Δw 可以表示为

$$\Delta w = \Delta w_f + \Delta w_m = \varepsilon_{f2} w_f + \varepsilon_{m2} w_m = -(\nu_f w_f + \nu_m w_m)\varepsilon_1$$

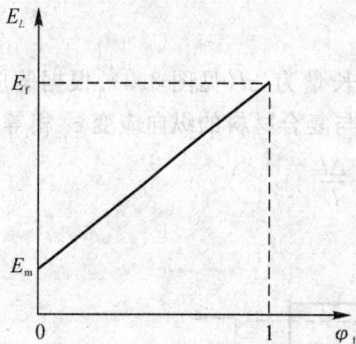

图 8.4 E_L 与 φ_f 的关系   图 8.5 ν_{LT} 与 φ_f 的关系

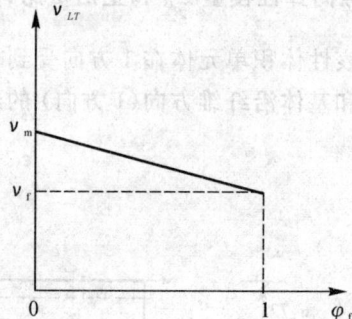

则单元的横向应变为

$$\varepsilon_2 = \frac{\Delta w}{w} = -[\nu_f \varphi_f + \nu_m \varphi_m]\varepsilon_1$$

由此可得复合材料的主泊松比 ν_{LT}

$$\nu_{LT} = -\frac{\varepsilon_2}{\varepsilon_1} = \nu_f \varphi_f + \nu_m \varphi_m = \nu_f \varphi_f + \nu_m(1 - \varphi_f) \tag{8.7}$$

主泊松比 ν_{LT} 也服从混合律。ν_{LT} 与 φ_f 具有线性关系，如图 8.5 所示。

二、横向弹性模量 E_T

当代表性体积单元体在 2 方向受到单向拉伸时，横向变形为 Δw，如图 8.6 所示。根据沿 2 方向的平衡条件，纤维和基体必然承受相同的横向应力，均等于单元受到的横向应力，有

$$\sigma_{f2} = \sigma_{m2} = \sigma_2 \tag{8.8}$$

纤维和基体的横向应变为

$$\varepsilon_{f2} = \frac{\sigma_2}{E_f}, \quad \varepsilon_{m2} = \frac{\sigma_2}{E_m}$$

单元的横向变形是纤维和基体的变形之和，则有

$$\Delta w = \varepsilon_{f2} w_f + \varepsilon_{m2} w_m$$

于是单元的横向应变 ε_2 为

$$\varepsilon_2 = \frac{\Delta w}{w} = \varepsilon_{f2} \varphi_f + \varepsilon_{m2} \varphi_m$$

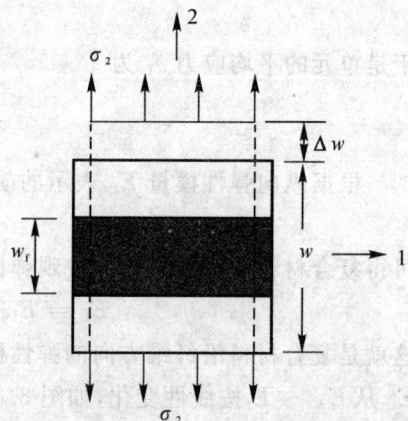

图 8.6 代表性体积单元体 2 方向拉伸示意图

引入横向弹性模量 E_T，可建立单元的应变与应力关系为

$$\varepsilon_2 = \frac{\sigma_2}{E_T}$$

由以上各式可将复合材料的表观横向弹性模量 E_T 表示为

$$\frac{1}{E_T} = \frac{\varphi_f}{E_f} + \frac{\varphi_m}{E_m} = \frac{\varphi_f}{E_f} + \frac{1 - \varphi_f}{E_m} \tag{8.9}$$

式(8.9)表示沿 2 方向的弹性模量倒数(柔量)满足混合律，该式可改写成无量纲形式，即

$$\frac{E_T}{E_m} = \frac{1}{\varphi_f(E_m/E_f) + \varphi_m} = \frac{1}{1 - \varphi_f(1 - E_m/E_f)} \tag{8.10}$$

对于不同的弹性模量比 E_f/E_m，按式(8.10)确定的 E_T/E_m 随 φ_f 的变化曲线如图 8.7 所示，在表 8.1 中列出了 E_T/E_m 的一些数值。显然，要使横向弹性模量提高到基体模量的 2 倍，需要 50% 以上的纤维体积分数。所以，一般纤维增强复合材料的纤维体积分数都比较高。

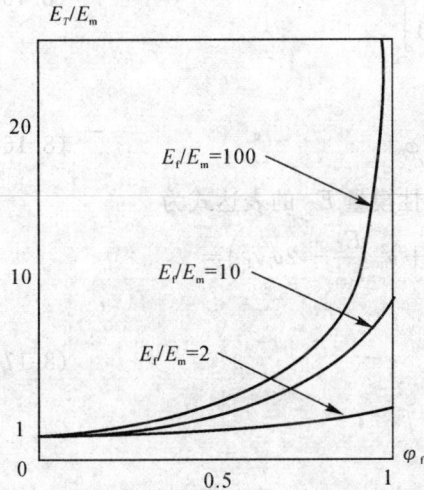

图 8.7　E_T/E_m 与 φ_f 关系

表 8.1　E_T/E_m 值

φ_f	E_f/E_m				
0	1	1	1	1	1
0.2	1	1.11	1.19	1.22	1.25
0.3	1	1.18	1.32	1.37	1.42
0.4	1	1.25	1.47	1.56	1.66
0.5	1	1.33	1.67	1.82	1.98
0.6	1	1.43	1.92	2.17	2.46
0.7	1	1.54	2.27	2.70	3.25
0.8	1	1.67	2.78	3.57	4.80
1.0	1	2	5	10	100

上述确定横向弹性模量 E_T 时没有考虑纤维与基体之间的变形协调。通常纤维和基体的泊松比不同，沿 1 方向的应变也不同，引起纤维与基体在界面处变形不一致，这不符合实际情况。为了克服上述模型的缺点，可假定沿 1 方向纤维与基体的应变相等，即

$$\varepsilon_{f1} = \varepsilon_{m1} \tag{8.11}$$

为了保证变形协调，纤维和基体均为二向应力状态。当典型单元体只在 2 方向拉伸时(见图 8.6)，考虑到复合材料沿 1 方向的合力为零，也就是应力 σ_1 为零，则有

$$\left. \begin{array}{l} \sigma_2 = \sigma_{f2} = \sigma_{m2} \\ \sigma_1 = \sigma_{f1}\varphi_f + \sigma_{m1}\varphi_m = 0 \end{array} \right\} \tag{8.12}$$

因此,沿 1 方向的纤维和基体的应变为

$$
\left.\begin{array}{l}
\varepsilon_{f1} = \dfrac{1}{E_f}(\sigma_{f1} - \nu_f \sigma_{f2}) \\[3mm]
\varepsilon_{m1} = \dfrac{1}{E_m}(\sigma_{m1} - \nu_m \sigma_{m2})
\end{array}\right\} \tag{8.13}
$$

由式(8.11)～式(8.13),可求解出沿 1 方向纤维和基体的应力为

$$
\left.\begin{array}{l}
\sigma_{f1} = \dfrac{\nu_f E_m - \nu_m E_f}{\varphi_f E_f + \varphi_m E_m} \varphi_m \sigma_2 \\[3mm]
\sigma_{m1} = \dfrac{\nu_m E_f - \nu_f E_m}{\varphi_f E_f + \varphi_m E_m} \varphi_f \sigma_2
\end{array}\right\} \tag{8.14}
$$

沿 2 方向的纤维和基体的应变为

$$
\left.\begin{array}{l}
\varepsilon_{f2} = \dfrac{1}{E_f}(\sigma_2 - \nu_f \sigma_{f1}) \\[3mm]
\varepsilon_{m2} = \dfrac{1}{E_m}(\sigma_2 - \nu_m \sigma_{m1})
\end{array}\right\} \tag{8.15}
$$

典型单元体的横向应变 ε_2 为

$$
\varepsilon_2 = \frac{\sigma_2}{E_T} = \varepsilon_{f2}\varphi_f + \varepsilon_{m2}\varphi_m \tag{8.16}
$$

由式(8.14)～式(8.16),可得出复合材料的表观横向弹性模量 E_T 的表达式为

$$
\frac{1}{E_T} = \frac{\varphi_f}{E_f} + \frac{\varphi_m}{E_m} - \frac{\varphi_f \varphi_m}{\varphi_f E_f + \varphi_m E_m}\left(\nu_f^2 \frac{E_m}{E_f} + \nu_m^2 \frac{E_f}{E_m} - 2\nu_f \nu_m\right) =
$$

$$
\frac{\varphi_f}{E_f} + \frac{\varphi_m}{E_m} - \frac{\varphi_m \nu_m^2}{E_m} \frac{(1 - \frac{\nu_f E_m}{\nu_m E_f})^2}{1 + \frac{\varphi_m E_m}{\varphi_f E_f}} \tag{8.17}
$$

对于常用的纤维增强聚合物基复合材料,一般有

$$
\frac{\varphi_m E_m}{\varphi_f E_f} \ll 1, \quad \frac{\nu_f E_m}{\nu_m E_f} \ll 1
$$

则式(8.17) 可简化为

$$
\frac{1}{E_T} = \frac{\varphi_f}{E_f} + \frac{\varphi_m}{E_m}(1 - \nu_m^2) \tag{8.18}
$$

可把上式改写成无量纲形式,即

$$
\frac{E_T}{E_m} = \frac{1}{\varphi_f(E_m/E_f) + \varphi_m(1 - \nu_m^2)} \tag{8.19}
$$

由于碳纤维很细,单丝直径为 $5 \sim 7\ \mu m$,一般不能直接用单丝制备复合材料,而是采用加捻后的纤维束,这样会使基体刚度增大。因此,要对计算 E_T 的公式(8.19) 作如下修正,即

$$
\frac{E_T}{E_m'} = \frac{1}{\varphi_f(E_m'/E_f) + \varphi_m(1 - \nu_m^2)}
$$

式中,

$$E'_m = \frac{E_m}{1 - 2\nu_m^2}$$

三、面内剪切弹性模量 G_{LT}

在 1O2 平面内,对代表性体积单元体进行纯剪切试验,如图 8.8(a) 所示;单元体的变形如图 8.8(b) 所示。可确定面内剪切模量 G_{LT}。根据平衡条件,纤维和基体中的切应力必须相等,且等于复合材料受到的切应力 τ,即

$$\tau_f = \tau_m = \tau \tag{8.20}$$

因此,纤维和基体的切应变可表示为

$$\gamma_f = \frac{\tau}{G_f}, \quad \gamma_m = \frac{\tau}{G_m}$$

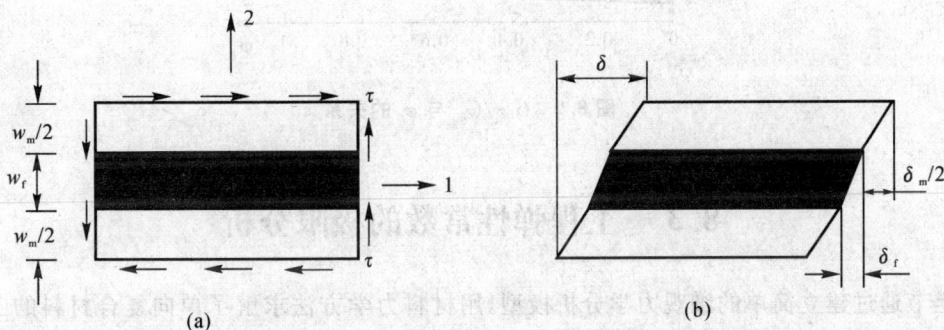

图 8.8　代表性体积单元体纯剪切示意图

单元的总剪切变形 δ 为

$$\delta = \delta_f + \delta_m = \gamma_f w_f + \gamma_m w_m$$

所以单元的切应变 γ 为

$$\gamma = \frac{\delta}{w} = \gamma_f \varphi_f + \gamma_m \varphi_m$$

单元的切应变与切应力之间的关系为

$$\gamma = \frac{\tau}{G_{LT}}$$

由以上各式,可得复合材料的表观面内剪切弹性模量的表达式为

$$\frac{1}{G_{LT}} = \frac{\varphi_f}{G_f} + \frac{\varphi_m}{G_m} = \frac{\varphi_f}{G_f} + \frac{1 - \varphi_f}{G_m} \tag{8.21}$$

这是复合材料的剪切模量倒数混合律。上式亦可表示成无量纲形式,即

$$\frac{G_{LT}}{G_{\mathrm{m}}} = \frac{1}{\varphi_{\mathrm{f}}(G_{\mathrm{m}}/G_{\mathrm{f}}) + \varphi_{\mathrm{m}}} = \frac{1}{1 - \varphi_{\mathrm{f}}(1 - G_{\mathrm{m}}/G_{\mathrm{f}})} \tag{8.22}$$

这与横向弹性模量 E_T 的表达式相似。G_{LT}/G_{m} 随 φ_{f} 的变化曲线如图 8.9 所示。

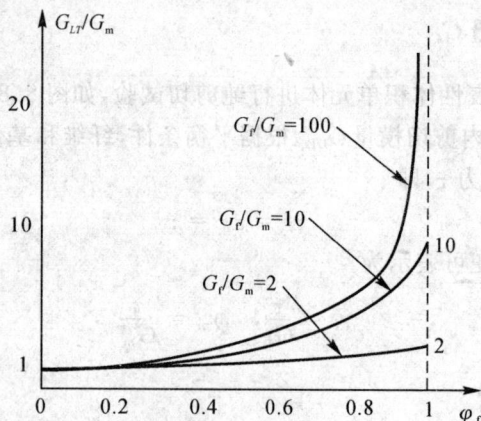

图 8.9 G_{LT}/G_{m} 与 φ_{f} 的关系

8.3　工程弹性常数的极限分析

上节通过建立简单的细观力学分析模型,用材料力学方法求解了单向复合材料的工程弹性常数。由于采用了某些假设,其结果就有一定的近似性。因此,有必要对工程弹性常数作进一步的讨论,以便说明所得近似解的有效性和精确性。通常利用极值法对复合材料进行分析,即用弹性理论中的能量极值原理来确定复合材料工程弹性常数的上、下限。

一、弹性力学的极值法

保尔(Paul)首先用极值法分析了颗粒增强复合材料,该方法也可用于纤维增强复合材料。先陈述常用的最小总势能原理和最小总余能原理。

设弹性体的体积为 V,体力为 F_i;表面为 $S = S_T + S_u$,在 S_T 上给定面力 T_i,在 S_u 上给定位移 $\bar{u}_i$。真实的位移场 u_i(或应变场 ε_{ij})和应力场 σ_{ij} 所对应弹性体的总势能 Π_{ε} 和总余能 Π_{σ},定义为

$$\Pi_{\varepsilon}(\varepsilon_{ij}) = U_{\varepsilon}(\varepsilon_{ij}) - \iiint_V F_i u_i \mathrm{d}V - \iint_{S_T} T_i u_i \mathrm{d}S \tag{8.23}$$

$$\Pi_{\sigma}(\sigma_{ij}) = U_{\sigma}(\sigma_{ij}) - \iint_{S_u} T_i \bar{u}_i \mathrm{d}S \tag{8.24}$$

对于线弹性体,应变能 U_{ε} 与应力能 U_{σ}(余能)相等,即

$$U_\varepsilon(\varepsilon_{ij}) = U_\sigma(\sigma_{ij}) = U(\sigma_{ij}, \varepsilon_{ij}) = \frac{1}{2}\iiint_V \sigma_{ij}\varepsilon_{ij}\,\mathrm{d}V =$$

$$\frac{1}{2}\iiint_V (\sigma_1\varepsilon_1 + \sigma_2\varepsilon_2 + \sigma_3\varepsilon_3 + \tau_{23}\gamma_{23} + \tau_{13}\gamma_{13} + \tau_{12}\gamma_{12})\,\mathrm{d}V \tag{8.25}$$

令 u_i^0 为许可位移场，相应的 ε_{ij}^0 为许可应变场，能满足 S_u 上的位移边界条件；σ_{ij}^0 为静力许可应力场，能满足平衡方程和 S_T 上的应力边界条件。由许可变形场 $(u_i^0, \varepsilon_{ij}^0)$ 所对应的总势能记为 Π_ε^0；由许可应力场 (σ_{ij}^0) 所对应的总余能记为 Π_σ^0。

最小总势能原理认为，在所有满足位移边界条件的位移场中，真实的位移场使弹性体的总势能取最小值，即

$$\Pi_\varepsilon(\varepsilon_{ij}) \leqslant \Pi_\varepsilon^0(\varepsilon_{ij}^0) \tag{8.26}$$

最小总余能原理认为，在所有满足平衡方程和应力边界条件的应力场中，真实的应力场使弹性体的总余能取最小值，即

$$\Pi_\sigma(\sigma_{ij}) \leqslant \Pi_\sigma^0(\sigma_{ij}^0) \tag{8.27}$$

关于能量原理的详细内容可在弹性力学书籍中查找。

二、用最小总余能原理确定纵向弹性模量的下限

设复合材料单元体只在纵向（1 方向）受有正应力 σ，其余应力均为零，即单元体的宏观真实应力场（按平均应力）可表示为

$$\sigma_1 = \sigma, \quad \sigma_2 = \sigma_3 = \tau_{12} = \tau_{13} = \tau_{23} = 0$$

显然该应力场满足平衡方程，另外单元体的全部边界给定了应力，$S = S_T$，$S_u = 0$。根据式 (8.24) 和式 (8.25) 易求出单元体的总余能为

$$\Pi_\sigma(\sigma_{ij}) = \frac{1}{2}\iiint_V \sigma_{ij}\varepsilon_{ij}\,\mathrm{d}V = \frac{1}{2}\iiint_V \frac{1}{E_L}\sigma_1^2\,\mathrm{d}V = \frac{\sigma^2}{2E_L}V$$

式中，E_L 是单元体的表观纵向弹性模量，$E_L = \sigma_1/\varepsilon_1$。

设复合材料单元体内（纤维和基体）的静力许可应力场为

$$\sigma_1^0 = \sigma, \quad \sigma_2^0 = \sigma_3^0 = \tau_{12}^0 = \tau_{13}^0 = \tau_{23}^0 = 0$$

按式 (8.24) 和式 (8.25)，并取 $S_u = 0$，可求得两相材料内的许可应力场所对应的总余能为

$$\Pi_\sigma^0(\sigma_{ij}^0) = \frac{1}{2}\iiint_V \frac{1}{E}(\sigma_1^0)^2\,\mathrm{d}V$$

由于 E 在单元体内不是常数，在 $\varphi_f V$ 体积分数中弹性模量为 E_f，在 $\varphi_m V$ 体积分数中弹性模量为 E_m，而且 $\varphi_f + \varphi_m = 1$，这样

$$\iiint_V \frac{1}{E}\mathrm{d}V = \iiint_{V_f} \frac{\mathrm{d}V}{E_f} + \iiint_{V_m} \frac{\mathrm{d}V}{E_m} = \frac{\varphi_f V}{E_f} + \frac{\varphi_m V}{E_m}$$

于是

$$\Pi_\sigma^0(\sigma_{ij}^0) = \frac{\sigma^2}{2}\left(\frac{\varphi_f}{E_f} + \frac{\varphi_m}{E_m}\right)V$$

根据最小总余能原理式(8.27),并由以上结果可得

$$\frac{1}{E_L} \leqslant \frac{\varphi_f}{E_f} + \frac{\varphi_m}{E_m} \quad \text{或} \quad E_L \geqslant \frac{E_f E_m}{E_f \varphi_m + E_m \varphi_f} = E_L^{\sigma} \tag{8.28}$$

这就是说,$E_L^{\sigma} = \dfrac{E_f E_m}{E_f \varphi_m + E_m \varphi_f}$ 是单向复合材料纵向弹性模量 E_L 的下限。注意到

$$(E_f \varphi_f + E_m \varphi_m)(E_f \varphi_m + E_m \varphi_f) = E_f E_m (\varphi_f + \frac{E_m}{E_f} \varphi_m)(\frac{E_f}{E_m} \varphi_m + \varphi_f) =$$

$$E_f E_m \left[1 + \varphi_f \varphi_m (\frac{E_f}{E_m} + \frac{E_m}{E_f} - 2) \right] =$$

$$E_f E_m + \varphi_f \varphi_m (E_f - E_m)^2$$

则有

$$E_f \varphi_f + E_m \varphi_m = E_L^{\sigma} + \frac{\varphi_f \varphi_m}{E_f \varphi_m + E_m \varphi_f} (E_f - E_m)^2$$

通常 $E_f \gg E_m$,上式第二项比较大而不可忽略。因此,由极值法求得 E_L 的下限 E_L^{σ} 与材料力学方法所确定的 E_L 值有明显差异。

三、用最小总势能原理确定纵向弹性模量的上限

设复合材料单元体只在纵向(1 方向)承受有单轴正应力 σ,使其发生了均匀应变;设单元体无体力,$F_i = 0$。简单应力状态下单元体的宏观真实应变场可表示为

$$\varepsilon_1 = \frac{\sigma}{E_L} = \varepsilon, \quad \varepsilon_2 = \varepsilon_3 = -\nu_{LT} \varepsilon, \quad \gamma_{12} = \gamma_{13} = \gamma_{23} = 0$$

设单元体在此简单应力应变场下的全部边界的位移已确定,另外,已给定了单元体全部位移边界条件,$S = S_u,S_T = 0$。根据式(8.23)和式(8.25)易求出单元体的总势能为

$$\Pi_\varepsilon (\varepsilon_{ij}) = \frac{1}{2} \iiint_V \sigma_{ij} \varepsilon_{ij} \, \mathrm{d}V = \frac{1}{2} \iiint_V E_L \varepsilon_1^2 \, \mathrm{d}V = \frac{1}{2} E_L \varepsilon^2 V$$

设复合材料单元体内(纤维和基体)的许可应变场为

$$\varepsilon_1^0 = \varepsilon, \quad \varepsilon_2^0 = \varepsilon_3^0 = -\nu_{LT} \varepsilon, \quad \gamma_{12}^0 = \gamma_{13}^0 = \gamma_{23}^0 = 0$$

该许可应变场所对应的纤维和基体应力可按胡克定律求得,即

$$\sigma_{f1}^0 = \frac{1 - \nu_f - 2\nu_f \nu_{LT}}{1 - \nu_f - 2\nu_f^2} E_f \varepsilon$$

$$\sigma_{f2}^0 = \sigma_{f3}^0 = \frac{\nu_f - \nu_{LT}}{1 - \nu_f - 2\nu_f^2} E_f \varepsilon$$

$$\tau_{f12}^0 = \tau_{f13}^0 = \tau_{f23}^0 = 0$$

$$\sigma_{m1}^0 = \frac{1 - \nu_m - 2\nu_m \nu_{LT}}{1 - \nu_m - 2\nu_m^2} E_m \varepsilon$$

$$\sigma_{m2}^0 = \sigma_{m3}^0 = \frac{\nu_m - \nu_{LT}}{1 - \nu_m - 2\nu_m^2} E_m \varepsilon$$

$$\tau_{m12}^0 = \tau_{m13}^0 = \tau_{m23}^0 = 0$$

将这些应变分量和应力分量代入式(8.23)和式(8.25),注意到 $F_i = 0, S_T = 0$,可求出两相材料内的许可应变场所对应的总势能为

$$\Pi_\varepsilon^0(\varepsilon_{ij}) = U_\varepsilon^0(\varepsilon_{ij}) = \frac{1}{2}\iiint_V \sigma_{ij}^0 \varepsilon_{ij}^0 \, \mathrm{d}V = \frac{1}{2}E_L^\varepsilon \varepsilon^2 V$$

式中

$$E_L^\varepsilon = \frac{1 - \nu_f - 4\nu_f\nu_{LT} + 2\nu_{LT}^2}{1 - \nu_f - 2\nu_f^2}E_f\varphi_f + \frac{1 - \nu_m - 4\nu_m\nu_{LT} + 2\nu_{LT}^2}{1 - \nu_m - 2\nu_m^2}E_m\varphi_m$$

根据最小总势能原理式(8.26),并由以上结果可得

$$E_L \leqslant E_L^\varepsilon = E_f\varphi_f + E_m\varphi_m + E_\nu \tag{8.29}$$

这就是说,$E_L^\varepsilon = E_f\varphi_f + E_m\varphi_m + E_\nu$ 是单向复合材料纵向弹性模量 E_L 的上限。上式中

$$E_\nu = E_\nu(\nu_{LT}) = \frac{2(\nu_{LT} - \nu_f)^2}{(1+\nu_f)(1-2\nu_f)}E_f\varphi_f + \frac{2(\nu_{LT} - \nu_m)^2}{(1+\nu_m)(1-2\nu_m)}E_m\varphi_m$$

一般地,$0 < \nu_f < 0.5, 0 < \nu_m < 0.5$;因此,$E_\nu \geqslant 0$。上式中的 ν_{LT} 尚未给出,这就使得总势能 $\Pi_\varepsilon^0(\varepsilon_{ij})$ 不能确定。然而,可利用 $\Pi_\varepsilon^0(\varepsilon_{ij})$(或 E_ν)的极小值条件求得 ν_{LT},即

$$\frac{\partial \Pi_\varepsilon^0}{\partial \nu_{LT}} = \frac{1}{2}\varepsilon^2 V \frac{\partial E_\nu}{\partial \nu_{LT}} = 0, \quad \frac{\partial^2 \Pi_\varepsilon^0}{\partial \nu_{LT}^2} = \frac{1}{2}\varepsilon^2 V \frac{\partial^2 E_\nu}{\partial \nu_{LT}^2} > 0$$

由极小值第一条件可得

$$\frac{\nu_{LT} - \nu_f}{(1+\nu_f)(1-2\nu_f)}E_f\varphi_f + \frac{\nu_{LT} - \nu_m}{(1+\nu_m)(1-2\nu_m)}E_m\varphi_m = 0$$

显然,ν_{LT} 值介于 ν_f 与 ν_m 之间。由上式解得

$$\nu_{LT} = \frac{\nu_f(1+\nu_m)(1-2\nu_m)E_f\varphi_f + \nu_m(1+\nu_f)(1-2\nu_f)E_m\varphi_m}{(1+\nu_m)(1-2\nu_m)E_f\varphi_f + (1+\nu_f)(1-2\nu_f)E_m\varphi_m} \tag{8.30}$$

再对 E_ν 求二次偏导,可知极小值第二条件必然满足,即

$$\frac{\partial^2 E_\nu}{\partial \nu_{LT}^2} = 4\left[\frac{E_f\varphi_f}{(1+\nu_f)(1-2\nu_f)} + \frac{E_m\varphi_m}{(1+\nu_m)(1-2\nu_m)}\right] > 0$$

由此可见,由式(8.30)计算的主泊松比 ν_{LT} 必使 $\Pi_\varepsilon^0(\varepsilon_{ij})$ 取极小值。式(8.30)亦可作为 ν_{LT} 的一个近似解,但并不是精确解(应变-应力场不是真实的,其解答只能当作近似的)。利用式(8.30)计算 ν_{LT} 值后,就可计算 E_ν 值,再由式(8.29)求得 E_L 的上限 E_L^ε。通常 ν_f 与 ν_m 相差甚小,则 E_ν 就很小,因而有 $E_L^\varepsilon \approx E_f\varphi_f + E_m\varphi_m$,由极值法求得 E_L 的上限 E_L^ε 与材料力学方法所确定的 E_L 值比较接近。

以上利用极值法求得了单向复合材料纵向弹性模量的上下限。由以上结果可得

$$E_L^\sigma \leqslant E_f\varphi_f + E_m\varphi_m \leqslant E_L^\varepsilon \tag{8.31}$$

因此,由材料力学方法所确定的单向复合材料纵向弹性模量 $E_L = E_f\varphi_f + E_m\varphi_m$ 是合理的。

用同样的方法,也可以确定其他工程常数的上下限。例如,剪切模量的上下限为

$$\frac{G_f G_m}{G_f \varphi_m + G_m \varphi_f} \leqslant G_{LT} \leqslant G_f \varphi_f + G_m \varphi_m \qquad (8.32)$$

8.4 哈尔平-蔡方程

通过对单向复合材料弹性常数的理论预测公式的总结分析,哈尔平-蔡(Halpin-Tsai)提出了一个简明而通用的细观力学公式,即可按下列公式确定单向复合材料的弹性常数。

$$\frac{M}{M_m} = \frac{1 + \xi \eta \varphi_f}{1 - \eta \varphi_f} \qquad (8.33)$$

式中

$$\eta = \frac{(M_f/M_m) - 1}{(M_f/M_m) + \xi} \qquad (8.34)$$

M 是指所要预测的复合材料弹性常数 E_L, E_T, G_{LT}, ν_{LT} 等;M_f 对应于纤维的弹性模量 E_f, G_f 或 ν_f;M_m 是指基体的弹性模量 E_m, G_m 或 ν_m;ξ 是一个非负数,表示纤维增强效果的一个度量因子,它可以从 0 到 ∞ 变化,其大小取决于纤维的几何形状、排列方式、加载条件等。由式(8.34)知,$\eta < 1$,所以式(8.33)中的 $\eta \varphi_f$ 可以看成是对纤维体积分数的缩减。下面考察复合材料弹性常数 M 随参数 ξ 和 η 的变化情况。

当 $\xi = 0$ 时,则有

$$\eta = 1 - \frac{M_m}{M_f}$$

可得

$$\frac{1}{M} = \frac{\varphi_f}{M_f} + \frac{1 - \varphi_f}{M_m}$$

通常由上式可确定出复合材料弹性常数的下限。

当 $\xi \to \infty$ 时,η 趋于零,则有

$$\xi \eta = \frac{M_f}{M_m} - 1$$

可得

$$M = M_f \varphi_f + M_m (1 - \varphi_f)$$

这就是弹性常数的混合律,通常给出复合材料弹性常数的上限。因此 ξ 越大,表示纤维的增强效果大,才能有效地提高复合材料的刚度。

当 $\eta = 0$ 时,由式(8.33)和式(8.34),可得

$$M = M_m = M_f$$

这相当于 $\varphi_f = 0$,说明了整个复合材料全是基体。

当 $\eta > 0$ 时,由式(8.33)和式(8.34),可得

$$M > M_m, \quad M_f > M_m$$

这说明了比基体刚度大的纤维对基体有增强作用，使复合材料的弹性常数比基体的高。

当 $\eta < 0$ 时，由式(8.33)和式(8.34)，可得

$$M < M_m, \quad M_f < M_m$$

这说明了比基体弹性常数小的纤维对基体没有增强作用，使复合材料的刚度缩减了。

应用哈尔平-蔡方程预测复合材料弹性常数的关键是确定一个适当的 ξ 值，一般可选取 ξ 值在 $1 \sim 2$ 之间。为了进一步理解哈尔平-蔡方程，选取 $M_f/M_m = 10$，绘出复合材料弹性常数 M/M_m 随 ξ 和 φ_f 的变化情况如图 8.10 所示。

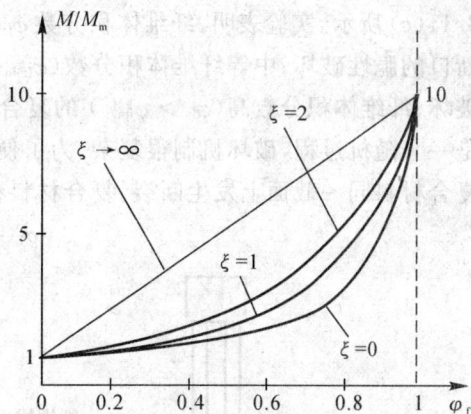

图 8.10　复合材料弹性常数 M/M_m 随 ξ 和 φ_f 的变化

8.5　复合材料基本强度的细观预测

基于细观力学的纤维增强复合材料单向板基本强度的预测精度还不能达到工程弹性常数那样的水平，其主要原因是复合材料的破坏机理十分复杂。强度受各种因素的影响，尤其对缺陷很敏感。复合材料的强度不仅取决于两相材料的力学性质和体积分数，而且与纤维和基体的界面结合特性有关。各种工艺参数（如纤维表面处理状态、固化温度、压力大小、持续时间等）都会引起复合材料内部结构的变化（纤维分布不均匀、空穴或微裂纹、残余应力、界面层差异大等），成为材料破坏的潜在因素，造成对复合材料强度预测的困难。因此，对复合材料强度的预测需要与实验相结合，经过修正后才可能用于工程。实验证实单向复合材料纵向拉伸强度的预测比较准确，而其他强度的预测方法尚不成熟，有待于进一步研究。下面介绍采用材料力学半经验法确定复合材料的基本强度。

一、纵向拉伸强度 X_t

常用的纤维增强复合材料在拉断时表现为脆性破坏。当复合材料单向板受纵向拉伸时，在一些纤维的最弱处开始出现脆断，随着载荷的增加将继续有更多的纤维发生随机断裂。纤维断裂后，复合材料的承载能力降低，导致最终破坏。若基体是脆性的，且界面较强，纤维断裂处的裂纹将向基体扩展并穿过基体，引起临近纤维的断裂。裂纹扩展使得复合材料的有效承载面积减小，承受不了高的载荷，于是导致整个截面脆性断裂造成平断口，如图 8.11(a) 所示。如果界面较弱，纤维断裂处的界面将会发生脱黏，引起纤维从基体中拔出，最后使复合材料的横截面分离，如图 8.11(b) 所示；界面脱黏后的裂纹扩展也可能引起基体破坏，出现纵向开裂，如图

8.11(c) 所示。实验表明,纤维体积分数 φ_f 低于某一定量 $\varphi_{fmin}(\varphi_f < \varphi_{fmin})$ 时,复合材料表现为平断口的脆性破坏;中等纤维体积分数($\varphi_{fmin} < \varphi_f < \varphi_{fmax}$)的复合材料呈现出纤维拔出状的脆性破坏;纤维体积分数高($\varphi_f > \varphi_{fmax}$)的复合材料会发生基体开裂的脆性破坏。复合材料的断裂是一个随机过程,破坏机制很复杂。为了便于强度预测,假定纤维都是均匀的、等强度的,且在复合材料同一截面上发生断裂。复合材料在纵向拉伸下,其平均拉应力

$$\sigma_1 = \sigma_f\varphi_f + \sigma_m\varphi_m \tag{8.35}$$

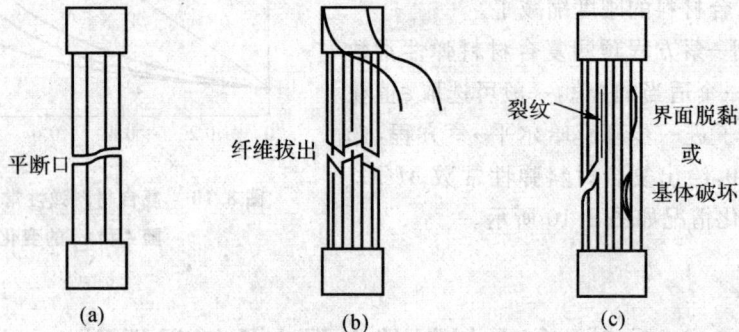

图 8.11 单向复合材料的拉伸破坏形式

一般复合材料是由高刚度的脆性纤维增强延性较大的基体,即组分材料拉伸时的弹性模量和断裂应变表现为 $E_f > E_m$,$\varepsilon_{mu} > \varepsilon_{fu}$,如图 8.12 所示。对中等纤维体积分数的复合材料进行纵向拉伸,则当纵向应变 ε_1 达到纤维的最大应变 ε_{fu} 时,纤维发生断裂,虽然基体仍可继续变形,但复合材料的承载能力急剧下降而导致破坏。因此,复合材料破坏应变 ε_{1u} 就等于纤维断裂应变 ε_{fu},即 $\varepsilon_{1u} = \varepsilon_{fu}$。这时,复合材料的破坏是由纤维控制的,其纵向拉伸强度 X_t 按混合律式(8.35),可得

$$X_t = \sigma_{fu}\varphi_f + \sigma'_m(1-\varphi_f) \tag{8.36}$$

式中,σ'_m 是对应于基体应变等于纤维断裂应变时的基体应力,且有

$$\sigma'_m = E_m\varepsilon_{fu} = \frac{E_m}{E_f}\sigma_{fu}$$

则拉伸强度公式可改为

$$X_t = \sigma_{fu}\left[\varphi_f + \frac{E_m}{E_f}(1-\varphi_f)\right] \tag{8.37}$$

式中,$\varphi_f \geqslant \varphi_{fmin}$。

当纤维体积分数较小时,$\varphi_f < \varphi_{fmin}$,在低载荷下纤维就会被拉断。在纤维被全部拉断后,基体将继续承受载荷,此时复合材料的破坏就由基体控制,其纵向拉伸强度为

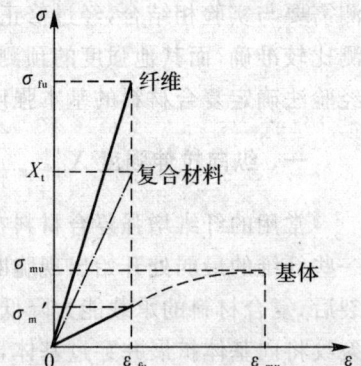

图 8.12 复合材料、纤维和基体的 σ-ε 曲线

144

$$X_{\mathrm{t}} = \sigma_{\mathrm{mu}}(1 - \varphi_{\mathrm{f}}) \tag{8.38}$$

这说明 φ_{f} 较小时，$X_{\mathrm{t}} < \sigma_{\mathrm{mu}}$，即加入少量纤维的复合材料纵向拉伸强度比纯基体的强度还低，纤维相当于杂质，起了反作用。这是由于纤维太少，纤维断裂处的基体有效面积减小，使得由基体控制复合材料破坏的拉伸强度降低的缘故。按式(8.36)和式(8.38)画出 X_{t} 随 φ_{f} 变化的曲线如图 8.13 所示。两条直线的交点对应于 φ_{fmin}，其值由下式确定：

$$\sigma_{\mathrm{fu}}\varphi_{\mathrm{fmin}} + \sigma'_{\mathrm{m}}(1 - \varphi_{\mathrm{fmin}}) = \sigma_{\mathrm{mu}}(1 - \varphi_{\mathrm{fmin}})$$

即

$$\varphi_{\mathrm{fmin}} = \frac{\sigma_{\mathrm{mu}} - \sigma'_{\mathrm{m}}}{\sigma_{\mathrm{fu}} + \sigma_{\mathrm{mu}} - \sigma'_{\mathrm{m}}} \tag{8.39}$$

显然，φ_{fmin} 对应于复合材料拉伸强度的最小值 X_{tmin}，按下式确定：

$$X_{\mathrm{tmin}} = \frac{\sigma_{\mathrm{fu}}\sigma_{\mathrm{mu}}}{\sigma_{\mathrm{fu}} + \sigma_{\mathrm{mu}} - \sigma'_{\mathrm{m}}} \tag{8.40}$$

由图 8.13 可知，欲使纤维能起到增强作用，获得高于基体强度的复合材料，则 φ_{f} 应该大于纤维临界体积分数 φ_{fcr}，其值由下式确定：

$$\sigma_{\mathrm{fu}}\varphi_{\mathrm{fcr}} + \sigma'_{\mathrm{m}}(1 - \varphi_{\mathrm{fcr}}) = \sigma_{\mathrm{mu}}$$

即

$$\varphi_{\mathrm{fcr}} = \frac{\sigma_{\mathrm{mu}} - \sigma'_{\mathrm{m}}}{\sigma_{\mathrm{fu}} - \sigma'_{\mathrm{m}}} \tag{8.41}$$

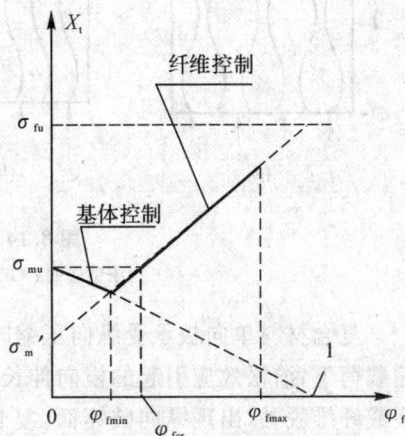

图 8.13　X_{t} 随 φ_{f} 的变化

对于常用的纤维增强聚合物基复合材料，基体强度很低，$\sigma_{\mathrm{mu}} \ll \sigma_{\mathrm{fu}}$，因此 φ_{fcr} 很小，所以其纤维体积分数都大于 φ_{fcr} 的值。

对于纤维体积分数高($\varphi_{\mathrm{f}} > \varphi_{\mathrm{fmax}}$)的复合材料，易发生界面脱黏或基体开裂，使复合材料的拉伸强度不随 φ_{f} 增加而提高，反而有下降趋势。当纤维体积分数过大时，制备工艺上不能保证组分材料分布均匀，就会有缺陷形成，导致复合材料强度下降。因此，复合材料的纤维体积分数应适当大($0.5 < \varphi_{\mathrm{f}} < 0.7$)，才能达到预期的增强效果。

二、纵向压缩强度 X_{c}

单向复合材料纵向压缩强度的预测比较复杂，因为它有多种类型的破坏模式。如纤维微屈曲破坏、横向开裂破坏、剪切破坏，如图 8.14 所示。组分材料的强度和刚度、界面黏结情况、纤维体积分数及初始状态，等等因素，都会影响压缩破坏的形式。

当复合材料单向板承受纵向压缩时，细长纤维容易发生微屈曲，见图 8.14(a)和(b)。纤维微屈曲可能出现两种特殊形式：反向屈曲和同向屈曲。当纤维间距相当大时，纤维反向屈曲(见图 8.14(a))就会发生，在基体中产生横向拉应变和压应变，因而这种屈曲形式又称为拉压型。纤维彼此同向屈曲时(见图 8.14(b))，基体以剪切应变为主，这种屈曲形式又称为剪切型，这也是最为常见的纤维微屈曲形式。实际上，复合材料中的纤维微屈曲是混合型的，拉压型和剪切型同时存在，但总有某种形式占主导。

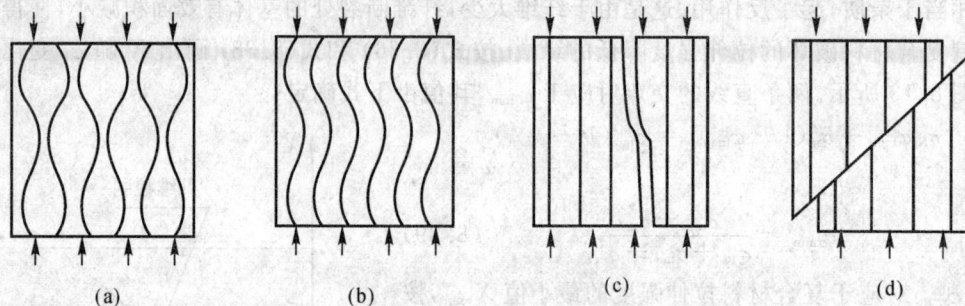

图 8.14　单向复合材料的压缩破坏形式

(a) 拉压型屈曲；(b) 剪切型屈曲；(c) 横向开裂破坏；(d) 剪切破坏

复合材料单向板承受纵向压缩时也可能发生横向开裂破坏，如图 8.14(c) 所示。在纵向压缩载荷下，泊松效应引起的横向伸长超过复合材料横向变形能力的极限值时，就会导致基体开裂或纤维脱黏，出现纵向破坏面。复合材料单向板承受纵向压缩载荷时也可能发生与加载线成 45° 角的剪切破坏（见图 8.14(d)），在破坏之前纤维会出现弯折现象。

通过对复合材料单向板承受纵向压缩载荷下的破坏模式分析，建立纵向压缩强度的预测公式，并由实验进行验证。下面就几种破坏模式分别进行讨论。

复合材料承受纵向压缩载荷时，纤维微屈曲现象是普遍存在的。因此，分析纤维微屈曲所引起复合材料破坏的机理并确定其纵向压缩强度 X_c 是有实际意义的。从复合材料单向板中切取一等厚度典型单元体，厚度为 1，长度为 l，把纤维和基体简化成宽度为 w_f 和 w_m 的矩形板条（见图 8.15）。假定只有纤维受压，每根纤维上的压缩载荷为 P，压应力为 σ_f，即 $P = \sigma_f w_f$；基体只提供对纤维的横向支撑。考虑到纤维剪切模量比基体剪切模量大得多（$G_f \gg G_m$），计算中忽略纤维的剪切变形。纤维受压时的变形具有周期性，呈现正弦波形屈曲。由于纤维很细，波长也就较短。设纤维的屈曲形状为

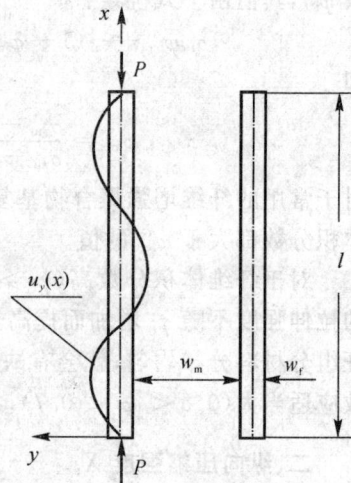

图 8.15　复合材料单向板压缩破坏的拉压型屈曲模型

$$u_y = a_n \sin \frac{n\pi x}{l} \quad (n = 1, 2, 3, \cdots) \tag{8.42}$$

分别计算出纤维发生微屈曲时的纤维应变能增量 ΔU_f 和基体应变能增量 ΔU_m 以及外力功增量 ΔW,其功能关系为

$$\Delta W = \Delta U_f + \Delta U_m \tag{8.43}$$

以此关系式来确定纤维微屈曲时的临界载荷。

1. 拉压型屈曲模型

在纤维反向屈曲时,基体中产生横向(拉、压)应变。假定基体的横向应变 ε_{my} 与坐标 y 无关,则应变 ε_{my} 可表示为

$$\varepsilon_{my} = \frac{2u_y}{w_m} = \frac{2a_n}{w_m}\sin\frac{n\pi x}{l}$$

设基体处于单向应力状态,则横向应力 σ_{my} 为

$$\sigma_{my} = E_m\varepsilon_{my} = \frac{2E_m a_n}{w_m}\sin\frac{n\pi x}{l}$$

于是可得到基体的应变能增量为

$$\Delta U_m - \frac{1}{2}\iiint_{V_m}\sigma_{my}\varepsilon_{my}\mathrm{d}V = \frac{1}{2}\int_0^l\frac{4E_m a_n^2}{w_m}\left(\sin\frac{n\pi r}{l}\right)^2\mathrm{d}x = \frac{l}{w_m}E_m a_n^2 \tag{8.44}$$

利用屈曲杆的变形能公式,计算纤维屈曲后的应变能增量为

$$\Delta U_f = \frac{1}{2}\int_0^l E_f I_f\left(\frac{\mathrm{d}^2 u_y}{\mathrm{d}x^2}\right)^2\mathrm{d}x = \frac{n^4\pi^4}{48}\left(\frac{w_f}{l}\right)^3 E_f a_n^2 \tag{8.45}$$

式中,I_f 为纤维的截面惯性矩 $I_f = w_f^3/12$。

利用屈曲杆的外力功公式,计算纤维屈曲后单元体的外力功增量为

$$\Delta W = \frac{P\Delta l}{2} = \frac{P}{2}\int_0^l\left(\frac{\mathrm{d}^2 u_y}{\mathrm{d}x^2}\right)^2\mathrm{d}x = \frac{n^2\pi^2}{4}\left(\frac{w_f}{l}\right)\sigma_f a_n^2 \tag{8.46}$$

再根据功能关系,可得纤维屈曲时的临界应力为

$$\sigma_{fcr} = \frac{\pi^2 E_f}{12}\left(\frac{w_f}{l}\right)^2\left(n^2 + \frac{48E_m l^4}{n^2\pi^4 E_f w_f^3 w_m}\right) \tag{8.47}$$

式中,n 的取值应使 σ_{fcr} 为最小。由于纤维很细,$l \gg w_f$,通常 n 是相当大的整数。因此,可按连续函数求出上式的极小值(n 近似为连续变量),即

$$\frac{\mathrm{d}\sigma_{fcr}}{\mathrm{d}n} = 0, \quad \frac{\mathrm{d}^2\sigma_{fcr}}{\mathrm{d}n^2} > 0$$

将式(8.47)代入,可得

$$n^2 = \sqrt{\frac{48E_m l^4}{\pi^4 E_f w_f^3 w_m}} = \frac{12}{\pi^2}\left(\frac{l}{w_f}\right)^2\sqrt{\frac{E_m w_f}{3E_f w_m}}$$

再将此结果代入式(8.47),得到纤维屈曲临界应力为

$$\sigma_{fcr} = 2E_f\sqrt{\frac{E_m w_f}{3E_f w_m}} = 2E_f\sqrt{\frac{E_m\varphi_f}{3E_f\varphi_m}} \tag{8.48}$$

相应的纤维临界应变为

$$\varepsilon_{\text{fcr}} = \frac{\sigma_{\text{fcr}}}{E_{\text{f}}} = 2\sqrt{\frac{E_{\text{m}}\varphi_{\text{f}}}{3E_{\text{f}}\varphi_{\text{m}}}} \tag{8.49}$$

单元体受压时,基体也有纵向应变和纵向应力。假定基体与纤维沿纤维方向上有相同的应变,即 $\varepsilon_{\text{m}x} = \varepsilon_{\text{f}x}$,则加载到临界状态时的基体纵向应力为 $\sigma_{\text{m}x} = E_{\text{m}}\varepsilon_{\text{fcr}}$(可不考虑纤维屈曲时的基体横向拉压应力变化)。根据复合材料的应力混合律式(8.35),即可得到单向复合材料拉压型微屈曲引起破坏的纵向压缩强度 X_{c} 为

$$X_{\text{c}} = 2(E_{\text{f}}\varphi_{\text{f}} + E_{\text{m}}\varphi_{\text{m}})\sqrt{\frac{E_{\text{m}}\varphi_{\text{f}}}{3E_{\text{f}}\varphi_{\text{m}}}} \tag{8.50}$$

对于常用的复合材料,上式的第二项值远小于第一项值,可略去第二项,于是得

$$X_{\text{c}} = 2\varphi_{\text{f}}\sqrt{\frac{E_{\text{f}}E_{\text{m}}\varphi_{\text{f}}}{3(1 - \varphi_{\text{f}})}} \tag{8.51}$$

当纤维体积分数 φ_{f} 趋于零时,由上式计算的纵向压缩强度 X_{c} 也趋于零;如果 φ_{f} 趋于1时,X_{c} 将趋于无限大;显然这两种极端情况不符合实际。因此,利用式(8.51)只适用于预测纤维含量适中的复合材料的纵向压缩强度。

2. 剪切型屈曲模型

在剪切型屈曲中,基体的剪切应变是构成基体应变能的主要因素。由于 $G_{\text{f}} \gg G_{\text{m}}$,所以纤维的剪切变形可以忽略。当单元体受纵向载荷使纤维彼此同向屈曲时,基体的剪切变形如图8.16所示。按弹性力学的几何方程,写出基体的切应变为

$$\gamma_{\text{m}xy} = \frac{\partial u_x}{\partial y} + \frac{\partial u_y}{\partial x}$$

式中,u_x 和 u_y 分别是基体中某一点沿 x 和 y 方向的位移。从图8.16可以看出,u_y 不随 y 而变,即有

$$u_y = u_y(x)$$

再根据变形几何关系,则有

$$w_{\text{m}}\frac{\partial u_x}{\partial y} = w_{\text{f}}\frac{\partial u_y}{\partial x}$$

$$\frac{\partial u_y}{\partial x} = \frac{\mathrm{d}u_y}{\mathrm{d}x}$$

因而有

$$\gamma_{\text{m}xy} = \left(\frac{w_{\text{f}}}{w_{\text{m}}} + 1\right)\frac{\partial u_y}{\partial x}$$

即

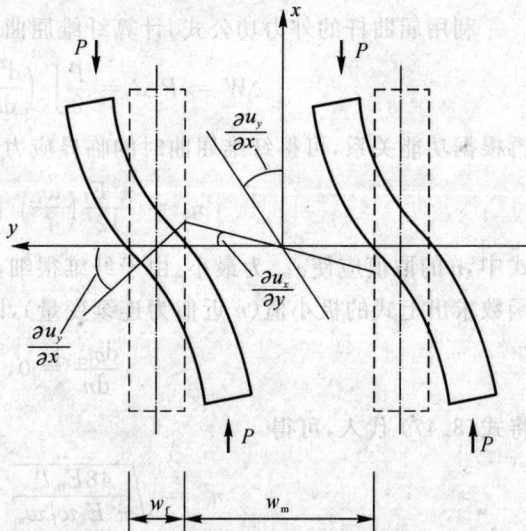

图 8.16　复合材料单向板压缩破坏的
剪切型屈曲模型

$$\gamma_{m.xy} = \frac{1}{\varphi_m} \frac{du_y}{dx}$$

则基体的切应力为

$$\tau_{m.xy} = G_m \gamma_{m.xy} = \frac{G_m}{\varphi_m} \frac{du_y}{dx}$$

于是基体的应变能增量为

$$\Delta U_m = \frac{1}{2} \iiint_{V_m} \tau_{m.xy} \gamma_{m.xy} dV = \frac{1}{2} \iiint_{V_m} \frac{G_m}{\varphi_m^2} \left(\frac{du_y}{dx}\right)^2 dV = \frac{G_m w_m}{2\varphi_m^2} \int_0^l \left(\frac{du_y}{dx}\right)^2 dx$$

将式(8.42)代入,可得

$$\Delta U_m = \frac{n^2 \pi^2}{4\varphi_m^2} \frac{w_m}{l} G_m a_n^2 \tag{8.52}$$

纤维屈曲后的应变能增量 ΔU_f 和单元体的外力功增量 ΔW 仍可由式(8.45)和或(8.46)给出。将式(8.45)、式(8.46)和式(8.52)代入功能关系式(8.43),可得纤维同向屈曲时的临界应力为

$$\sigma_{fcr} = \frac{G_m}{\varphi_f \varphi_m} + \frac{\pi^2 E_f}{12} \left(\frac{n w_f}{l}\right)^2 \tag{8.53}$$

由于纤维的屈曲半波长 $\dfrac{l}{n}$ 远大于纤维宽度 w_f,即 $\dfrac{l}{n} \gg w_f$,所以上式右端第二项比第一项小得多,可略去,简化为

$$\sigma_{fcr} = \frac{G_m}{\varphi_f (1 - \varphi_f)} \tag{8.54}$$

相应的纤维临界应变为

$$\varepsilon_{fcr} = \frac{G_m}{\varphi_f (1 - \varphi_f) E_f} \tag{8.55}$$

复合材料纵向压缩时,载荷主要由纤维承担,基体承载可以忽略。因此,复合材料单向板由剪切型微屈曲引起破坏时,纵向压缩强度 X_c 为

$$X_c \approx \sigma_{fcr} \varphi_f = \frac{G_m}{1 - \varphi_f} \tag{8.56}$$

当 φ_f 趋于 1 时,X_c 将趋于无限大,显然不符合实际。因此,利用式(8.56)也只适用于预测纤维含量适中的复合材料的纵向压缩强度。

对复合材料单向板的纵向压缩强度 X_c 进行预测时,应该选取式(8.51)和式(8.56)中的较低者。以某玻璃纤维增强环氧基复合材料为例,其弹性常数为 $E_f = 70$ GPa,$E_m = 3.5$ GPa 和 $G_m = 1.3$ GPa。按式(8.51)和式(8.56)绘出纵向压缩强度 X_c 随纤维体积分数 φ_f 变化的曲线,如图 8.17 所示,两线交点在 $\varphi_f \approx 0.19$ 处。可以看出,当 φ_f 较低时,纵向压缩强度 X_c 由拉压型所控制;而当 φ_f 较高时,则 X_c 由剪切型所控制。

由上述两种微屈曲模型预测复合材料纵向压缩强度的理论值通常比实测值高得多,其原

因可能在于:① 在模型中假设纤维完全平直,但实际上由于种种因素的影响,纤维不可能平直,使得临界应力下降;② 采用的分析模型是二维屈曲模型,实际上纤维不一定是平面屈曲而是发生空间屈曲,纤维屈曲的自由度增加致使临界应力下降;③ 当纤维屈曲时,基体可能已进入非线性变形状态,基体刚度降低对纤维约束减小,造成临界应力下降。

为了修正理论值与实测值的误差,对上述公式中的基体弹性模量进行修正,乘以系数 ϕ,即得到与实测值吻合较好的纵向压缩强度理论公式,即

$$X_c = 2\varphi_f \sqrt{\frac{\phi E_m E_f \varphi_f}{3(1-\varphi_f)}} \quad \text{(拉压型)} \quad (8.57)$$

$$X_c = \frac{\phi G_m}{1-\varphi_f} \quad \text{(剪切型)} \quad (8.58)$$

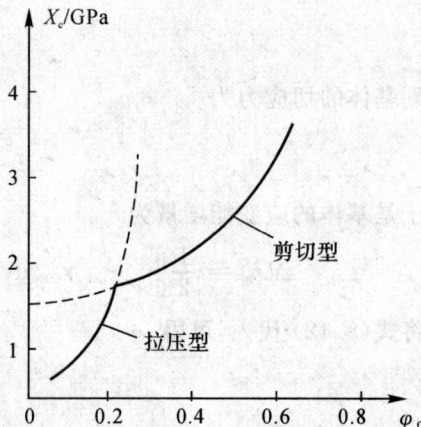

图 8.17 复合材料单向板的纵向压缩强度 X_c 随 φ_f 的变化

ϕ 由实验确定,通常对硼 / 环氧取 $\phi = 0.63$,玻璃 / 环氧取 $\phi = 0.2$。但对于具体的复合材料要进行相应的试验,得到合适的修正系数。

3. 横向开裂破坏

实验表明,复合材料单向板纵向压缩时往往会发生沿纤维方向的劈裂或脱黏,最后导致横向开裂破坏,见图8.14(c)。这时,复合材料的横向拉伸应变 ε_2 达到横向破坏应变 ε_{2u} 的数值,即 $\varepsilon_2 = \varepsilon_{2u}$。以 σ_1 表示单向板的纵向应力,则单向载荷下的横向应变 ε_2 为

$$\varepsilon_2 = -\nu_{LT}\frac{\sigma_1}{E_L} = -\frac{\nu_f \varphi_f + \nu_m \varphi_m}{E_f \varphi_f + E_m \varphi_m}\sigma_1 \quad (8.59)$$

通常,复合材料的横向破坏应变 ε_{2u} 低于基体的破坏应变 ε_{mu},并有以下经验关系:

$$\varepsilon_{2u} = (1 - \sqrt[3]{\varphi_f})\varepsilon_{mu} \quad (8.60)$$

当加载到破坏时,$\sigma_1 = -X_c$,$\varepsilon_2 = \varepsilon_{2u}$,并由式(8.59)和式(8.60),可得纵向压缩强度 X_c 为

$$X_c = \frac{E_f \varphi_f + E_m \varphi_m}{\nu_f \varphi_f + \nu_m \varphi_m}(1 - \sqrt[3]{\varphi_f})\varepsilon_{mu} \quad (8.61)$$

4. 剪切破坏

对于纤维体积分数 φ_f 较大的复合材料单向板,在纵向压缩时可能会出现剪切破坏模式,其破坏主要是由纤维的剪切强度所控制。在剪切破坏模式下,复合材料的纵向压缩强度可按以下公式预测,即

$$X_c = 2\tau_{fu}\left[\varphi_f + (1-\varphi_f)\frac{E_m}{E_f}\right] \quad (8.62)$$

式中,τ_{fu} 是纤维的剪切强度。

三、横向强度 Y_t 和 Y_c 以及剪切强度 S

复合材料单向板纵向强度主要是由纤维控制的,而横向强度和剪切强度则由基体或界面强度所控制,复合材料的破坏一般与纤维/基体间的界面状况密切相关。界面问题十分复杂,其力学性能表征的研究尚不充分。因此,对于横向强度和剪切强度的预测仅有一些经验公式。

复合材料单向板承受横向拉伸时,易出现基体或界面的拉伸破坏,如图 8.18 所示。因此,在横向拉伸载荷下复合材料的破坏模式就可以描述为:基体拉伸破坏、界面脱黏或纤维撕裂破坏。一般来说,破坏模式是联合作用的,复合材料破坏面的某些部分是由于基体拉伸破坏造成的,而另外部分是由于界面脱黏或纤维撕裂引起的。在基体中,应力 σ_{my} 不是均匀分布的,而是在部分界面上达到最大值,即有应力集中区。当最大应力超过了基体拉伸强度 σ_{mu} 或界面拉伸强度 σ_{iu} 时,就会从界面处开始发生破坏。引入应力集中系数 K_{my},其定义为

$$K_{my} = \frac{(\sigma_{my})_{max}}{\bar{\sigma}_{my}} \tag{8.63}$$

式中,$\bar{\sigma}_{my}$ 是基体的平均应力。复合材料的横向拉伸强度 Y_t 可表示为

$$Y_t = \frac{1 + \varphi_f(\frac{1}{\eta_y} - 1)}{K_{my}} \sigma_u^* \tag{8.64}$$

式中,σ_u^* 选取基体拉伸强度 σ_{mu} 和界面拉伸强度 σ_{iu} 中的较小者,η_y 是与界面性能有关的系数。

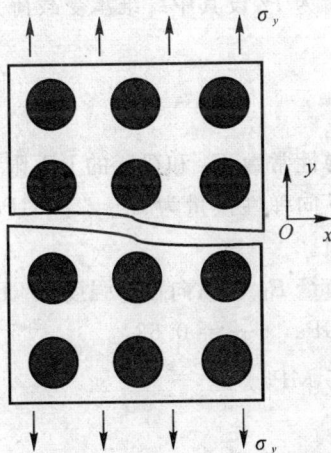

图 8.18　复合材料单向板承受横向
拉伸破坏示意图

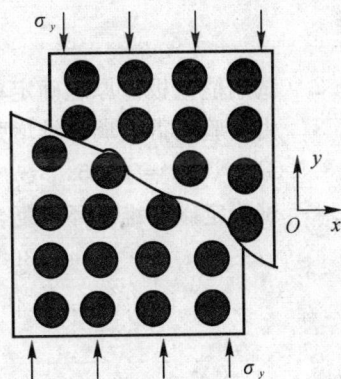

图 8.19　复合材料单向板承受横向
压缩破坏示意图

在横向压缩载荷作用下,复合材料单向板的破坏常常是由基体剪切破坏所致,如图 8.19 所示。大体上沿 45° 斜面剪坏,有时还伴有界面破坏和纤维压碎。实验表明,横向压缩强度 Y_c 大

约是横向拉伸强度 Y_t 的 $3 \sim 7$ 倍。

在面内剪切载荷下,复合材料单向板的破坏是由基体剪切破坏、界面脱黏或者是两者联合作用所致,如图 8.20 所示。类似于横向拉伸强度公式,将面内剪切强度 S 表达为

$$S = \frac{1 + \varphi_f(\frac{1}{\eta_s} - 1)}{K_{ms}} S_m$$

式中,S_m 和 K_{ms} 分别为基体剪切强度和基体剪应力集中系数,η_s 为与界面性能有关的系数。

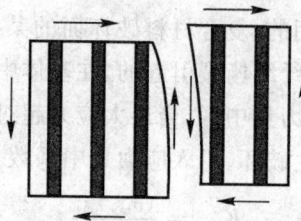

图 8.20　复合材料基体剪切破坏示意图

习　题

8.1　某单向纤维增强复合材料在纵向承受外载荷为 P,设其中纤维承受载荷为 P_f。试用材料力学方法证明这两个载荷比为

$$\frac{P}{P_f} = 1 + (\frac{E_m}{E_f})(\frac{\varphi_m}{\varphi_f})$$

8.2　试用能量极值原理确定单向复合材料工程弹性常数 E_T 和 G_{LT} 的上下限。

8.3　由实验测得玻璃纤维增强环氧复合材料的纵向弹性模量为 $E_L = 45$ GPa,且已知:$E_m = 3.5$ GPa, $\nu_m = 0.35$, $\varphi_f = 0.6$。估算 E_T 的值。

8.4　试确定碳纤维／环氧复合材料的纵向弹性模量 E_L 和纵向拉伸强度 X_t。已知:

$$E_f = 230 \text{ GPa}, \quad E_m = 4.1 \text{ GPa}, \quad \varphi_f = 0.62,$$

$$\sigma_{fu} = 3\,450 \text{ MPa}, \quad \sigma_{mu} = 105 \text{ MPa}.$$

第 9 章　层间应力

经典层合板的理论假定了所有单层处于平面应力状态,不考虑层间应力(面外应力)分量,层合板的应力分析比较简单。但无论是机械加载还是湿热加载,层合板中都会产生层间应力,尤其在板边缘附近层间应力分布复杂,变化梯度大。层间应力往往引起层合板边缘脱黏,形成层间裂纹,造成整个层合板的刚度和强度下降,使结构过早失效。经典层合板的理论不能完全确定引起复合材料破坏的应力,它无法解决层间应力这类三维各向异性弹性力学问题。本章主要介绍层合板产生层间应力的原因和基于弹性力学的一些层间应力的分析方法。

9.1　层间应力的定性分析

层合板一般由不同铺设方向的单层组成,各单层的弹性性能不同,受力下的变形也不同。但是层合板中的各单层相互黏结成一体,层和层之间变形相互制约和协调,于是在层间产生相应的正应力和剪应力,即层间应力。以下通过对层合板和$[0/90]$层合板的拉剪耦合变形协调和泊松耦合变形协调分析以及力矩平衡原理,解释层间应力产生的原因。

一、拉剪耦合变形协调引起的层间剪应力

一块材料和厚度相同的$\pm\theta$斜交铺设层合板,承受拉伸应力σ_x,若将$\pm\theta$单层分别考虑,各层除了有线应变ϵ_x和ϵ_y外,由于拉剪耦合效应的存在,还会出现剪切应变γ_{xy},如图9.1所示。

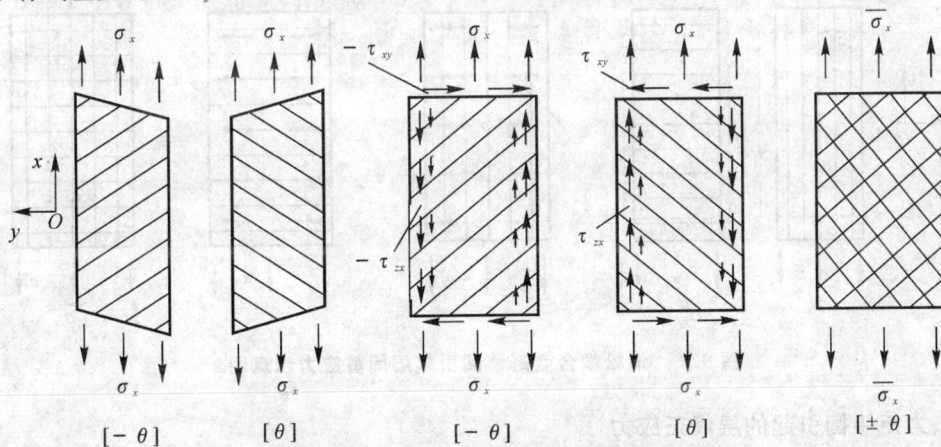

图 9.1　拉剪耦合变形协调引起层间剪应力示意图

由式(3.26)可知,$+\theta$和$-\theta$层的$\overline{Q}_{12}$相等,因此两个相反方向铺层的正应变$\varepsilon_x,\varepsilon_y$相同。$+\theta$和$-\theta$层的$\overline{Q}_{16}$相差一个负号,因此$-\theta$层的$\gamma_{xy1}$与$+\theta$层的$\gamma_{xy2}$大小相等,方向相反。黏合在一起的$\pm\theta$层合板的$A_{16}$等于零,无拉剪耦合,层合板无剪切变形,因此$\pm\theta$层的剪切变形必须相互协调为零。这一效果是通过各单层相互对对方施加剪应力来实现的,又因为在层合板的自由边缘无剪力,因此只能靠层间剪切应力τ_{zx}来提供。

同理,一块材料和厚度相同的$\pm\theta$斜交铺设层合板,只承受剪切应力τ_{xy},由于剪拉耦合效应的存在,$+\theta$和$-\theta$层中会出现耦合线应变ε_x和ε_y,黏合在一起的$\pm\theta$层合板无轴向变形,为协调轴向变形,在层间会产生层间剪切应力τ_{zx}和τ_{zy}。

二、泊松耦合变形协调引起的层间剪应力

层间应力也会在正交铺设层合板中出现。设有一块[0/90]层合板承受有平均轴向拉应力$\overline{\sigma}_x$,如图9.2所示。假如将$0°$单层和$90°$单层分别考虑,各自只受有x方向的正应力,且沿x方向的变形相同。由于$0°$单层和$90°$单层在y方向变形的泊松耦合效应不同,由式(3.12)可知$0°$单层沿y方向收缩较多,$90°$单层沿y方向收缩较少。为了保证两单层黏合在一起后y方向变形协调一致,就需要通过$0°$单层和$90°$单层相互施加y方向的力,将$0°$单层往外拉,$90°$单层往里压,得到相同的y方向变形,这样就会在两板中产生沿y方向的正应力σ_{y1}(拉应力)和σ_{y2}(压应力)。因为层合板两侧是自由边缘,不能提供沿y方向的作用力,所以两层中沿y方向的内力就只能由层间相互作用来提供,这就形成了层间剪应力τ_{zy}。正交铺设层合板没有拉剪耦合效应,$0°$单层和$90°$单层都不会出现面内剪切变形,因而没有剪切变形需要协调,各层之间亦不会出现协调剪切变形的层间剪应力τ_{zx}。

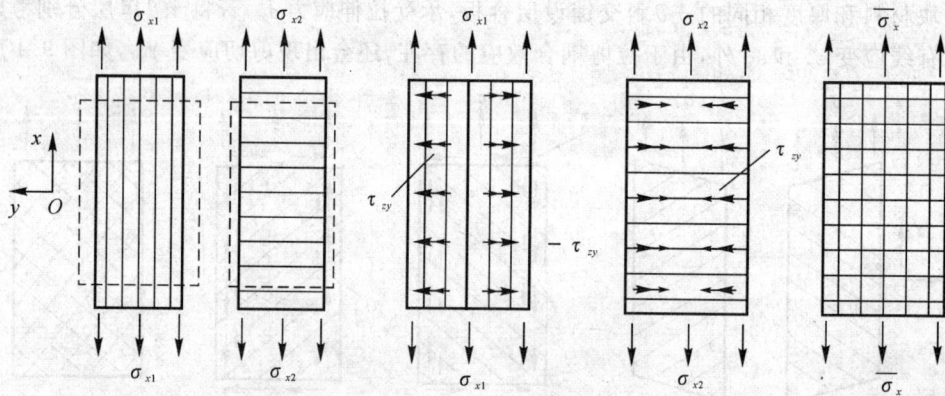

图9.2　泊松耦合变形协调引起层间剪应力示意图

三、力矩平衡引起的层间正应力

[0/90]层合板中的y方向的正应力σ_{y1}和σ_{y2}与层间剪应力τ_{zy}没有作用在同一平面内,从

而形成一个附加力矩,为了平衡该力矩必须产生层间正应力 σ_z。已有的研究表明,该层间正应力 σ_z 在层合板靠近自由边缘处可能达到无穷大,σ_z 的分布特征是形成的力矩正好与 y 方向的正应力形成的力矩平衡。

9.2　单向拉伸下对称层合板的弹性力学基本方程

考虑一个有限宽度的对称层合板,选取 xOy 坐标面为对称面,则 z 轴为材料主轴,如图9.3所示。把层合板的每一个单层视为宏观匀质的各向异性体,各个单层之间存在一个理想的物理非连续界面。当在层合板的两端沿 x 方向承受均匀拉伸时,界面上将产生层间应力。一般情况下,界面上有层间正应力和切应力三个分量:$\sigma_z,\tau_{zx},\tau_{zy}$。因此对各个单层要从三维应力状态出发进行弹性力学分析。

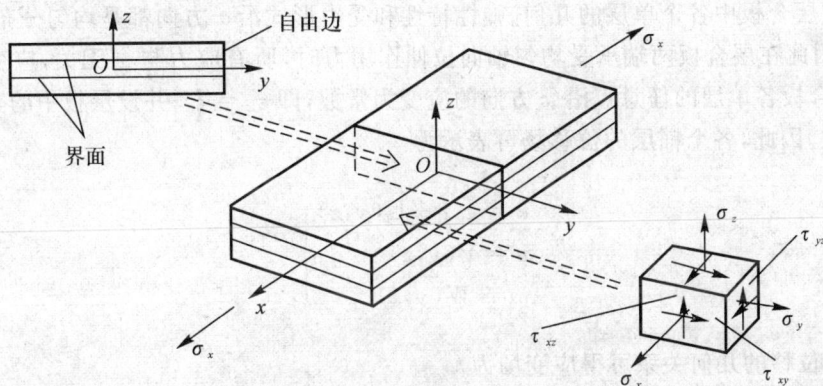

图 9.3　有限宽度的层合板

在以 xOy 坐标面为对称的层合板中,任一个单层可视为以 z 轴为弹性主方向的单对称材料,其应力-应变关系可按角铺设单对称材料表达为

$$\begin{bmatrix} \sigma_x \\ \sigma_y \\ \sigma_z \\ \tau_{yz} \\ \tau_{zx} \\ \tau_{xy} \end{bmatrix} = \begin{bmatrix} \overline{C}_{11} & \overline{C}_{12} & \overline{C}_{13} & 0 & 0 & \overline{C}_{16} \\ \overline{C}_{12} & \overline{C}_{22} & \overline{C}_{23} & 0 & 0 & \overline{C}_{26} \\ \overline{C}_{13} & \overline{C}_{23} & \overline{C}_{33} & 0 & 0 & \overline{C}_{36} \\ 0 & 0 & 0 & \overline{C}_{44} & \overline{C}_{45} & 0 \\ 0 & 0 & 0 & \overline{C}_{45} & \overline{C}_{55} & 0 \\ \overline{C}_{16} & \overline{C}_{26} & \overline{C}_{36} & 0 & 0 & \overline{C}_{66} \end{bmatrix} \begin{bmatrix} \varepsilon_x \\ \varepsilon_y \\ \varepsilon_z \\ \gamma_{yz} \\ \gamma_{zx} \\ \gamma_{xy} \end{bmatrix} \tag{9.1}$$

应变与位移的几何关系为

$$\left.\begin{aligned}
\varepsilon_x &= \frac{\partial u}{\partial x}\\[4pt]
\varepsilon_y &= \frac{\partial v}{\partial y}\\[4pt]
\varepsilon_z &= \frac{\partial w}{\partial z}\\[4pt]
\gamma_{yz} &= \frac{\partial w}{\partial y}+\frac{\partial v}{\partial z}\\[4pt]
\gamma_{xz} &= \frac{\partial w}{\partial x}+\frac{\partial u}{\partial z}\\[4pt]
\gamma_{xy} &= \frac{\partial v}{\partial x}+\frac{\partial u}{\partial y}
\end{aligned}\right\} \tag{9.2}$$

由于在层合板中各个单层的几何、弹性特性和受力形式沿 x 方向都是均匀分布的,即不随 x 而变化,因此在层合板两端承受均匀轴向拉伸作用力时,所有应力与 x 无关,应变也与 x 无关。假设层合板各单层的任意点沿 x 方向的应变为常数,即 $\varepsilon_x = \varepsilon_0$;并设层板中的其他应变分量与 x 无关。因此,各个铺层的位移场可表示为

$$\left.\begin{aligned}
u &= \varepsilon_0 x + U(y,z)\\
v &= V(y,z)\\
w &= W(y,z)
\end{aligned}\right\} \tag{9.3}$$

利用应变与位移的几何关系可得应变场为

$$\left.\begin{aligned}
\varepsilon_x &= \varepsilon_0\\[4pt]
\varepsilon_y &= \frac{\partial V}{\partial y}\\[4pt]
\varepsilon_z &= \frac{\partial W}{\partial z}\\[4pt]
\gamma_{yz} &= \frac{\partial W}{\partial y}+\frac{\partial V}{\partial z}\\[4pt]
\gamma_{xz} &= \frac{\partial U}{\partial z}\\[4pt]
\gamma_{xy} &= \frac{\partial U}{\partial y}
\end{aligned}\right\} \tag{9.4}$$

再根据应力-应变关系式(9.1)可得应力分量为

$$\sigma_x = \overline{C}_{11}\varepsilon_0 + \overline{C}_{12}\frac{\partial V}{\partial y} + \overline{C}_{13}\frac{\partial W}{\partial z} + \overline{C}_{16}\frac{\partial U}{\partial y}$$
$$\sigma_y = \overline{C}_{12}\varepsilon_0 + \overline{C}_{22}\frac{\partial V}{\partial y} + \overline{C}_{23}\frac{\partial W}{\partial z} + \overline{C}_{26}\frac{\partial U}{\partial y} \qquad (9.5a)$$
$$\sigma_z = \overline{C}_{13}\varepsilon_0 + \overline{C}_{23}\frac{\partial V}{\partial y} + \overline{C}_{33}\frac{\partial W}{\partial z} + \overline{C}_{36}\frac{\partial U}{\partial y}$$

$$\tau_{yz} = \overline{C}_{44}\left(\frac{\partial W}{\partial y} + \frac{\partial V}{\partial z}\right) + \overline{C}_{45}\frac{\partial U}{\partial z}$$
$$\tau_{xz} = \overline{C}_{45}\left(\frac{\partial W}{\partial y} + \frac{\partial V}{\partial z}\right) + \overline{C}_{55}\frac{\partial U}{\partial z} \qquad (9.5b)$$
$$\tau_{xy} = \overline{C}_{16}\varepsilon_0 + \overline{C}_{26}\frac{\partial V}{\partial y} + \overline{C}_{36}\frac{\partial W}{\partial z} + \overline{C}_{66}\frac{\partial U}{\partial y}$$

不考虑体积力，并注意到所有应力分量与 x 无关，可把静力平衡微分方程简化为

$$\frac{\partial \tau_{xy}}{\partial y} + \frac{\partial \tau_{xz}}{\partial z} = 0$$
$$\frac{\partial \sigma_y}{\partial y} + \frac{\partial \tau_{yz}}{\partial z} = 0 \qquad (9.6)$$
$$\frac{\partial \tau_{yz}}{\partial y} + \frac{\partial \sigma_z}{\partial z} = 0$$

把式(9.5)代入式(9.6)就得到用位移表示任意一个单层的平衡微分方程为

$$\overline{C}_{66}\frac{\partial^2 U}{\partial y^2} + \overline{C}_{55}\frac{\partial^2 U}{\partial z^2} + \overline{C}_{26}\frac{\partial^2 V}{\partial y^2} + \overline{C}_{45}\frac{\partial^2 V}{\partial z^2} + (\overline{C}_{36} + \overline{C}_{45})\frac{\partial^2 W}{\partial y\partial z} = 0$$
$$\overline{C}_{26}\frac{\partial^2 U}{\partial y^2} + \overline{C}_{45}\frac{\partial^2 U}{\partial z^2} + \overline{C}_{22}\frac{\partial^2 V}{\partial y^2} + \overline{C}_{44}\frac{\partial^2 V}{\partial z^2} + (\overline{C}_{23} + \overline{C}_{44})\frac{\partial^2 W}{\partial y\partial z} = 0 \qquad (9.7)$$
$$(\overline{C}_{36} + \overline{C}_{45})\frac{\partial^2 U}{\partial y\partial z} + (\overline{C}_{23} + \overline{C}_{44})\frac{\partial^2 V}{\partial y\partial z} + \overline{C}_{44}\frac{\partial^2 W}{\partial y^2} + \overline{C}_{33}\frac{\partial^2 W}{\partial z^2} = 0$$

再考虑层合板的应力边界条件。在层合板的最外层，上、下两表面上边界条件为

$$\tau_{zx} = 0$$
$$\tau_{zy} = 0 \qquad (9.8)$$
$$\sigma_z = 0$$

在层合板的两侧自由边缘上边界条件为

$$\tau_{yx} = 0$$
$$\tau_{yz} = 0 \qquad (9.9)$$
$$\sigma_y = 0$$

另外，还要考虑相邻两个单层在其界面上满足静力和位移连续条件，即

$$\left.\begin{array}{c} \tau_{zx}^k = \tau_{zx}^{k+1} \\ \tau_{zy}^k = \tau_{zy}^{k+1} \\ \sigma_z^k = \sigma_z^{k+1} \end{array}\right\} \tag{9.10}$$

$$\left.\begin{array}{c} u_k = u_{k+1} \\ v_k = v_{k+1} \\ w_k = w_{k+1} \end{array}\right\} \tag{9.11}$$

从单层的位移控制微分方程式(9.7)可知,它仅包含对 y 和 z 两个坐标的偏微分,所以此模型属于准三维力学模型。由于在一般情况下联立偏微分方程(9.7)得不到封闭解析解,因此就提出了求解层间应力问题的一些方法,主要有:① 直接解法。它是利用解析法和数值法直接求解控制微分方程的边值问题,包括复变函数解法、级数解法、摄动法和有限差分法等。② 变分解法。它是建立在变分原理基础上的近似解法,它包括有限元法、瑞利-李兹法、伽辽金法等。③ 混合解法。它是将直接解法与变分法结合起来求解问题,例如边界层法与瑞利-李兹法的组合等。这些近似解法比较实用,但也存在一些问题,主要是不能精确满足所有给定的边界条件和界面连续条件,对于同一边界值问题,若采用不同近似解法有时将得到不同的结果。

9.3 斜交对称层合板层间应力的近似解法

斜交对称层合板只沿 x 方向承受均匀拉伸时(见图9.3),各单层在空间应力状态中只有 σ_x, τ_{xy} 和 τ_{xz} 三个应力分量起主要作用,而 σ_y, σ_z 和 τ_{yz} 可以忽略。因此对这种层合板进行层间应力分析时可假设

$$\left.\begin{array}{c} \sigma_y = 0 \\ \sigma_z = 0 \\ \tau_{yz} = 0 \end{array}\right\} \tag{9.12}$$

这种情况下平衡微分方程式(9.6)中第2,3式自然满足,有效方程只剩第1式。由应力-应变关系式(9.5)中的第2,3,4式,可得

$$\left.\begin{array}{l} \overline{C}_{12}\varepsilon_0 + \overline{C}_{22}\dfrac{\partial V}{\partial y} + \overline{C}_{23}\dfrac{\partial W}{\partial z} + \overline{C}_{26}\dfrac{\partial U}{\partial y} = 0 \\[2mm] \overline{C}_{13}\varepsilon_0 + \overline{C}_{23}\dfrac{\partial V}{\partial y} + \overline{C}_{33}\dfrac{\partial W}{\partial z} + \overline{C}_{36}\dfrac{\partial U}{\partial y} = 0 \\[2mm] \overline{C}_{44}\left(\dfrac{\partial W}{\partial y} + \dfrac{\partial V}{\partial z}\right) + \overline{C}_{45}\dfrac{\partial U}{\partial z} = 0 \end{array}\right\} \tag{9.13}$$

由此可解得

$$\left.\begin{aligned}
\frac{\partial V}{\partial y} &= \frac{1}{\Delta}(\overline{C}_{13}\overline{C}_{23} - \overline{C}_{12}\overline{C}_{33})\varepsilon_0 + \frac{1}{\Delta}(\overline{C}_{23}\overline{C}_{36} - \overline{C}_{26}\overline{C}_{33})\frac{\partial U}{\partial y} \\[2mm]
\frac{\partial W}{\partial z} &= \frac{1}{\Delta}(\overline{C}_{12}\overline{C}_{23} - \overline{C}_{13}\overline{C}_{22})\varepsilon_0 + \frac{1}{\Delta}(\overline{C}_{23}\overline{C}_{26} - \overline{C}_{22}\overline{C}_{36})\frac{\partial U}{\partial y} \\[2mm]
\frac{\partial W}{\partial y} + \frac{\partial V}{\partial z} &= -\frac{\overline{C}_{45}}{\overline{C}_{44}}\frac{\partial U}{\partial z}
\end{aligned}\right\} \tag{9.14}$$

式中

$$\Delta = \overline{C}_{22}\overline{C}_{33} - \overline{C}_{23}\overline{C}_{32} \tag{9.15}$$

将式(9.15)代入应变表达式(9.4)中,可把应变分量表示如下:

$$\left.\begin{aligned}
\varepsilon_x &= \varepsilon_0 \\[2mm]
\varepsilon_y &= \alpha_1\varepsilon_0 + \alpha_2\frac{\partial U}{\partial y} \\[2mm]
\varepsilon_z &= \alpha_3\varepsilon_0 + \alpha_4\frac{\partial U}{\partial y} \\[2mm]
\gamma_{yz} &= -\frac{\overline{C}_{45}}{\overline{C}_{44}}\frac{\partial U}{\partial z} \\[2mm]
\gamma_{zx} &= \frac{\partial U}{\partial z} \\[2mm]
\gamma_{xy} &= \frac{\partial U}{\partial y}
\end{aligned}\right\} \tag{9.16}$$

式中

$$\left.\begin{aligned}
\alpha_1 &= \frac{1}{\Delta}(\overline{C}_{13}\overline{C}_{23} - \overline{C}_{12}\overline{C}_{33}) \\[2mm]
\alpha_2 &= \frac{1}{\Delta}(\overline{C}_{23}\overline{C}_{36} - \overline{C}_{26}\overline{C}_{33}) \\[2mm]
\alpha_3 &= \frac{1}{\Delta}(\overline{C}_{12}\overline{C}_{23} - \overline{C}_{13}\overline{C}_{22}) \\[2mm]
\alpha_4 &= \frac{1}{\Delta}(\overline{C}_{23}\overline{C}_{26} - \overline{C}_{22}\overline{C}_{36})
\end{aligned}\right\} \tag{9.17}$$

利用以上公式可将应力分量式(9.4)表示为

$$\sigma_x = (\overline{C}_{11} + \alpha_1 \overline{C}_{12} + \alpha_2 \overline{C}_{13})\varepsilon_0 + (\alpha_2 \overline{C}_{12} + \alpha_4 \overline{C}_{13} + \overline{C}_{16})\frac{\partial U}{\partial y} \left.\begin{array}{c} \\ \\ \\ \\ \\ \\ \end{array}\right\}$$

$$\tau_{xy} = (\overline{C}_{16} + \alpha_1 \overline{C}_{26} + \alpha_3 \overline{C}_{36})\varepsilon_0 + (\alpha_2 \overline{C}_{26} + \alpha_4 \overline{C}_{36} + \overline{C}_{66})\frac{\partial U}{\partial y}$$

$$\tau_{xz} = (\overline{C}_{55} - \frac{\overline{C}_{45}\overline{C}_{54}}{\overline{C}_{44}})\frac{\partial U}{\partial z} \qquad\qquad (9.18)$$

$$\sigma_y = 0$$

$$\sigma_z = 0$$

$$\tau_{yz} = 0$$

将以上结果代入平衡微分方程式(9.6)或式(9.7)中的第 1 式,则得一个位移函数 $U(y,z)$ 的偏微分方程为

$$\frac{\partial^2 U}{\partial y^2} + \beta \frac{\partial^2 U}{\partial z^2} = 0 \qquad\qquad (9.19)$$

式中

$$\beta = \frac{\overline{C}_{44}\overline{C}_{55} - \overline{C}_{45}\overline{C}_{54}}{\overline{C}_{44}(\alpha_2 \overline{C}_{26} + \alpha_4 \overline{C}_{36} + \overline{C}_{66})} \qquad\qquad (9.20)$$

由此可见,只要从方程式(9.19)求解出适当的位移函数 U,就可求得层合板的位移和应力。这就是说,把解决斜交对称层合板沿 x 方向承受载荷时的空间问题归结为在边界条件和连续条件式(9.8) ~ 式(9.11)的约束下求解方程式(9.19)。

为了研究层间应力的变化规律,考虑四层斜交对称层合板 $[\pm 45]_s$,单层厚度为 t_1,板厚 $h = 4t_1$,板宽度为 $2b$,且取 $b = 8t_1$。采用高模量石墨 / 环氧复合材料,弹性常数为

$$E_{11} = 138\ \text{GPa}, \quad E_{22} = E_{33} = 14.5\ \text{GPa}$$

$$G_{12} = G_{13} = G_{23} = 5.9\ \text{GPa}, \quad \nu_{12} = \nu_{13} = \nu_{23} = 0.21$$

按近似弹性理论解和有限差分解法进行数值计算,可以得到各单层的应力。图 9.4 表示了在单层 $+45°$ 和 $-45°$ 之间的层间应力 τ_{xz}/ε_x 随 y/b 的变化情况。可以看出,自由边缘效应的边界层宽度相当于层合板的厚度。

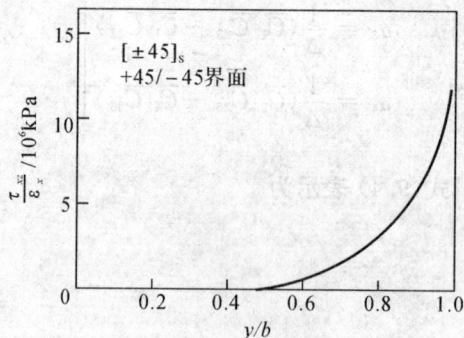

图 9.4 $\pm 45°$ 层间应力 τ_{xz}/ε_x 随 y/b 的变化

9.4　斜交对称和正交层合板层间应力的完全解

对于斜交对称和正交层合板,可以用解析法得到层间应力场的完全解。按三维应力状态分析层合板,建立整体力和力矩的平衡关系,假定层间应力的表达形式,应用最小余能原理进行数值计算,确定有关参数。

考虑一种对称的斜交或正交的层合板,其形状和尺寸标记如图 9.5 所示,两侧面为自由边界,在 x 方向承受均匀拉伸 $\overline{\sigma}_1$。

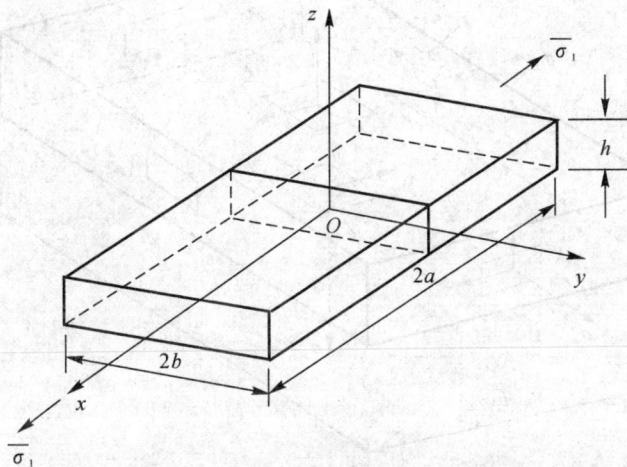

图 9.5　斜交对称层合板

为了简化分析三维应力状态下的平衡问题,提出以下假设:① 每个单层作为均质宏观各向异性体,其弹性性质可用三维有效弹性模量表征;② 远离自由边缘的中间区域,用经典层合板理论解是有效的,即板中无层间应力;③ 离开载荷作用区,即在层合板中段,应力与坐标 x 无关。这就是说,层间应力只能在层合板自由边缘附近区域产生。

为了建立层合板整体平衡条件,适当选取平行四面体,如图 9.6 所示。考虑到层合板结构和受载的对称性,只分析层合板的四分之一区域。选择坐标系 Oxy,y 方向以自由边缘和中心平面作为两个相对面。因为层合板应力场不随坐标 x 变化,故 x 方向侧面位置就可任意选取两个相对平面。对 z 方向侧边位置的选择,将由所分析的层间界面而定,其厚度用 t 表示。

在建立的层合板分析模型中,Y^+ 面为自由边界,即无应力分量;Y^- 面的 τ_{yz} 很小,可以忽略。各点应力分量只是坐标 y,z 的函数,即 $\sigma_{ij}(y,z)$。应力沿 x 方向不变,X^+ 面与 X^- 面的应力大小相互对等,即 $(\sigma_{ij})_{X^+} = (\sigma_{ij})_{X^-}$,这两个相对面的合力分量大小对应相等,则有

$$\iint_{X^+} \sigma_x \, dy \, dz = \iint_{X^-} \sigma_x \, dy \, dz$$

$$\iint_{X^+} \tau_{xy} \, dy \, dz = \iint_{X^-} \tau_{xy} \, dy \, dz \Bigg\} \qquad (9.21)$$

$$\iint_{X^+} \tau_{xx} \, dy \, dz = \iint_{X^-} \tau_{xx} \, dy \, dz$$

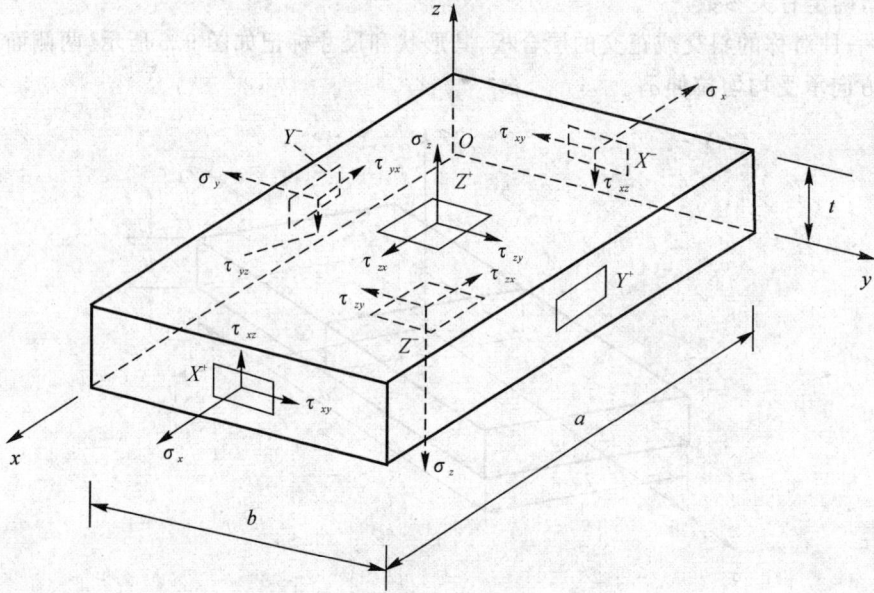

图 9.6 层合板中选取的平行四面体

根据整体的静力平衡条件,可以导得平衡方程:

$$\int_{Z^+} \tau_{zx} \, dy - \int_{Z^-} \tau_{zx} \, dy - \int_{Y^-} \tau_{yx} \, dz = 0$$

$$\int_{Z^+} \tau_{zy} \, dy - \int_{Z^-} \tau_{zy} \, dy - \int_{Y^-} \sigma_y \, dz = 0 \Bigg\} \qquad (9.22)$$

$$\int_{Z^+} \sigma_z \, dy - \int_{Z^-} \sigma_z \, dy = 0$$

$$\int_{Z^+} \sigma_z y \, dy - \int_{Z^-} \sigma_z y \, dy - t \int_{Z^+} \tau_{zy} \, dy + \int_{Y^-} \sigma_y z \, dz = 0$$

$$t \int_{Z^+} \tau_{zx} \, dy - \int_{Y^-} \tau_{yx} z \, dz - \iint_{X^+} \tau_{xx} \, dy \, dz = 0 \Bigg\} \qquad (9.23)$$

$$\int_{Z^+} \tau_{zx} y \, dy - \int_{Z^-} \tau_{zx} y \, dy - \iint_{X^+} \tau_{xy} \, dy \, dz = 0$$

在各个单层内,假定应力与 y 和 z 的函数关系是可以分离的,可写为

$$\sigma(y,z) = f(y)g(z) \tag{9.24}$$

在层合板中,第 k 层的单层应力分量写为

$$
\left.
\begin{aligned}
\sigma_x^{(k)} &= f_{11}^{(k)}(y)g_{11}^{(k)}(z) \\
\tau_{xy}^{(k)} &= f_{12}^{(k)}(y)g_{12}^{(k)}(z) \\
\sigma_y^{(k)} &= f_{22}^{(k)}(y)g_{22}^{(k)}(z) \\
\tau_{yz}^{(k)} &= f_{23}^{(k)}(y)g_{23}^{(k)}(z) \\
\sigma_z^{(k)} &= f_{33}^{(k)}(y)g_{33}^{(k)}(z) \\
\tau_{xz}^{(k)} &= f_{13}^{(k)}(y)g_{13}^{(k)}(z)
\end{aligned}
\right\} \tag{9.25}
$$

代入平衡微分方程式(9.6)后,就可得到下列方程组:

$$
\left.
\begin{aligned}
\frac{\mathrm{d}f_{12}^{(k)}}{\mathrm{d}y}g_{12}^{(k)} + f_{13}^{(k)}\frac{\mathrm{d}g_{13}^{(k)}}{\mathrm{d}z} &= 0 \\
\frac{\mathrm{d}f_{22}^{(k)}}{\mathrm{d}y}g_{22}^{(k)} + f_{23}^{(k)}\frac{\mathrm{d}g_{23}^{(k)}}{\mathrm{d}z} &= 0 \\
\frac{\mathrm{d}f_{23}^{(k)}}{\mathrm{d}y}g_{23}^{(k)} + f_{33}^{(k)}\frac{\mathrm{d}g_{33}^{(k)}}{\mathrm{d}z} &= 0
\end{aligned}
\right\} \tag{9.26}
$$

为使方程式(9.26)恒成立,可以按下列关系式选择各个应力函数:

$$
\left.
\begin{aligned}
\frac{\mathrm{d}f_{12}^{(k)}}{\mathrm{d}y} &= f_{13}^{(k)} \\
\frac{\mathrm{d}f_{22}^{(k)}}{\mathrm{d}y} &= f_{23}^{(k)} \\
\frac{\mathrm{d}f_{23}^{(k)}}{\mathrm{d}y} &= f_{33}^{(k)}
\end{aligned}
\right\} \tag{9.27}
$$

$$
\left.
\begin{aligned}
\frac{\mathrm{d}g_{13}^{(k)}}{\mathrm{d}z} &= -g_{12}^{(k)} \\
\frac{\mathrm{d}g_{23}^{(k)}}{\mathrm{d}z} &= -g_{22}^{(k)} \\
\frac{\mathrm{d}g_{33}^{(k)}}{\mathrm{d}z} &= -g_{23}^{(k)}
\end{aligned}
\right\} \tag{9.28}
$$

首先假定离开自由边缘的边界区域,经典层合板理论解是有效的,这表明应力 $\sigma_y^{(k)}$ 和 $\tau_{xy}^{(k)}$ 不随坐标 z 变化,而对应的 $g_{ij}^{(k)}$ 可取为常量。再利用式(9.28)可以将 $g_{ij}^{(k)}(z)$ 表示为

$$
\left.
\begin{aligned}
g_{12}^{(k)}(z) &= g_{22}^{(k)}(z) = -1 \\
g_{13}^{(k)}(z) &= z + B_1^{(k)} \\
g_{23}^{(k)}(z) &= z + B_2^{(k)} \\
g_{33}^{(k)}(z) &= -\frac{1}{2}z^2 - B_2^{(k)}z + B_3^{(k)}
\end{aligned}
\right\} \tag{9.29}
$$

对于函数 $f_{ij}^{(k)}(y)$ 的确定,必须考虑应力的衰减性和整体平衡条件。为此可以选择指数函数来

表示 $f_{ij}^{(k)}(y)$，再利用式(9.28)就可将函数 $f_{ij}^{(k)}(y)$ 写为

$$\left.\begin{aligned}
f_{12}^{(k)}(y) &= A_1^{(k)} e^{\alpha y} + A_2^{(k)} \\
f_{13}^{(k)}(y) &= \alpha A_1^{(k)} e^{\alpha y} \\
f_{22}^{(k)}(y) &= A_3^{(k)} e^{\alpha y} + A_4^{(k)} e^{\beta y} + A_5^{(k)} \\
f_{23}^{(k)}(y) &= \alpha A_3^{(k)} e^{\alpha y} + \beta A_4^{(k)} e^{\beta y} \\
f_{33}^{(k)}(y) &= \alpha^2 A_3^{(k)} e^{\alpha y} + \beta^2 A_4^{(k)} e^{\beta y}
\end{aligned}\right\} \tag{9.30}$$

式中，α 和 β 是待定常数。根据自由边缘条件，即 $\sigma_y^{(k)}\big|_{y=b} = \tau_{xy}^{(k)}\big|_{y=b} = \tau_{yz}^{(k)}\big|_{y=b} = 0$，可以确定出常数之间的关系为

$$\left.\begin{aligned}
A_2^{(k)} &= -A_1^{(k)} e^{\alpha b} \\
A_4^{(k)} &= -A_3^{(k)} \alpha \beta^{-1} e^{(\alpha - \beta)b} \\
A_5^{(k)} &= A_3^{(k)} (\alpha \beta^{-1} - 1) e^{\alpha b}
\end{aligned}\right\} \tag{9.31}$$

由于层合板的铺层、几何形状和载荷都具有对称性，可利用对称条件简化计算。应力场沿 x 方向是不变的，只按一单位长度计算就行了。在层合板内，各单层之间的层间应力必须保持连续性，在层合板的底面和顶面上层间应力趋于零。按应力分量来计算各单层的余能，叠加后得到层合板的总余能。根据连续性和边界条件，再利用最小余能原理，便可确定出各个常数。

为了说明层间应力的变化规律，以石墨纤维／环氧树脂对称层合板 $[\pm 45/0/90]_s$ 作为实例，单层的基本弹性常数如前所述。通过数值计算和应力分析，可以确定各个单层的应力函数。求得的层间正应力 σ_z/ε_x 随 y/b 的变化趋势如图9.7所示。在层合板自由边界的附近，层间正应力 σ_z/ε_x 随 y/b 可能很高，这会造成界面开裂。

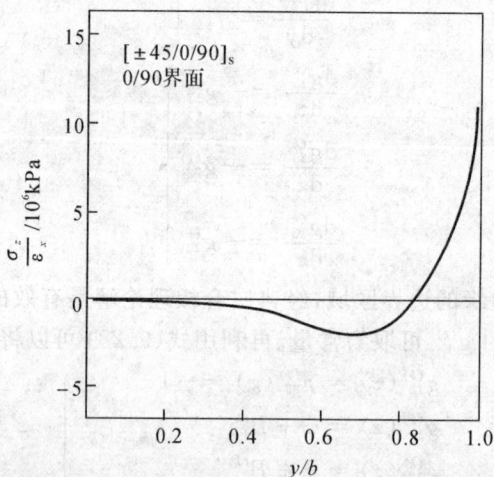

图 9.7　层间正应力 σ_z/ε_x 随 y/b 的变化

层合板铺设顺序变化对层间应力的影响很大,不同铺设顺序的层合板其层间应力分布将有明显差异。例如,按两种不同顺序铺设:$[15/45/-45/-15]_s$ 和 $[15/-15/45/-45]_s$,制成的 8 层多向对称层合板承受均匀拉伸时,层间正应力差别就很大,如图 9.8 所示。显然,前者比后者的边缘效应低得多,铺层较合理,层合板将具有更高的强度。

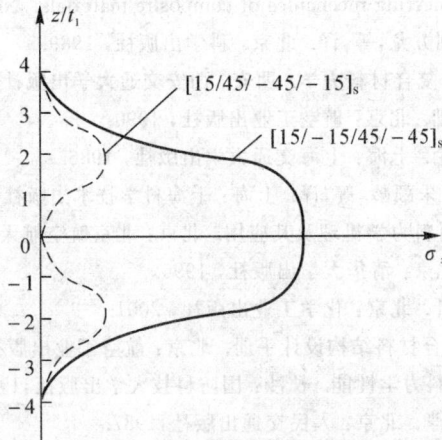

图 9.8　两种不同顺序铺设时 σ_z 随 z/t_1 的变化

习　题

9.1　什么是层间应力?层间应力是怎么产生的?有何影响?

9.2　采用 $\pm\theta$ 斜交对称层合板制成的板条试件,沿 x 方向承受压缩加载,平均应力为 σ_x,试分析该板中的层间应力状态及其分布规律。

9.3　两种四层正交对称层合板 $[0/90/90/0]$ 和 $[90/0/0/90]$,切割成宽度相同的长条试件,沿轴线 x 方向施加等量拉伸载荷,平均应力都为 $\bar{\sigma}_x$。试分析两板中各层可能发生的变形和应力状态,比较两种板的层间应力有何差异?哪个板更容易破坏?

9.4　由斜交对称层合板 $[\theta/-\theta]_{2s}$ 加工的试件,沿 x 方向受到拉伸,横截面平均正应力为 $\bar{\sigma}_x$。设板中产生的最大层间切应为 $\tau_{zx\max}$,可按近似公式

$$\tau_{zx\max} = \frac{\bar{\sigma}_x}{2}\left(\frac{A_{22}\overline{Q}_{16} - A_{12}\overline{Q}_{26}}{A_{11}A_{12} - A_{12}A_{12}}\right)$$

计算,若采用碳/环氧单层带制成三种斜交对称层合板 $[15/-15]_{2s}$,$[30/-30]_{2s}$,$[45/-45]_{2s}$ 切割成尺寸相同的试件,受到等量拉伸应力 $\bar{\sigma}_x$。试分析三板的变形,按近似公式计算出最大层间应力。碳/环氧单层的材料主方向的折算刚度系数为

$$Q_{11} = 145\,\text{GPa}, \quad Q_{22} = 8.7\,\text{GPa}, \quad Q_{12} = 3.4\,\text{GPa}, \quad Q_{66} = 5.6\,\text{GPa}$$

参 考 文 献

[1] Daniel I M, Ishai O. Engineering mechanics of composite materials. New York：Oxford, 1994.

[2] 蔡为仑. 复合材料设计. 刘方龙,等,译. 北京：科学出版社, 1989.

[3] 蒋咏秋, 陆逢升, 顾志建. 复合材料力学. 西安：西安交通大学出版社,1990.

[4] 张振瀛. 复合材料力学基础. 北京：航空工业出版社,1990.

[5] 李顺林. 复合材料力学引论. 上海：上海交通大学出版社, 1986.

[6] 琼斯 R M. 复合材料力学. 朱颐龄,等,译. 上海：上海科学技术出版社,1981.

[7] 张锦, 张乃恭. 新型复合材料力学机理及其应用. 北京：北京航空航天大学出版社, 1993.

[8] 沈观林. 复合材料力学. 北京：清华大学出版社, 1996.

[9] 王耀先. 复合材料结构设计. 北京：化学工业出版社, 2001.

[10] 中国航空材料研究院. 复合材料结构设计手册. 北京：航空工业出版社,2001.

[11] 王兴业, 唐羽章. 复合材料力学性能. 长沙：国防科技大学出版社,1988.

[12] 蔡四维. 复合材料结构力学. 北京：人民交通出版社,1987.

[13] 王震鸣. 复合材料力学和复合材料结构力学. 北京：机械工业出版社,1991.

[14] 赵渠森. 先进复合材料. 北京：机械工业出版社,2003.

[15] 陈祥宝. 聚合物基复合材料手册. 北京：化学工业出版社,2004.

[16] Hashin Z. Failure criteria for unidirectional fiber composites. Journal of Applied Mechanic，1980，47 (329).

[17] 周履, 范赋群. 复合材料力学. 北京：高等教育出版社,1991.

[18] 吴德隆, 沈怀荣. 纺织结构复合材料的力学性能. 长沙：国防科技大学出版社,1998.

[19] 中国航空材料研究所. 复合材料飞机结构耐久性/损伤容限设计指南. 北京：航空工业出版社,1995.

[20] 罗祖道, 李思简. 各向异性材料力学. 上海：上海交通大学出版社,1996.

[21] 李成功, 傅恒志, 于翘. 航空航天材料. 北京：国防工业出版社,2002.

[22] Harris C E. An assessment of the state-of-the-art in the design and manufacturing of large composite structures for aerospace vehicles. NASA/TM－2001－210844. Hampton ，2001.

[23] Karal M. AST composite wing program-executive summary. NASA/ TM－2001－210650. Hampton ，2001.

[24] Dow M B, Dexter H B. Development of stitched, braided and woven composite structures in the ACT program and at langley research center(1985 to 1997). NASA/TP－97－206234. Hampton,1997.

[25] 沃丁柱, 李顺林, 王兴业, 等. 复合材料大会. 北京：化学工业出版社,2000.

[26] Chou T W. Microstructureal design of fiber composites. New York：Cambridge University Press，1992.